普通高等教育"十一五"国家级规划教材

机械设计基础

第七版

陈云飞　卢玉明　主编

高等教育出版社

内 容 简 介

本书是普通高等教育"十一五"国家级规划教材,是在1998年第六版的基础上,根据目前教学改革发展的要求及广大师生对本书的使用意见修订而成的。

本书主要阐述常用机构和通用机械零件的基本知识、基本理论、设计方法及使用和维护知识与第六版相比,本书增加了现代机械设计理论方法及微机电系统的内容,并对部分章节作了较大的修订。书末附有极限与配合、表面粗糙度、常用连接件及滚动轴承等相关国家标准,以供读者选用。

本书可作为高等学校非机械类各专业65学时左右的机械设计基础课程的教材,也可供有关工程技术人员参考和自学。

第 七 版 序

本书是普通高等教育"十一五"国家级规划教材,是在 1998 年第六版的基础上,根据教育部 2005 年制定的"高等学校机械设计基础课程教学基本要求"修订而成的。

与第六版相比,本次修订在内容上作了更新和增补。对某些叙述较繁琐、较专业化及应用不广的部分酌予删减,增加了现代机械设计理论方法及微机电系统方面的内容,并注意采用新标准、新规范。

和第六版一样,编者仍试图从满足教学基本要求、贯彻少而精原则出发,力求做到精选内容,适当拓宽知识面,反映学科新成就,但深度适中,以期保持本书简明、实用的特色。

本书由陈云飞、卢玉明担任主编,参加编写工作的有东南大学陈云飞(绪论,第一、二、十七章)、卢玉明(第十三、十四、十五、十六章,附录 I 及 II)、陈敏华(第七、八、九、十、十一、十二章)、林晓辉(第三、四、五、六章)。

本版经教育部高等学校机械基础课程教学指导分委员会委员、东南大学钱瑞明教授审阅,在此致以衷心的感谢。

限于编者水平,书中难免有不妥之处,欢迎读者批评指正,并请将宝贵意见寄至东南大学机械工程学院。

编　者
2007 年 12 月于南京

第 六 版 序

本书第六版是为了适应高等学校教学改革的需要,在第五版基础上,根据1995年国家教育委员会审定的高等工业学校《机械设计基础课程教学基本要求》及广大师生对本书的使用意见修订而成的。

本版仍然突出常用机构、机器动力学基本概念,通用机械零件的基本知识、基本理论及基本方法,并增加了平面机构的运动简图和自由度等内容。带传动、链传动、蜗杆传动及滚动轴承等内容作了较大的变动,并采用了最新国家标准。为了便于自学,对重点、难点的叙述更为详尽,并附有必要的例题,以加深对基本内容和基本方法的理解和应用。带"*"号的内容可视专业需要而取舍。

参加这次修订工作的有:余长庚(第一、十二、十三、十四、十五、十六章,附录Ⅱ及Ⅲ)、卢玉明(第八、九、十、十一章,改写十三、十四章)、郭务仁(第二、三、四、五、六、七章及附录Ⅰ);卢玉明主编。

本版经清华大学吴宗泽教授细心审阅,提出了十分宝贵的意见,谨致以衷心感谢。

限于编者水平,书中不妥之处,欢迎读者批评指正,并请将宝贵意见径寄东南大学机械工程系,谢谢。

编　者

1997.9 于南京

目　　录

主要符号表

a　中心距

A　面积,功

B,b　宽度

C　常数,弹簧指数

c　系数,刚度

D,d　直径

d_a　齿顶圆直径

d_f　齿根圆直径

E　弹性模量,变形能

e　偏心距

F　力,载荷

F_n　法向力

F_a　轴向力

F_t　切向力

F_r　径向力

f　摩擦系数

G　切变模量

H,h　高度

I　轴惯性矩

i　传动比

J　极惯性矩

K,k　系数

L,l　长度

M　力矩,弯矩

m　质量,模数,指数

N　循环次数

n　转速,数目

P　功率

p　压强,节距

Q　流量

R,r　半径

S　安全系数

s　位移

T　转矩

t　时间,温度,厚度

u　齿数比

V　体积

v　速度

W　抗弯截面系数

W_τ　抗扭剪截面系数

x　坐标

X　系数

Y　系数

y　坐标

z　坐标

α,β,γ　角度

ε　应变,重合度

η　效率

ν　泊松比

ρ　摩擦角,曲率半径

σ　法向应力,拉应力

τ　切应力

σ_B 抗拉强度极限 σ_{lim} 极限应力

σ_b 弯曲应力 θ 角度

σ_p 挤压应力 φ 扭转角

σ_S 屈服极限 ψ 系数，角度

σ_m 平均应力 ω 角速度

常 用 单 位

长度	mm, cm, m
面积	mm^2, cm^2, m^2
体积	mm^3, cm^3, m^3
速度	m/s
转速	r/min
角速度	rad/s
力	N, kN
应力,压强,弹性模量	Pa, MPa
功率	kW
运动粘度	mm^2/s

绪 论

重点学习内容

1. 学习本课程的目的；
2. 机械、机器、机构、构件、零件等名词的含义。

§0-1 本课程研究的对象和内容

人类为了满足生活和生产上的需要,创造了各种各样的机器,其主要目的是减轻劳动和提高生产率。随着生产的发展,在各类机械制造、土建、电力、石油化工、采矿冶金、轻纺、包装、食品加工等部门已广泛使用着各种类型的机器。

机器的种类很多、用途各不相同,但它们却有着共同的特征。

图0-1所示的单缸内燃机是由气缸体1、活塞2、连杆3、曲轴4、齿轮5和6、凸轮7、顶杆8等组成。燃气推动活塞作往复运动,经连杆转变为曲轴的连续转动。凸轮和顶杆是用来启闭进气阀和排气阀的。为了保证曲轴每转两周进、排气阀各启闭一次,利用固定在曲轴上的齿轮5带动固定在凸轮轴上的齿轮6转动。这样,当燃气推动活塞运动时,进、排气阀有规律地启闭就把燃气的热能转变为曲轴转动的机械能。

图0-2所示的牛头刨床是由曲柄5(和大齿轮固定在一起)、滑块2和6、导杆7、刨头8、床身1、小齿轮4、电动机3以及其他一些辅助部分(图中未画出)所组成。当电动机3经带传动、变速箱(图中未画出)并通过小齿轮4使曲柄5作连续转动时,齿轮5上装有用销轴连接的滑块6,一方面绕销轴转动,同时又可在导杆7

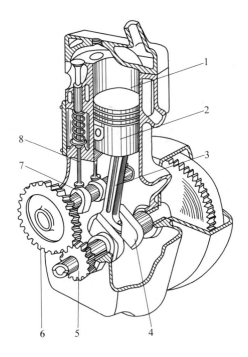

图 0-1

的导槽中滑动。导杆 7 的下部分导槽又与另一滑块 2 连接,而滑块 2 可绕固定在床身 1 上的销轴转动。故当齿轮 5 转动时,便可通过滑块 6 带动导杆 7 作平面复杂运动。导杆 7 上端用销轴与刨头 8 相连,刨刀固定在刨头 8 的前端,随同刨头一起运动。这样当导杆 7 往复摆动时,即驱使刨刀作往复刨削运动,完成有效的机械功。

又如电动机是由一个转子(电枢)和一个定子所组成。当定子输入电流后,转子便能作回转运动,使电能转换为机械能。

从以上三个例子可以看出,机器具有下列特征:(1)它们是人为的实物组合;(2)是执行机械运动的装置;(3)它们能代替或减轻人的劳动,以完成有效的机械功(如机床、起重机、洗衣机等),传递能量、物料与信息,或者作能量的变换(如内燃机、发电机

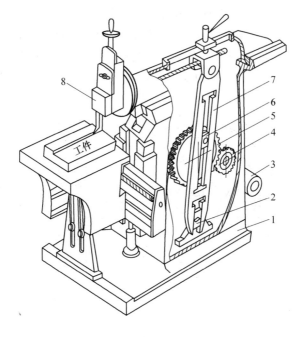

图 0 − 2

等）。

　　机构也是人为的实物组合，用来传递运动和力。如图 0 − 1 所示的内燃机中，活塞（作为滑块）、连杆、曲轴（即曲柄）和气缸体组成曲柄滑块机构（一种连杆机构），可将活塞的往复移动变为曲轴的连续转动。凸轮、顶杆和气缸体组成凸轮机构，将凸轮的连续转动变为顶杆有规律的往复移动。曲轴、凸轮轴上的齿轮和气缸体组成齿轮机构。由此可见，机器是由机构组成的。在一般情况下，一部机器可以包含几个机构，而电动机则只有一个简单的二杆机构。

　　从结构和运动的观点来看，机器与机构之间并无区别。因此，习惯上用机械作为机构与机器的总称。

　　组成机构的各个相对运动部分称为构件。构件可以是单一的整体,也可以是几个元件的刚性组合。如上述的齿轮一般是用平键与轴刚性地连接在一起的(图0-3)。这样平键、轴和齿轮之间便无相对运动,而成为一个运动的整体,也就是一个构件;组成这个构件的三个元件则称为零件。由此可知,构件是运动的单元,而零件是制造的单元。

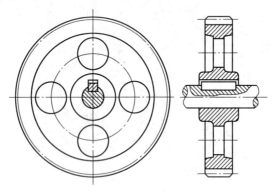

图0-3

机器中普遍使用的机构称为常用机构,如连杆机构、凸轮机构、齿轮机构、间歇运动机构等。

机械中的零件分为两类:一类称为通用零件,它是在各类机械中经常可以遇到,具有同一功用及性能的零件,如螺纹联接件、键、带、齿轮、蜗杆、蜗轮、链、轴、轴承、联轴器、弹簧等;另一类为专用零件,它只在特定型式机械上出现,如内燃机的活塞,汽轮机的叶片,农业机械中的犁铧等。

本课程将分别研究几种最常用的机构(平面连杆机构、齿轮机构、凸轮机构、间歇运动机构)的组成形式和运动特性、选用原则,以及机器动力学的基本知识;同时研究各通用机械零件的特点、结构及工作原理、选用原则、使用及维护、设计和计算方法,以及介绍有关的国家标准和规范。

§0-2 本课程在教学计划中的地位

随着现代生产的飞速发展,除机械制造部门外,各种工业部门,如土建、电力、石油、化工、采矿、冶金、轻纺、食品加工、包装等,都会接触到各种类型的通用机械和专用机械,这些工业部门的技术人员应当具备一定的机械基础知识。因此机械设计基础,如同工程制图、电工学、工程力学一样,是高等学校工科有关专业的一门技术基础课。

通过本课程的学习和作业实践,可以培养学生初步具有选用、分析,以及维护保养简单的机械传动装置并能进行设计的能力,为学习专业设备中的机械部分提供必要的基础。

在学习本课程以前,应具备必要的基础理论和金属加工工艺知识。这需要通过工程制图、工程力学、金工实习等先修课程学习才能获得。

§0-3 机械设计的基本要求和过程

机械设计是创造性地实现具有预期功能的新设备或机器,或改进现有机器和设备,使其具有新的性能。

设计机械应满足的基本要求是:在满足预期功能的前提下,性能好、效率高、成本低、造型美观,在预定的使用期限内安全可靠,操作方便,维修简单等。

明确设计要求之后,机械设计所包括的内容为:确定机械的工作原理,选择恰当的机构,拟定设计方案,进行总体设计,作运动分析和动力分析,计算作用在各构件上的载荷,然后进行零部件工作能力计算,作出结构设计。

从明确设计要求开始,经过设计、制造、鉴定到产品定型是一个复杂的过程。设计人员必须善于把设计构想,设计方案,用语言、文字和图形方式传递给主管和协办,以取得赞同和批准。设计人员还要论证:此设计是否确为人们所需要,能否与同类产品竞争,制造上是否经济,维修保养是否简便,社会效益与经济效益如何等。

设计人员要有创造精神,从实际情况出发,调查研究,广泛吸取用户和工艺人员的经验,采用先进的科研成果和技术;在设计、加工、安装和调试过程中,及时发现问题,反复修改,以期取得最佳的成果,并从中积累设计经验。

习　题

0-1　试说明机械、机构的概念及其特征,并各举一例。

0-2　试说明构件与零件的区别。

0-3　试说明专用零件和通用零件的区别,并各举一例。

第一章 平面机构的自由度和速度分析

所有构件都在同一平面或相互平行的平面内运动的机构称为平面机构，否则称为空间机构。工程中应用最多的是平面机构，因此本章只讨论平面机构。

§1-1 平面机构的运动简图

（一）运动副及其分类

一个自由构件作平面运动时有三个独立运动的可能性。如图1-1所示，在 Oxy 坐标系中，构件 S 可随其上任一点 A 沿 x 轴、y 轴方向移动和绕 A 点转动。这种可能出现的独立运动称为构件的自由度。显然，一个作空间运动的自由构件具有六个自由度。

机构是由若干个构件组成的。构件之间都以某种方式相互连接。这种连接显然不能是固定的连接，而是彼此之间能产生一定相对运动的连接。这种使两构件直接接触并能产生一定相对运动的

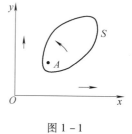

图1-1

连接称为运动副。如图 0 - 1 中曲轴与轴承的连接、活塞与气缸的连接、齿轮传动中两个轮齿间的连接以及凸轮与气门顶杆的连接都构成运动副。

从上述几个运动副的例子看出,尽管运动副的形式很多,但都是通过点、线或面的接触来实现的。按照不同的接触特性,通常把运动副分为低副和高副两大类。

1. 低副

两构件通过面接触组成的运动副称为低副。由于低副具有制造简便、耐磨损和承载力强等优点,因此在机械中应用最广。平面机构中的低副有转动副和移动副两种。

(1)转动副 如图 1 - 2 所示,若组成运动副的两构件之间只能绕同一轴线作相对转动,这种运动副称为转动副或铰链。若两构件中有一个是固定的(如图 1 - 2a 中的构件 2),则称为固定铰链。若两个构件都未固定(如图 1 - 2b 中的构件 1 和 2),则称为活动铰链。图 0 - 1 中由曲轴 4 与气缸体 1 上的轴承组成的是固定铰链,而由曲轴 4 与连杆 3 组成的是活动铰链。

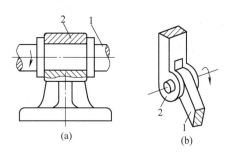

(a)   (b)

图 1 - 2

(2)移动副

如图 1 - 3 所示,若组成运动副的两构件只能沿某一轴线相对移动,这种运动副称为移动副。图 0 - 1 中活塞 2 与气缸体 1 组成的运动副即是移动副。

转动副、移动副均约束两个方向的运动。

2. 高副

两构件通过点或线接触组成的运动副称为高副。图 1 – 4a、b 所示的凸轮 1 与从动件 2、齿轮 1 与齿轮 2 分别在其接触处 A 组成高副。组成平面高副的二构件相对运动可以是在平面内的相对转动和沿接触处切线 t – t 方向的相对移动。

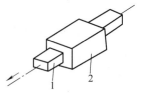

图 1 – 3

高副约束一个方向的运动。

此外,在机械中还常采用图 1 – 5a 所示的球面副和图 1 – 5b 所示的螺旋副。球面副中的构件 1 和 2 可绕空间坐标系的 x、y、z

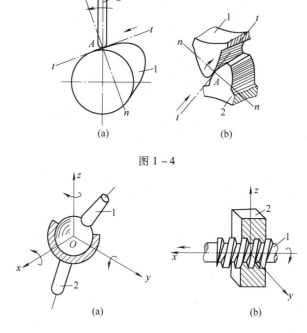

图 1 – 4

图 1 – 5

轴作独立转动。螺旋副中的两构件作螺旋运动,即同时作转动和移动的合成运动。由于这些运动副的两构件间的相对运动是空间运动,所组成的运动副属空间运动副,故不属本章的讨论范围。

（二）平面机构的运动简图

机构中的构件按其运动性质可分为三类:

（1）固定件(机架) 它是用来支承活动构件的构件。例如图 0 - 1 中的气缸体就是固定件,它用以支承活塞和曲轴等活动构件。在分析机构中活动构件的运动时,常以固定件作为参考坐标系。

（2）原动件 是运动规律已知的活动构件,如图 0 - 1 中的活塞 2。它的运动是由外界输入的,故又称输入构件。

（3）从动件 是机构中随着原动件的运动而运动的其他活动构件。如图 0 - 1 中的连杆、曲轴、齿轮等都是从动件。

任何一个机构中,总有一个构件被相对地看作固定件。例如在研究发动机中的机构时,虽然气缸体是随汽车或拖拉机等运动的,但在分析时,仍把气缸体看作固定件。在机构的活动构件中,必须有一个或几个原动构件,其余都是从动件。

由于实际机械中,机构的外形结构比较复杂,而构件之间的相对运动又与其外形等因素(如构件的外形和截面尺寸,组成构件的零件数目,运动副的结构等)无关,只与机构中所有构件的数目和构件所组成的运动副的数目、类型、相对位置有关,因此,在研究机构的运动时,可以不考虑那些与运动无关的因素,而用简单的线条和符号来代表构件和运动副,如表 1 - 1 所示。用简单的线条和符号表示机构各构件间相对运动关系,并按一定的比例确定各运动副的相对位置的图形称为机构运动简图。例如:图 1 - 6 便是内燃机中连杆机构在图 0 - 1 中所示位置的机构运动简图;图 1 - 7 便是牛头刨床中的齿轮机构和连杆机构在图 0 - 2 中所示位置的机构运动简图。机构运动简图不仅能表示出机构的传动原理,而且还可以用图解法求出机构上各有关点在所处位置的运动特性(位移、速度和加速度)。它是一种在分析机构和设计机构时表示机构运动的简便而又科学的方法。

表 1－1　机构运动简图符号

名称		符　　号
低副	转动副	
	移动副	
	螺旋副	
高副	凸轮副	
	齿轮副	

名称		符　号
构件	带有运动副元素的活动构件	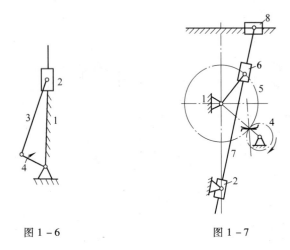
	机架	

图 1-6　　　　　　　图 1-7

§1-2　平面机构的自由度

　　如前所述,机构的两个特征之一是它的各构件之间具有相对运动。因此为了使机构具有所需的确定的相对运动,有必要探讨机构自由度和机构具有确定运动的条件。

(一) 平面机构自由度计算公式

前面分析过,一个作平面运动的自由构件具有三个自由度。因此,平面机构中的每个活动构件,在未用运动副连接起来以前,都具有三个自由度,即沿 x 轴和 y 轴的移动,以及在 Oxy 平面内的转动。当两个构件组成运动副以后,它们的相对运动就受到约束,自由度即相应减少。而自由度减少的个数,与引入的运动副种类有关。例如:图 1 - 2 所示的转动副因引入了两个约束而相应的减少了两个自由度;同样在移动副(图 1 - 3)也因引入了两个约束而相应的减少了两个自由度;而高副(图 1 - 4)只引入一个约束,因此只减少一个自由度。换句话说,在平面机构中,每个低副使构件失去两个自由度;而每个高副使构件失去一个自由度。

设平面机构共有 K 个构件,除去自由度等于零的固定构件,则机构中的活动构件数 $n = K - 1$,其自由度总数当为 $3n$。当用运动副将构件连接起来组成机构后,构件因受到约束而自由度要减少。若机构中低副的数目为 p_L 个,高副的数目为 p_H 个,根据上面的分析,机构因引入运动副而失去的自由度总数应为 $2p_L + p_H$。显然,该机构的自由度 F 应为

$$F = 3n - 2p_L - p_H \qquad (1-1)$$

这就是计算平面机构自由度的公式。由公式可知,机构的自由度 F 取决于活动构件的数目以及运动副的性质(低副或高副)和数目。

机构的自由度也就是机构所具有的独立运动的个数。为了使机构具有确定的相对运动,这些独立运动必须是给定的。由于只有原动件才能作给定的独立运动,因此机构的原动件数必须与其自由度相同。此外,机构的自由度显然必须大于零,这样机构才能运动。

综上所述可知:要使机构具有确定的运动,必须使机构的原动件数等于机构的自由度 F,而且 F 必须大于零。

例题一 试计算图 1-6 所示内燃机中曲柄连杆机构的自由度。

解 从它的机构简图中看出该机构具有曲轴、连杆和活塞 3 个活动构件（即 $n = 3$），组成 3 个转动副和 1 个移动副（即 $p_L = 4$、$p_H = 0$）。代入式（1-1）可得机构的自由度为

$$F = 3n - 2p_L - p_H = 3 \times 3 - 2 \times 4 = 1$$

即此机构只有 1 个自由度。原动件为活塞。由于此机构的自由度大于零且原动件数与自由度相同，故满足机构具有确定运动的条件。

例题二 试计算图 1-7 所示牛头刨床传动机构的自由度。

解 从图中看出，该机构具有齿轮 4、5，滑块 2、6，导杆 7 和滑块 8 等 6 个活动构件（即 $n = 6$），组成 5 个转动副，3 个移动副和 1 个高副（即 $p_L = 8$ 和 $p_H = 1$）。代入式（1-1）可得机构的自由度为

$$F = 3n - 2p_L - p_H = 3 \times 6 - 2 \times 8 - 1 = 1$$

即此机构的自由度为 1。齿轮 4 为原动件，故此机构同样满足机构具有确定运动的条件。

（二）计算平面机构自由度时要注意的问题

应用式（1-1）计算平面机构的自由度时，必须注意下述几种情况，否则会得到错误的结果。

1. 复合铰链

两个以上的构件在同一轴线上用转动副连接便形成复合铰链。如图 1-8 所示是三个构件组成的复合铰链，图 1-8b 是它的俯视图。从图 1-8b 中可以看出，这三个构件共组成两个，而不是一个转动副。因此在计算机构自由度时忽略了这种复合铰链就会漏算转动副的个数。

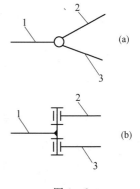

图 1-8

例题三 试计算图 1-9 中的圆盘锯主体机构（直线机构）的自由度。

解 机构中共有 7 个活动构件（即 $n = 7$）；在 B、C、D、E 四处都是由 3 个构件组成的复合铰链，故各有 2 个转动副，整个机构共有 10 个转动副（即 p_L

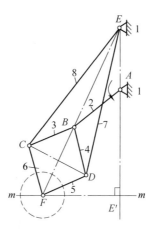

图 1-9

= 10)。由式(1-1)可得机构的自由度为

$$F = 3n - 2p_L - p_H = 3 \times 7 - 2 \times 10 = 1$$

即此机构的自由度为 1。原动件为杆 8,当它摆动时,圆盘锯中心 F 将确定地沿直线 mm 移动。

2. 局部自由度

机构中有时会出现这样一类自由度,它的存在与否都不影响整个机构的运动规律。这类自由度称局部自由度。在计算机构自由度时应予消除。

例题四 试计算图 1-10a 所示滚子从动件凸轮机构的自由度。

解 图 a 中凸轮 1 为原动件,当凸轮转动时,通过滚子 3 驱使从动件 2 以一定的运动规律在机架 4 中往复移动。不难看出,无论滚子 3 存在与否都不影响从动件 2 的运动。因此滚子绕其中心的转动是一个局部自由度。在计算机构自由度时,可设想将滚子与从动件焊成一体,如图 b 所示,这样转动副 C 便不存在。这时机构具有 2 个活动构件,1 个转动副,1 个移动副和 1 个高副。式(1-1)可得机构自由度为

$$F = 3n - 2p_L - p_H = 3 \times 2 - 2 \times 2 - 1 = 1$$

局部自由度虽然与整个机构的运动无关,但滚子可使高副接触处变滑动摩擦为滚动摩擦,从而减少磨损和延长凸轮的工作寿命。

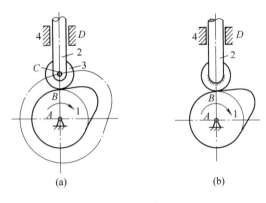

图 1 - 10

3. 虚约束

在运动副中,有些约束对机构自由度的影响是重复的。这些重复的约束称为虚约束,在计算机构自由度时应除去不计。

下面介绍几种在平面机构中常出现的虚约束。

如图 0 - 1 中顶杆 8 与气缸体之间上下组成两个同轴线的移动副。它们都是用来限制顶杆使其只能沿轴线上下移动,从而达到气阀开闭的目的。如单从运动的观点来看,去掉一个移动副并不会影响顶杆的运动。因此在计算机构自由度时认为只有一个移动副,而另一个是虚约束,应除去不计。

又如图 0 - 1 所示发动机中曲轴 4 与气缸体之间有两个轴线重合的转动副(即主轴承)。同样,单从运动观点来看,其中只有一个转动副就够了,另一个转动副同样应视作虚约束。

为了改善机构的受力状况,有时在机构中加上对传递运动不起独立作用的对称部分。如图 1 - 11 所示的轮系,中心轮 1 通过两个对称布置的小齿轮 2 和 2′ 带动内齿圈 3 转动。其中有一个小齿轮对传递运动不起独立作用,去掉它对机构的运动并不影响。因此由于第二个小齿轮的采用而增加的约束为虚约束,计算时应予以排除。也就是说,图 1 - 11 中的机构在计算其自由度时应看作只有 3 个活动构件,3 个转动副和 2 个高副所组成。

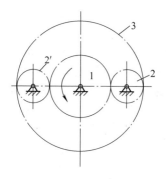

图 1 – 11

例题五 试计算图 1 – 12 所示大筛机构的自由度。

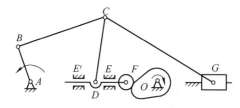

图 1 – 12

解 大筛机构由一个平面连杆机构和一个凸轮机构组成。在凸轮机构顶杆的滚子处有一个局部自由度。顶杆与机架在 E 和 E' 处组成两个同轴线的移动副,其中之一为虚约束。三个活动构件 BC、CD 和 CG 在 C 处组成复合铰链。因此在计算机构的自由度时,该机构应看作由 7 个活动构件($n = 7$),7 个转动副和 2 个移动副($p_L = 9$),以及 1 个高副($p_H = 1$)所组成。故由式(1 – 1)得

$$F = 3n - 2p_L - p_H = 3 \times 7 - 2 \times 9 - 1 = 2$$

即此机构的自由度等于 2,故有两个原动件,即曲柄 AB 和绕 O 轴转动的凸轮。

习　题

1 – 1　什么是运动副?高副与低副有何区别?

1 - 2　什么是机构运动简图？它有什么作用？

1 - 3　平面机构具有确定运动的条件是什么？

1 - 4　试通过例题一至五总结出计算机构自由度的步骤。

1 - 5　计算下列机构的自由度(见题1 - 5图)。

a. 推土机的推土机构；b. 锯木机的锯木机构；c. 凸轮拨杆机构。

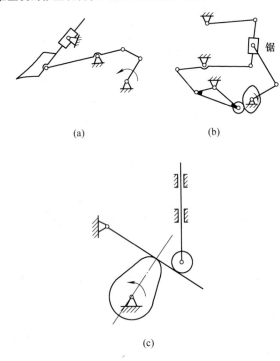

(a)　　　　　　　　(b)

(c)

题1 - 5图

第二章　平面连杆机构

平面连杆机构是由若干刚性构件用低副连接而成的机构。本章所讨论的仅属于用四个刚性构件所组成的平面连杆机构,称为平面四杆机构。它是连杆机构中最简单而应用最多的一种。

§2-1　平面四杆机构的基本类型

（一）铰链四杆机构

图 2-1 所示为铰链四杆机构,各构件用转动副相连接,它是四杆机构中最基本的形式,其他类型的四杆机构都可以看成是由它演化而成的。

在图 2-1 所示的机构中,构件 4 为相对固定不动的构件,称为机架。构件 1 和 3 分别以转动副与机架相连接。称为连架杆,它们如能绕其转动副轴线整圈转动,称为曲柄;如果只能来回摆动,则称为摇杆。构件 2 以转

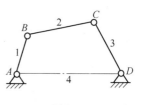

图 2-1

动副分别和构件 1 与 3 的另一端相连,工作时它作平面复杂运动,

通常称为连杆。连杆上任一定点相对于机架的轨迹称为连杆曲线（如图 2-5 中 E 点的轨迹）。连杆上各定点的连杆曲线是各种各样的,当各构件相对长度不同时,连杆曲线的形状随之变化,正是利用连杆的这个运动特性,适当选择各构件的尺寸比例和连杆上某一定点,就能实现设计所要求的预定运动轨迹。对于铰链四杆机构而言,机架和连杆总是存在的,因此机构的基本型式就根据曲柄与摇杆的存在情况分为下列三类:

1. 曲柄摇杆机构

在铰链四杆机构中曲柄和摇杆同时存在的称为曲柄摇杆机构。图 2-2 所示为调整雷达天线俯仰角大小的曲柄摇杆机构。构件 1 为曲柄,它的转动通过连杆 2 使摇杆 3(即天线)绕 D 点在一定角度范围内摆动,从而调整天线俯仰角的大小。

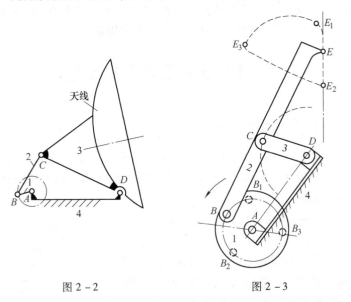

图 2-2   图 2-3

当曲柄摇杆机构应用在搅拌机、搬运机、放映机等机器中时,往往是利用连杆曲线来完成工作要求的。如图 2-3 所示的某种小型电影放映机或摄影机中的影片机构便是这类机构。拨动影片的抓片爪固定在连杆 2 的 E 点上。曲柄 1 等速回转,当连杆上的 E 点行经该点连杆曲线的近似直线部分时,抓片爪就插入影片孔,拨动影片往下移动一幅;而当 E 点行经曲线部分时,抓片爪就退出,此时影片停止不动。这样,曲柄回转一次就能使影片放映一张画面。曲柄如按一定的转速连续等速回转,便能使影片获得所需的间歇运动,满足电影放映的要求。

2. 双曲柄机构

在铰链四杆机构中,除机架和连杆外,其余两构件均为曲柄者称为双曲柄机构。如图 2-4 所示惯性筛中的铰链四杆机构 $ABCD$ 就是这类机构。当曲柄 1 等速回转一周时,另一曲柄 3 便以变速回转一周,因而可使筛子 6 具有所需的加速度,结果,筛中的材料块便利用惯性而达到筛分的目的。

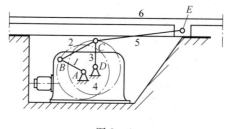

图 2-4

3. 双摇杆机构

在铰链四杆机构中,与机架组成转动副的两构件都是摇杆时,则该机构称为双摇杆机构。如图 2-5 所示的港口用门式起重机的变幅机构便是这种机构的实例。在铰链四杆机构 $ABCD$ 中,构件 1 和 3 都是摇杆。当摇杆 3 摆动时,连杆 2 上悬挂货物的 E 点便在近似的水平直线上移动。这样,在平移货物时可避免不必要的升降,以保证货物平稳和减少能量消耗。

对于曲柄摇杆机构以及其他某些平面四杆机构,有两个特性是值得注意的,即急回特性和死点位置。如图 2-6 所示的曲柄摇杆机构中,当曲柄由 AB_1 位置(与连杆共线)转动到 AB_2 位置(同样与

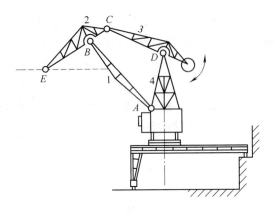

图 2-5

连杆共线)时,摇杆从左端极限位置 C_1D 摆到右端极限位置 C_2D(通常称正行程),这时曲柄转过的角度为 α_1($=180°+\theta$)。又当曲柄由 AB_2 位置转回到 AB_1 位置时,摇杆将由右端极限位置 C_2D 摆回到左端极限位置 C_1D(通常称反行程),这时曲柄转过的角度为 α_2($=180°-\theta$)。由于 $\alpha_1 > \alpha_2$,而正、反行程的摆角相等,因此摇杆反行程时的平均摆动速度必然大于正行程时的平均摆动速度,这就是所谓的急回特性。在机械设计(例如牛头刨床设计)中,常利用机构的这一特性来缩短非生产时间,以提高劳动生产率。

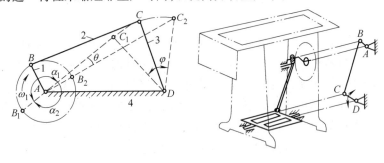

图 2-6   图 2-7

在曲柄摇杆机构中,如图 2-6 所示,如果曲柄是原动件,那么

· 22 ·

是不会出现卡死现象的。但如果相反,摇杆 CD 是主动件而曲柄 AB 为从动件(图 2-7 所示的缝纫机踏板机构就是这种情况),那么,当摇杆 CD 摆到两个极限位置 C_1D 和 C_2D 时,曲柄均与连杆共线,因此摇杆 CD 通过连杆加于曲柄的驱动力 F 正好通过曲柄的转动中心 A,所以不能产生使曲柄转动的力矩。机构的这种位置称为死点位置。死点位置将使机构的从动件出现卡死或运动不确定的现象。对传动机构来说,死点是应设法加以克服的。例如可利用构件的惯性来保证机构顺利通过死点。缝纫机在工作中就是依靠带轮的惯性来通过死点的。

(二)偏心轮机构

在图 2-8a 所示的曲柄摇杆机构中,构件 1 为曲柄,构件 3 为摇杆。如将转动副 B 的半径扩大至超过曲柄 1 的长度,这时曲柄 1 便变成一个几何中心与回转中心不相重合的圆盘,称为偏心轮,如图 2-8b 所示。该两中心间的距离称为偏心距,它等于曲柄的长度。这种机构的运动特性与演化前相同,但由于曲柄的形状变成偏心轮,故称为偏心轮机构。这种机构多用于曲柄销承受较大冲击载荷或曲柄长度较短及需要装在直轴中部的机器之中,如颚式破碎机、剪床和抽水机等。

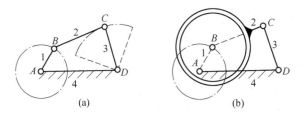

图 2-8

(三)曲柄滑块机构

在图 2-8a 所示的曲柄摇杆机构中,摇杆 3 是在某一角度内来回摆动,即 C 点的运动轨迹为一段圆弧。如果把摇杆 3 改为一环形滑块并在具有环形槽的机架上滑动(图 2-9a),取该环形槽的曲率半径等于构件 3 的长度,则原机构的运动特性并没有变化。如果再把环形槽的曲率半径增至无穷大时,则转动副 D 的中心将移至无穷远处,此时环形槽将变成直槽,而转动副 D 便转化成移动副,如图 2-9b 所示。这时构件 3 称为滑块,构件 4 称为导杆。图中 e 为曲柄中心 A 至直槽中心线的垂直距离,称为偏距。这种机构称为偏置曲柄滑块机构。当 $e=0$ 时,便如图 2-9c 所示,一般称为曲柄滑块机构。它应用很广,可将曲柄的回转运动变换为滑块的往复直线运动(如空气压缩机),或者将滑块的往复直线运动变换为回转运动(如内燃机)。

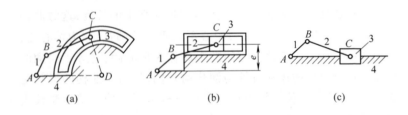

图 2-9

(四) 导杆机构

在图 2-9c 的曲柄滑块机构中,如果以曲柄 AB 作为机架,则变为图 2-10 所示的导杆机构。当 BC 杆长度大于机架 AB 长度时,导杆可作 360°回转,滑块在导杆 AC 上移动,并随它一起绕 A 点转动,此时机构称为转动导杆机构,如图 2-10a 所示。相反,当构件 BC 长度小于机架 AB 长度时,导杆只能在小于 360°范围内摆动(图 2-10b),此时机构称为摆动导杆机构,牛头刨床中的主传动机构便是这种机构的应用实例。

通过上述的几种常用平面四杆机构可知,它们之间在外形和

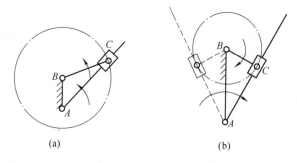

图 2-10

结构上可能很不相同,但它们之间是有一定内在联系的。可以在铰链四杆机构的基础上,通过运动副的扩大、变转动副为移动副以及取不同构件作为机架等方法演化出更多的四杆机构型式,这里不一一列举。

[*]§2-2　平面四杆机构的特点及其设计简介

平面四杆机构在工程中获得广泛应用,主要是它具有下列的优点:

(1)由于机构中所有的运动副都是低副,因此组成运动副的元件表面全是圆柱面或平面,从而制造简单,成本较低并能获得较高的精度。

(2)组成运动副的元件间的接触都是面接触,它所承受的单位压力较小,这有利于润滑和减少磨损,故能传递较大的载荷和具有较高的可靠性,可以在较高的速度下工作。

与凸轮机构相比,平面四杆机构不能较精确地实现复杂的运动规律和轨迹,这是它的主要缺点。此外,在结构上不如凸轮机构紧凑。

在实用上,平面四杆机构能解决两类问题:实现已知运动规律和实现给定点的运动轨迹。

1. 实现已知运动规律

当原动构件按已知的某一运动规律运动时,能使从动件按另一种所要求的规律(主要指位置或速度的变化规律)运动。例如在雷达天线中要实现天线俯仰角的变动范围(图2-2);在牛头刨床中要实现刨头的直线运动和快速返回(图1-7)等都属于这类问题。

平面四杆机构设计的主要工作是:根据对机构要实现的运动规律,选择适当的机构型式并确定该机构运动简图的参数,这些参数包括转动副中心间的距离、移动副的尺寸等。由于实际机械对机构的要求是各式各样的,因此平面四杆机构的设计方法也不尽相同,例如图2-11中造型机的翻转机构设计。在铸工车间造型的过程中,要求把放在处于位置Ⅰ的翻转台8上的砂箱7在震实台9上震实后,随翻转台8翻转到虚线位置Ⅱ上,以便让托台10上升接触砂箱并起模。这个动作是选用一个双摇杆机构 $ABCD$ 来实现的。当需要起模时,压缩空气推动活塞6,通过连杆5使摇杆4摆动,与连杆 BC 固接的翻转台8便随连杆的翻转从位置Ⅰ翻转到位置Ⅱ。这是属于实现连杆两个位置变化的设计问题。

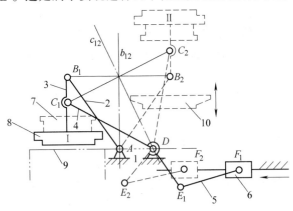

图2-11

设计时,一般先把已知的几何条件画出,然后将给定的运动条件转化为几何条件,最后用作图求解。现以上述机构为例,说明其中一种情况(即给定连杆机构的两个位置)的设计步骤。先根据整台机器的总体尺寸与工作要求,给定与翻台固联的连杆 3 的长度 $l_3 = BC$ 及其两个工作位置 B_1C_1 和 B_2C_2。由于工作时连杆 3 上 B、C 两点的轨迹分别是以固定铰链中心 A、D 为圆心的圆弧,所以 A、D 必分别位于 B_1B_2 和 C_1C_2 的垂直平分线上。根据上述分析可得其具体设计步骤如下:

(1)根据先确定的尺寸,绘出连杆 3 的两个工作位置 B_1C_1 和 B_2C_2。

(2)作 B_1 与 B_2、C_1 与 C_2 连线的垂直平分线 b_{12}、c_{12}。

(3)由于 A 和 D 两点可在 b_{12} 和 c_{12} 两直线上任意选取,因此可以有无穷多解。在实际设计时可考虑结构等因素确定一个较合理的位置。例如,可以要求 A、D 两点在一水平线上,且 $AD = BC$。根据这一附加条件,即可确定 A、D 位置的唯一解。如图中实际所示的 AB_1C_1D 即是所求的平面四杆机构。

2. 实现给定点的运动轨迹

如前所述,利用连杆曲线形状的多样性可以实现(或近似实现)给定点运动轨迹的要求。设计时,除了要决定机构运动简图中转动副中心间的距离等外,还要确定描绘连杆曲线的点的位置尺寸。

平面连杆曲线是高阶曲线,因此要用解析法来设计四杆机构并使其连杆上的某点实现给定的任意轨迹是十分复杂的。工程上常利用事先编好的连杆曲线图谱,从图谱中找出近似所需运动轨迹的曲线,便

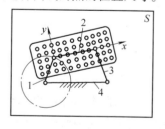

图 2 - 12

可直接求出该四杆机构的各尺寸参数;这种设计方法称为图谱法。

图 2 - 12 所示为描绘连杆曲线的工具模型,其中杆 1、2、3 和 4 为四杆机构的四根杆,其长度均可以调整。在连杆上固连一块钻

有一定数量小孔的薄板,代表连杆平面上不同点的位置。用图板
S 与机架 4 固连,转动曲柄 1,即可将连杆平面上各点的连杆曲线
记录下来,得到该尺寸参数下的一组连杆曲线。依次改变 2、3、4
杆相对杆 1 的长度,就可得出许多组连杆曲线。将它们按一定顺
序编排成册,即成连杆曲线图谱,供设计时查用。例如图 2 – 13 就
是图谱中的一张。图中取曲柄 1 的长度为基准并取为 1,其他各杆
长度以相对于曲柄长度的比值来表示。为了可求出连杆上该点在
不同位置时的平均速度,图中每一连杆曲线由 72 根长度不等的短
线构成,每一短线表示曲柄转过 5°时,连杆上该点的位移。故当曲
柄转速已知,即可求出该点在相应位置时的平均速度。

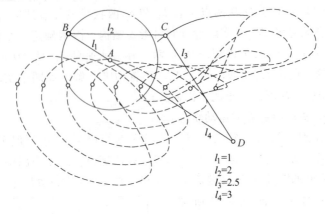

$l_1=1$
$l_2=2$
$l_3=2.5$
$l_4=3$

图 2 – 13

  利用图谱设计实现已知轨迹的四杆机构时,首先从图谱中查
出形状与要求实现的轨迹相似的连杆曲线,这时,可在图上的文字
说明中得出所求四杆机构各杆长度的比值;然后用缩放仪求出图
谱中的连杆曲线和所要求的轨迹之间大小相差的倍数。由于按图
册上表示的杆长成比例地放大或缩小机构时,连杆曲线的特性并
不改变,因此按此倍数和图谱中给出的长度比值,可确定所求四杆
机构的实际尺寸和连杆上能描绘该轨迹之点的位置。

  图 2 – 14 所示的自动线上步进式传送机构为一应用实例。工

作时要求该机构的推杆 5 按虚线所示的卵形曲线运动,以保证当推杆 5 上的 $E(E')$ 点行经卵形曲线上部时,推杆 5 作近似水平直线向左运动,推动工件 6 前移一个工位,然后推杆 5 下降并脱离工件,最后向右返回和沿轨迹上升至原位,完成一次步进式传送动作。由于曲柄摇杆机构中连杆上某点的运动轨迹近似此卵形曲线,故可采用两个相同的曲柄摇杆机构并按上述方法确定其几何参数,使推杆 5 上的 $E(E')$ 点分别与两个连杆上描绘该轨迹的点相铰接,当两曲柄同步转动时便能满足上述的步进式传送要求。

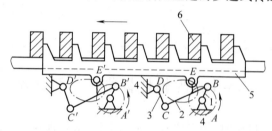

图 2 - 14

由于平面四杆机构具有上述的优点和功能,目前在机床、活塞式发动机和压缩机、自动包装机、颚式破碎机、农业机械以及某些仪器上都广泛地应用。

习　　题

2 - 1　什么是曲柄摇杆机构的急回特性和死点位置?

2 - 2　曲柄滑块机构主要用于什么场合?试举出一些应用例子。

2 - 3　为什么用平面四杆机构能实现给定点的运动轨迹?

第三章　凸轮机构

§3-1　凸轮机构的应用和分类

在设计机械时，为了完成一定的工作，必须选择适当的机构使从动件能依照预定的规律运动。对复杂运动来说，设计人员通常在连杆机构和凸轮机构之间选择。如果对从动件的运动规律（位移、速度、加速度）有严格要求，尤其当原动件作连续运动而从动件必须作间歇运动时，采用凸轮机构最为简便。

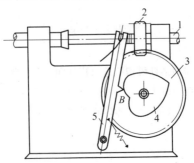

图 3-1

图 3-1 所示为一绕线机中的凸轮机构。当绕线轴 1 快速转动时，通过齿轮 2、3 带动凸轮 4 缓慢地转动，并借助凸轮轮廓与尖

顶 B 间的作用,驱使线叉 5 往复摆动,因而使线均匀地缠绕在线轴上。

图 3 - 2 所示为内燃机配气机构。当具有一定曲线轮廓的凸轮 1 等速转动时,迫使气阀 2 在固定的导套 3 中作往复运动,从而使气阀能按内燃机工作循环的要求把气阀开启或关闭。

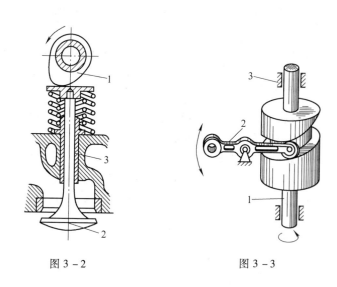

图 3 - 2   图 3 - 3

图 3 - 3 所示为自动机床上控制刀架运动的凸轮机构。当圆柱凸轮 1 回转时,凸轮凹槽侧面迫使杆 2 摆动,从而驱使刀架运动。进刀和退刀的运动规律,由凹槽的形状来决定。

由上面各例可以看出:凸轮是一种具有曲线轮廓或凹槽的构件,当它运动时,通过点或线接触推动从动件,可以使从动件得到任意预期的运动规律。

凸轮机构包括机架、凸轮和从动件三部分。凸轮通常作连续等速转动,而从动件的运动可为连续或间歇的往复移动或摆动。凸轮与从动件之间的接触可以依靠弹簧力(图 3 - 1)、重力或沟槽(图 3 - 3)来维持。

凸轮机构的优点是只需设计适当的凸轮轮廓,便可使从动件得到任意的预期运动,并且结构简单、紧凑和设计方便。因此它被广泛应用于各种自动化机械中,例如:自动机床的进刀机构、内燃机的配气机构、自行车的胀闸、闹钟的司闹机构以及各种电器开关。凸轮机构的主要缺点是其中存在点或线接触,因而较易磨损。此外,与连杆机构中的圆柱面和平面比较,凸轮轮廓的加工较为复杂。

凸轮机构的类型很多,通常可按下述方法分类:

（一）按凸轮的形状分

（1）盘形凸轮　它是凸轮的最基本型式。这种凸轮(参看图3-1)是一绕固定轴转动且具有变化半径的盘状零件,其从动件在垂直于凸轮旋转轴的平面内运动。

（2）移动凸轮　当盘形凸轮的回转中心趋于无穷远时,则凸轮作直线运动,这种凸轮称为移动凸轮,如图3-4所示。

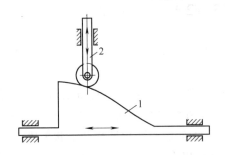

图 3-4

（3）圆柱凸轮　将移动凸轮卷成圆柱体,则所形成的凸轮称为圆柱凸轮,如图3-3所示。

盘形凸轮和移动凸轮与其从动件的相对运动为平面运动,故属于平面凸轮机构;圆柱凸轮与其从动作的相对运动为空间运动,故属于空间凸轮机构。由于圆柱凸轮可展开成移动凸轮,所以我们可以运用移动凸轮的设计方法来近似地设计它的展开轮廓。

（二）按从动件的型式分

（1）尖顶从动件　如图3-1所示。这种从动件的优点是不论凸轮轮廓曲线形状如何，其尖顶总能与轮廓保持接触，因而可以实现任意复杂的运动规律。它的缺点是易于磨损，所以只宜用于载荷很小的低速凸轮之中。

（2）滚子从动件　如图3-4所示。这种从动件比较耐磨损，可承受较大载荷，是最常用的一种从动件。

（3）平底从动件　如图3-2所示。这种从动件所受凸轮的作用力方向不变（不考虑摩擦时与平底相垂直），且接触面间易于形成油膜，利于润滑，故常用于高速凸轮机构之中。这种从动件的缺点是不能与具有内凹轮廓和凹槽的凸轮相作用。

§3-2　从动件的常用运动规律

从动件的不同运动规律对应于不同的凸轮轮廓。因此，在设计凸轮机构时，一般先确定从动件的运动规律，然后根据这一要求来设计凸轮轮廓曲线，使它准确地或近似地实现给定的运动规律。

在凸轮机构工作过程中，当从动件被凸轮推动而远离凸轮回转中心时，称为从动件的推程；反之，当从动件趋近凸轮回转中心时，称为从动件的回程。推程和回程都可以是工作行程或空行程。工作行程指从动件实现机械工作要求的那个行程，它的运动规律由机械的工作要求决定，其中最常见的为从动件在工作行程时作等速运动。空行程指从动件不工作的行程，它的运动规律可以任意选择。为了节省空行程所耗费的时间和减少冲击，工程上在空行程时广泛采用等加速等减速运动规律。下面讨论几种常用运动规律的动力特性。

（一）等速运动

从动件作等速运动时，其位移、速度和加速度随时间变化的曲线如图3-5所示。其中从动件速度 $v_2 = v_0 = $ 常数，故 $v-t$ 线图为一水平直线。当从动件运动时，其加速度始终为零，但在运动开始位置 A 和运动终止位置 B，由于速度突然改变，其瞬时加速度趋于无穷大 $\left(a_2 = \dfrac{dv_2}{dt} = \lim\limits_{\Delta t \to 0} \dfrac{v_0 - 0}{\Delta t} = \infty \right)$，因而产生无穷大的惯性力（实际上由于材料弹性变形不可能达到无穷大），以致发生刚性冲击。因此，这种单纯的等速运动规律只能用于低速和从动件质量较小的凸轮机构中。在实际应用时，为了避免刚性冲击，常将这种运动规律的运动开始和终止的两小段加以修正，使速度逐渐增高和逐渐降低。

如前节所述，大多数凸轮是等速回转的，因此，图3-5诸线图的横坐标时间 t 也可以用凸轮的转角 δ_1 来表示。由图可知，从动件位移与凸轮转角间的关系线图 $s_2 - \delta_1$ 为一直线。当给出从动件的行程 h 之后，其 $s_2 - \delta_1$ 线图可以很容易地作出来。

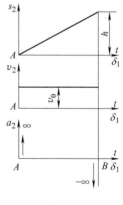

图 3-5

（二）等加速等减速运动

如图3-6所示，当从动件作等加速等减速运动时，其 $a_2 - t$ 线图为两段水平直线。在图中位置 A、B、C 处，由于加速度的数值突变，其惯性力也随之有限突变而产生冲击。这种由有限突变惯性力引起的冲击比无穷大惯性力引起的刚性冲击轻微得多，故被称为柔性冲击。

如果采用单纯等加速运动规律，那么当从动件到达行程终点时，将因速度骤变为零而导致刚性冲击。如果前半行程作等加速运动而后半行程作等减速运动，则由 $v_2 - t$ 线图可以看出，当从动件到达终点时,其速度已逐渐变化到零而得以避免刚性冲击。

由物理学可知,初速度为零的物体作等加速运动时,其位移曲线为一抛物线,$s = \dfrac{1}{2} a_0 t^2$。当时间为 $1:2:3:4\cdots$ 时,其对应位移之比为 $1:4:9:16\cdots$。因此,等加速部分的位移线图可以这样画出来:将前半行程的时间(横轴)作若干等分(图中为 4 等分)得 1、2、3、4 诸点。取等加速部分的总升程 $(4 - 4') = \dfrac{h}{2} = \dfrac{16}{16}\left(\dfrac{h}{2}\right)$,取 $(1 - 1') = \dfrac{1}{16}\left(\dfrac{h}{2}\right)$, $(2 - 2') = \dfrac{4}{16}\left(\dfrac{h}{2}\right)$, $(3 - 3') = \dfrac{9}{16}\left(\dfrac{h}{2}\right)$(具体作图方法参看图 3 – 6 的 $s_2 - t$ 线图)。连接 $1'$、$2'$、$3'$、$4'$ 诸点便得到等加速部分的抛物线。它的等减速部分为一段与等加速段开口方向相反的抛物线。利用对称原理,取 $(5^0 - 5') = (3 - 3')$, $(6^0 - 6') = (2 - 2')$, $(7^0 - 7') = (1 - 1')$,即可作出此段曲线。

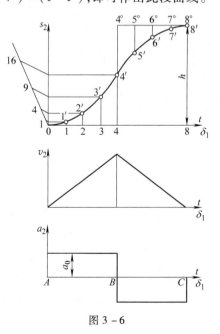

图 3 – 6

（三）摆线运动

在速度较高的凸轮机构中,为了减小因惯性力而引起的冲击,可采用摆线运动规律。如图 3-7 所示,以半径 $R = \dfrac{h}{2\pi}$ 的圆,沿纵坐标轴作匀速纯滚动一圈,其长度 $2\pi R$ 刚好等于从动件的行程 h,这时圆上点 A 的轨迹称正摆线。A 点沿摆线运动时在纵轴上的投影即构成摆线运动规律。因此,若把滚圆分成若干等分,当滚圆每滚过一等分角时,A 点在纵坐标轴上的投影线与横坐标轴上对应等分点(图中为 6 等分)垂线的交点所连成的光滑曲线,即为摆线运动的位移曲线。将位移曲线的方程分别对时间求一阶和二阶导数,即可得出图示的速度和加速度曲线。可以看出,当从动件作摆线运动时,其加速度按正弦规律变化,故又称正弦加速度运动。由

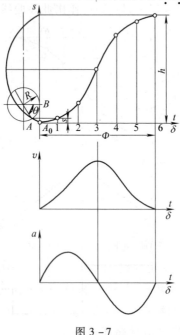

图 3-7

于摆线运动的速度曲线和加速度曲线都是始终连续变化的,没有突变,因此既没有刚性冲击,也没有柔性冲击,故具有这种运动规律的凸轮机构可用于高速工作。

§3-3 按给定从动件运动规律绘制凸轮轮廓

凸轮轮廓曲线可以用解析法计算后绘出,也可以用作图法绘出。对于一般机械,作图法的精确度已能满足使用要求,而且比较简便。下面就以常见的尖顶从动件和滚子从动件盘形凸轮为例,介绍凸轮轮廓的作图方法。

(一)直动从动件盘形凸轮

图3-8a所示为一尖顶直动从动件盘形凸轮机构。设已知从动件的运动规律为:当凸轮以等角速度 ω_1 逆时针回转180°时,从动件以等速运动规律上行一高度 h;当凸轮继续转过60°时,从动件在最高位置停留不动;当凸轮再转其余120°时,从动件以等加速等减速运动规律下行回至原处。绘制该凸轮轮廓的作图步骤如下:

(1)首先绘出从动件的位移线图 $s_2-\delta_1$,如图3-8b所示(如果从动件按某种特殊复杂规律运动,则应在设计之前给出从动件位移线图)。将 $s_2-\delta_1$ 线图的推程和回程所对应的横坐标轴各分成若干等分(图中均为4等分)得1、2、3、…诸点。

(2)取 B_0 为从动件尖顶的最低位置。过 B_0 作尖顶的运动导路 $x-x$。根据结构需要在导路上确定凸轮的回转中心 O。以 O 点为圆心及 l_{OB_0} 为半径作圆,此圆称为凸轮的基圆。

(3)在绘制凸轮轮廓时,必须使凸轮与图纸平面相对静止。为此,我们采用了反转法,令整个机构以公共角速度($-\omega_1$)绕 O 点反转,其结果是凸轮不动,而机架和导路以角速度($-\omega_1$)绕 O 点转动,同时从动件又沿导路往复运动。由于尖顶始终与凸轮轮

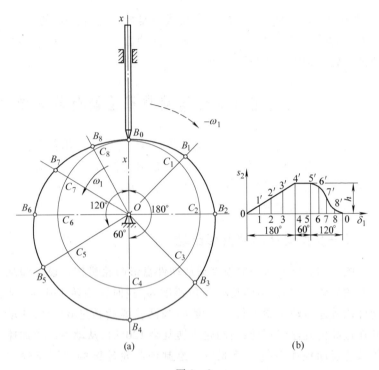

图 3 - 8

廓保持接触,所以反转时尖顶运动的轨迹即为凸轮轮廓曲线。根据上述原理,从 B_0 开始沿 $(-\omega_1)$ 方向将基圆圆周分成与 $s_2 - \delta_1$ 线图横轴对应的等分,得 C_1、C_2、C_3、$\cdots$。连射线 OC_1、OC_2、OC_3 $\cdots$,它们便代表机构反转时各个相应位置的导路。

(4)自基圆圆周沿以上导路截取对应位移量,即取线段长 $C_1B_1 = (1 - 1')$、$C_2B_2 = (2 - 2')$、$C_3B_3 = (3 - 3')$、$\cdots$,得 B_1、B_2、B_3、$\cdots$ 等点,它们便是机构反转时从动件尖顶的一系列位置。最后将 B_1、B_2、B_3、$\cdots$ 等点连成光滑曲线便得到所求的凸轮轮廓。

如果采用滚子从动件,那么按上述方法所求得的曲线称为凸轮的理论轮廓。如图 3 - 9 所示,以理论轮廓 β_0 各点为中心,以滚子半径为半径画一系列圆弧,最后作这些圆弧的内包络线 β,它便是滚子从动件凸轮的实际轮廓。

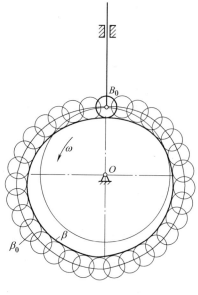

图 3 - 9

（二）摆动从动件盘形凸轮

图 3 - 10a 所示为一尖顶摆动从动件盘形凸轮机构。设已知摆杆长度 l_{AB}，摆杆中心和凸轮回转中心的距离 l_{OA}，凸轮的基圆半径 l_{OB_0} 以及凸轮以等角速 ω_1 逆时针回转，其从动件运动规律如图 b 所示（该图纵坐标 δ_2 表示摆杆的角位移量），该凸轮轮廓的作图步骤如下：

（1）根据给定长度 l_{OA} 确定凸轮回转中心 O 和摆杆回转中心 A_0 的位置。以 O 为中心及 l_{OB_0} 为半径作基圆。以 A_0 为中心及 l_{AB} 为半径画弧交基圆于 B_0 点，A_0B_0 即为从动件的初始位置。

（2）以 O 为中心及 l_{OA_0} 为半径作圆，按反转法原理将此圆的圆周沿（$-\omega_1$）方向分成与图 b 横轴对应的等分，得 A_1、A_2、A_3…，它便是反转时摆杆中心的各个对应位置。

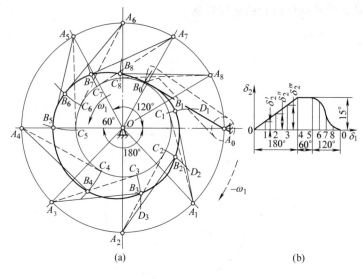

(a)   (b)

图 3-10

（3）分别以 A_1、A_2、A_3 … 为中心，以 l_{AB} 为半径作圆弧 C_1D_1、C_2D_2、C_3D_3…，根据图 b 量出不同位置摆杆的角位移量，即令 $\angle C_1A_1B_1 = \delta_2{'}$，$\angle C_2A_2B_2 = \delta_2{''}$，$\angle C_3A_3B_3 = \delta_2{'''}$…，得 B_1、B_2、B_3 … 诸点。

（4）将 B_1、B_2、B_3 … 诸点连成光滑曲线便得到所求的凸轮轮廓曲线。

如采用滚子从动件，则以上所求为理论轮廓，只要以理论轮廓各点为中心画一系列滚子，然后作内包络线，便可求出该凸轮的实际轮廓。

在凸轮设计中应注意下面两个问题：

（1）合理选择滚子的半径　如图 3-11 中 A 点所示，凸轮理论轮廓外凸部分某处的曲率半径 ρ_0、对应的实际轮廓的曲率半径 ρ 和滚子半径 r 之间存在下述关系：$\rho = \rho_0 - r$。当 $r = \rho_0$ 时，$\rho = 0$，如图中 B 点所示，与凸轮理论轮廓的曲率半径 ρ_0 相对应的实际轮廓变尖。这种轮廓极易磨损，不能付之实用。当 $r > \rho_0$ 时，ρ 成为负值,如图中 C 点所示,与理论轮廓线相对应的实际轮廓线相交,其相交部分将在加工时被切掉而使运动失真。因此,欲保证各处都不发生实际轮廓变尖和相交,滚子半径 r 必须小于理论轮廓(外凸部分)的最小曲率半径。内凹的理论轮廓对滚子半径的选择没有限制,故可不必考虑。

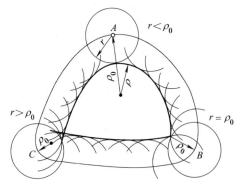

图 3 – 11

(2) 注意基圆半径对凸轮机构的影响   上述二例的凸轮回转中心是根据结构要求选择的。显然,基圆愈小,所设计的凸轮机构愈紧凑。但是应当说明,基圆愈大,凸轮推程廓线愈平缓;基圆愈小,推程廓线愈陡峭。轮廓过分陡峭将导致接触部分严重磨损,甚至引起机构自锁,使从动件卡死而不能运动。因此,在结构允许范围内,不宜将基圆半径选得过小。

习　　题

3 – 1　在什么情况下采用凸轮机构较四杆机构简便?

3 – 2　通常采用什么方法使凸轮与从动件之间保持接触?

3 – 3　什么叫刚性冲击和柔性冲击?用什么方法可以避免刚性冲击?

3 – 4　设计一直动滚子从动件盘形凸轮。已知凸轮顺时针匀速回转,从动件的运动规律为:当凸轮转过 $120°$ 时,从动件以等加速等减速运动规律上升 20 mm;当凸轮继续回转 $60°$ 时,从动件在最高位置停留不动;当凸轮再转

90°时,从动件以等加速等减速运动规律下降到初始位置;当凸轮再转其余90°时,从动件停留不动。今取凸轮基圆半径 $l_{OB_1} = 50$ mm,滚子半径 $r = 10$ mm,并要求滚子中心沿着通过凸轮回转中心的直线运动。试绘出此凸轮的轮廓。

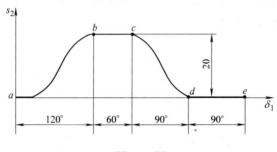

题 3-4 图

第四章　间隙运动机构

重点学习内容

　　槽轮机构、棘轮机构、不完全齿轮机构和凸轮间隙运动机构的工作原理。

　　在机械中,特别是在各种自动和半自动机械中,常常需要把原动件的连续运动变为从动件的周期性间隙运动,实现这种间隙运动的机构称为间隙运动机构。间隙运动机构的种类很多,本章将简单地介绍四种常用的间歇运动机构:槽轮机构、棘轮机构、不完全齿轮机构和凸轮间歇运动机构。

§4-1　槽轮机构

　　槽轮机构是由具有径向槽的槽轮2、具有圆销的构件1和机架所组成的(图4-1)。当构件1作均匀连续转动时,槽轮时而转动,时而静止。在构件1的圆销 A 尚未进入槽轮的径向槽时,槽轮的内凹锁住弧 β 被构件1的外凸圆弧 α 卡住,因而槽轮静止不动。图中所示是构件1的圆销开始进入槽轮径向槽的位置,这时锁住弧被松开,因此圆销便驱使槽轮转动。当圆销开始脱出径向槽时,槽轮的另一内凹锁住弧又被构件1的外凸圆弧所卡住,致使槽轮静止不动,直到圆销再进入另一径向槽时,两者又重复上述的运动循环。图4-1所示的具有四个槽的槽轮机构,当原动件1回转一周时,从动件只转 $\frac{1}{4}$ 周。同理,六槽的槽轮机构,当原动件回转一周时,槽轮转过 $\frac{1}{6}$ 周。其余依此类推。

槽轮机构的基本尺寸(图 4-1)可以按下列公式计算:

$$b \leqslant l - (r + r_s)$$

$$r = l \sin \varphi_2$$

$$a = l \cos \varphi_2$$

式中 r_s 为圆销的半径。

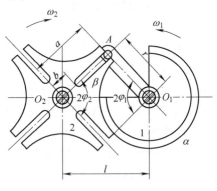

图 4-1

槽轮每次运动的时间 t_m 对主动构件回转一周的时间 t 之比,称为运动系数,以 τ 表示。当构件 1 等速回转时,τ 可用构件 1 的转角之比来表示,即

$$\tau = \frac{t_m}{t} = \frac{2\varphi_1}{2\pi} \tag{4-1}$$

式中 $2\varphi_1$ 为槽轮运动时构件 1 所转过的角度。由图可知,圆销开始进入或开始脱出径向槽时,径向槽的中心线应切于圆销中心的轨迹,设 z 为径向槽的数目,那么构件 1 的转角 $2\varphi_1$ 为

$$2\varphi_1 = \pi - 2\varphi_2 = \pi - \frac{2\pi}{z}$$

因此

$$\tau = \frac{2\varphi_1}{2\pi} = \frac{z-2}{2z} \tag{4-2}$$

因为运动系数 τ 必须大于零,所以由上式可知,径向槽的数目

· 44 ·

应等于或大于 3。又由式(4-2)可知,图 4-1 所示槽轮机构的运动系数 τ 总小于 $\frac{1}{2}$,也就是说,槽轮的运动时间总小于静止时间。

如欲得到 $\tau > \frac{1}{2}$ 的槽轮机构则须在构件 1 上安装多个圆销。设 K 为均匀分布的圆销数,则一个循环中槽轮的运动时间比只有一个圆销时增加 K 倍,故

$$\tau = \frac{K(z-2)}{2z} \qquad (4-3)$$

槽轮机构的特点是结构简单,工作可靠,常用于只要求恒定旋转角的分度机构中。例如:用来使机床上的转塔刀架、多轴自动机床的主轴转筒及工作台作自动的周期旋转以及更换工位;在电影放映机中也常用它来间歇地移动电影影片。

§4-2 棘 轮 机 构

如图 4-2 所示,棘轮机构的棘爪 4 用销子连于曲柄摇杆机构 $ABCD$ 的摇杆 3 上。当曲柄 1 连续转动时,通过连杆 2 使摇杆 3 作往复摆动。当摇杆左摆时,棘爪 4 插入棘轮 5 的齿内推动棘轮转过某一角度。当摇杆右摆时,棘爪 4 在棘轮上滑过而棘轮静止不动。制动爪 6 是用来防止棘轮自动反转的。棘轮每次前进的角度大小可以由改变曲柄 AB 的长度来加以控制。但是这种有齿的棘轮其进程的变化最少是一个齿距,也就是说,其进程的增减是有级的,而且工作时有响声。如欲避免以上缺点,可以采用摩擦棘轮(或称无声棘轮)。如图 4-3 所示,在外套筒 1 与内套筒 2 之间的槽中装有受压缩弹簧作用的滚子 3。弹簧使滚子卡紧在内外套筒之间。当外套筒逆时针转动时,滚子楔紧而使内套筒也随着转动;反之,当外套筒顺时针转动时,滚子松开而内套筒不动,由于摩擦传动会发生打滑现象,因此要求从动件转角必须精确的地方,不宜采用摩擦棘轮机构。

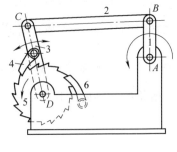

图 4 - 2

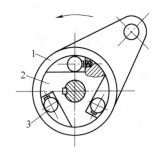

图 4 - 3

如果棘轮的回转方向需要经常改变,那么只需在摇杆上装一

双向棘爪便行了。如图 4 - 4 所示,将棘轮齿做成方形,棘爪与棘轮齿接触的一面做成平面;这样,当曲柄向左摆动时,棘爪推动棘轮逆时针转动。棘爪的另一面做成曲面,以便摆回来时可以在轮齿上滑过。若需棘轮顺时针转动,只需将棘爪绕 A 点转至双点画线所示的位置即可。

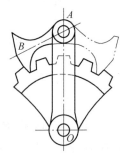

图 4 - 4

棘轮机构的结构简单,故广泛应用于各种自动机床的进给机构、钟表机构以及

电器设备中。它的缺点是运动开始和终了时,速度骤变而产生冲击,所以不宜用于高速的机构中,也不宜用在需要使转动惯量很大的轴作间歇运动的场合。

§4 - 3 不完全齿轮机构

图 4 - 5 所示为不完全齿轮机构,它与普通渐开线齿轮机构的区别是轮齿不布满整个圆周。当主动轮 1 作连续回转运动时,从动轮 2 作间歇的旋转运动。为了使轮 2 在停顿时间内不能随意乱动,并保证下一次再啮合时处于正确的工作位置,轮 1 有锁住弧将

它锁住。

不完全齿轮机构广泛应用于各种计数器以及多工位自动机和半自动机中。与其他间歇运动机构相比,它结构简单,制造方便;缺点是从动轮在转动开始及末了时,速度均有突变,冲击较大,故一般只用于低速的场合。

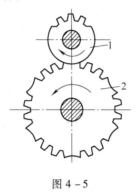

图 4-5

§4-4 凸轮间歇运动机构

如图 4-6 所示,凸轮间歇运动机构是由圆柱凸轮 1、在端面上固定有圆周分布若干滚子 3 的转盘 2 以及机架所组成。当圆柱凸轮 1 转过曲线槽所对应的角度 β 时,凸轮曲线槽推动滚子,使转盘 2 转过相邻两滚子所夹的中心角 $\frac{2\pi}{z}$,其中 z 为滚子数;当凸轮继续转过其余角度 $(2\pi - \beta)$ 时,转盘 2 静止不动。这样,当凸轮连续转动时,就可得到转盘的间歇转动,用以传递交错轴间的分度运动。

凸轮间歇运动机构的优点

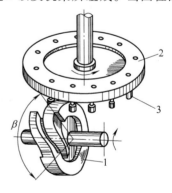

图 4-6

是:运转可靠,工作平稳,可用作高速间歇运动机构。它广泛用于轻工业各种自动半自动机械中。

习　　题

4-1　棘轮机构、槽轮机构及不完全齿轮机构各有何运动特点?试举出应用这些间歇运动机构的实例。

4-2　某单销槽轮机构的槽数 $z = 6$,中心距 $l = 80$ mm,圆销直径为10 mm。(1)计算该槽轮机构的基本尺寸并按比例绘出该槽轮的简图;(2)计算该槽轮机构的运动系数。

第五章　机械的调速和平衡

§5－1　机器速度波动的调节

（一）调节机器速度波动的目的和方法

　　机器是在外力(驱动力和各种阻力等)作用下运转的。驱动力所做的功,在每一瞬时并不总是等于阻力所做的功,这样,驱动力所做的功就会出现多余或不足,称盈亏功。它将引起机器动能的增减,使其主轴的角速度随之变化,从而产生机器转速的波动。机器速度的波动将带来一系列不良的影响,如在运动副中产生附加的动压力,引起机械振动,降低机器效率和产品质量等。因此,必须设法调节其速度,使速度波动限制在该类机器容许的范围内。

　　机器速度的波动有两类:周期性的速度波动与非周期性的速度波动。

　　当机器动能的增减是周期性变化时,其主轴速度的波动也是周期性的。这时,将主轴的位置、速度和加速度从某一数值变回到初始值的变化过程称为运动循环,其所需的时间称为运动周期,用 T 表示,如图 5－1 所示。就整个循环来说,驱动力所做的功等于阻力所做的功,但在循环中的每一瞬时却是不等的。机器的这种有规律的、连续的速度波动,称为周期性的速度波动。

　　调节机器周期性速度波动的方法,是在机械的活动构件上适当地增加质量,通常是在机械的转动构件上加装一个转动惯量较大的圆盘,这个圆盘称为飞轮。加装飞轮后,当驱动力所做的功超过克服阻力所需的功时,能将这些多余的能量储藏起来

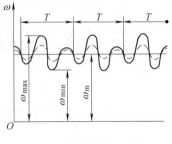

图 5 - 1

(即使其动能加大而速度只略增);相反的,当阻力的功超过驱动力所做的功时,又能将这些能量释放出来(即使其动能减小而速度只略降),因此,可以使机器速度的波动变小。图 5 - 1 中所示的实线是没有装飞轮时机器主轴的速度波动;虚线是装上飞轮后机器主轴的速度波动。

　　然而,当机器的驱动力或阻力突然发生不规则的较大变化(如电厂发电机负荷的变化)时,它所引起的机器速度波动也就没有一定的循环周期,并且常常是间歇的。机器的这种速度波动就称为非周期性的速度波动。这时,机器主轴的角速度必然也跟着发生较大的变化,而且可能连续向一个方向变化,结果使机器或因速度过高而损坏,或因速度急降而被迫停车。由于上述原因而引起的速度波动,不能依靠飞轮来进行调节,必须采用特殊的机构来调节机器的外力(通常是调节驱动力),使其驱动力所做的功与阻力所做的功互相适应,从而达到新的稳定运转。这种特殊的机构称为调速器。

(二) 周期性速度波动的调节

1. 机械运转的平均角速度和不均匀系数

　　周期性运转的机器在一个周期内主轴的角速度是围绕某一角速度变化的。其平均角速度 ω_m 为

$$\omega_m = \frac{\omega_{max} + \omega_{min}}{2} \qquad (5-1)$$

式中 ω_{max}、ω_{min} 分别为一个周期内主轴的最大角速度和最小角速度。工程上常用角速度波动幅度与平均角速度的比值来衡量机器运转的不均匀程度。这个比值称为机械运转速度不均匀系数 δ，即

$$\delta = \frac{\omega_{max} - \omega_{min}}{\omega_m} \qquad (5-2)$$

由上式可知，当 ω_m 一定时，δ 越小则 ω_{max} 与 ω_{min} 之差就越小，表示机械运转越均匀，运转的平稳性越好。不同机械其运转平稳性的要求也不同，也就有不同的许用不均匀系数 $[\delta]$，表 5-1 列出了一些机械的许用不均匀系数 $[\delta]$ 的值。

表 5-1 机械运转的许用不均匀系数 $[\delta]$

机械名称	$[\delta]$	机械名称	$[\delta]$
破碎机	1/5 ~ 1/20	纺纱机	1/60 ~ 1/100
冲、剪、锻床	1/7 ~ 1/20	船用发动机	1/20 ~ 1/150
泵	1/5 ~ 1/30	压缩机	1/50 ~ 1/100
轧钢机	1/10 ~ 1/25	内燃机	1/80 ~ 1/150
农业机器	1/10 ~ 1/50	直流发电机	1/100 ~ 1/200
织布、印刷、制粉机	1/10 ~ 1/50	交流发电机	1/200 ~ 1/300
金属切削机床	1/20 ~ 1/50	航空发动机	小于 1/200
汽车与拖拉机	1/20 ~ 1/60	汽轮发电机	小于 1/200

若已知机械的 ω_m 和 δ 值，可由式（5-1）、式（5-2）求得最大角速度 ω_{max} 和最小角速度 ω_{min}，即

$$\omega_{max} = \omega_m \left(1 + \frac{\delta}{2} \right)$$

$$\omega_{min} = \omega_m \left(1 - \frac{\delta}{2} \right)$$

$$\omega_{\max}^2 - \omega_{\min}^2 = 2\delta\omega_{\mathrm{m}}^2 \qquad (5-3)$$

2. 飞轮转动惯量的计算

飞轮设计的基本问题是根据机械主轴实际的平均角速度 ω_{m} 和许用不均匀系数 $[\delta]$，按功能原理确定飞轮的转动惯量 J_{F}。

在一般机械中，飞轮以外构件的转动惯量与飞轮相比都非常小，故可用飞轮的动能来代替整个机械的动能。

当机械的转动处在最大角速度 $\omega_{\max}$ 时，具有最大动能 $E_{\max}$；当其处在最小角速度 $\omega_{\min}$ 时，具有最小动能 $E_{\min}$。机械在一个运动周期内从 $\omega_{\min}$ 到 $\omega_{\max}$ 的能量变化称为最大盈亏功，它也是飞轮在一个周期内动能的最大变化量，因此

$$A_{\max} = E_{\max} - E_{\min} = \frac{1}{2}J_{\mathrm{F}}(\omega_{\max}^2 - \omega_{\min}^2)$$

式中 $A_{\max}$ 为最大盈亏功，J_{F} 为飞轮的转动惯量。将式(5-3)代入上式可得

$$J_{\mathrm{F}} = \frac{A_{\max}}{\omega_{\mathrm{m}}^2\delta} = \frac{900A_{\max}}{\pi^2 n^2 \delta} \qquad (5-4)$$

式中 n 为飞轮转速(r/min)。

由上式可见，确定飞轮转动惯量的关键是确定最大盈亏功 $A_{\max}$。图 5-2 所示为机械在平稳运转一周期内驱动力矩 M_{ed} 和阻力矩 M_{er} 的变化曲线。$M_{\mathrm{ed}}(\varphi)$ 和 $M_{\mathrm{er}}(\varphi)$ 所包围面积的大小反映了相应转角区段上驱动力矩功和阻力矩功差值的大小。如在区段(φ_{b}、φ_{c})中驱动力矩功大于阻力矩功，称为盈功。反之在区段(φ_{c}、φ_{d})中阻力矩

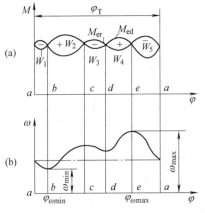

图 5-2

功大于驱动力矩功,称为亏功。最大盈亏功 A_{max} 的大小应等于一个周期内全部盈亏功的代数和。

利用能量指示图可表示系统能量的变化,如图5-3所示。它是用垂直矢量代表各段的盈亏功,盈功取正值,箭头向上,亏功取负值,箭头向下,各段依次首尾相连,从而得到一个封闭矢量图。任选一基点 a 表示运动循环开始时机械的动能,依次作矢量 $\vec{ab}$、$\vec{bc}$、$\vec{cd}$、$\vec{de}$、$\vec{ea}$ 分别代表盈亏功 A_1、A_2、A_3、A_4、A_5,则最大盈亏功为

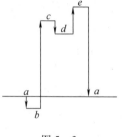

图5-3

$$A_{max} = A_2 + A_3 + A_4$$

从图中也可以看出,点 b 处动能最小,此时的角速度最小,点 e 处动能最大,此时的角速度最大。求得最大盈亏功后,可按式(5-4)得出所设计飞轮的转动惯量,然后可按照不同截面形状的转动惯量计算公式设计出飞轮的主要尺寸。此外,由式(5-4)可知,飞轮转动惯量的大小与飞轮轴转速的平方成反比,因此飞轮应该安装在高速轴上。

§5-2 机械的平衡

(一)机械平衡的目的和方法

当机械运转时,构件上一般都将作用着不平衡的惯性力。机械不平衡惯性力的大小随其运转速度的增加而急剧增加,因而,机械的平衡问题在设计高速机械时具有特别重要的意义。机械的不平衡惯性力在各运动副中产生附加的动压力,从而增加运动副中的磨损和降低机械效率。此外,由于不平衡惯性力的周期性变化,将引起机器和其他构件的振动,从而影响其工作质量,引起材料的疲劳损坏。如果该振动的频率接近振动系统的固有频率时,还将

引起共振,致使机器遭到破坏。因此,全部或部分地消除不平衡惯性力的不良影响就显得十分重要。消除的办法是将不平衡惯性力完全平衡或部分平衡。

对于绕固定轴线回转的构件,例如凸轮、齿轮、电动机转子、发动机的曲轴等,如果出现不平衡,可以采用重新分布其质量的方法,如加平衡质量或除去一部分质量,使其所有惯性力组成一平衡力系,从而消除其运动副中的动压力。

机械上还有一些构件是作移动或复合运动的,根据平衡理论研究指出,其惯性力不可能在构件本身内部加以平衡,故其运动副中的动压力是无法消除的。因此,在机械运转日趋高速的情况下,应尽量采用回转运动的机构,以利于解决平衡问题。本节所讨论的仅限于回转构件的平衡。

(二) 回转构件的静平衡

对于沿轴向宽度很小的回转构件(通常指其直径 D 与轴向宽度 b 的比值,$D/b > 5$ 的构件),如齿轮、飞轮、带轮等,其质量的分布可近似地认为在同一回转平面内。如图 5 - 4 所示的单缸发动机曲轴,当已知其不平衡质量 m 的大小和质心 C 的位置时,可在其质心对方离回转中心 e' 处加一平衡质量 m',使其产生的离心力 F' 与不平衡质量产生的离心力 F 平衡,即

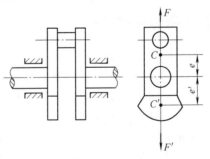

图 5 - 4

$$m'e'\omega^2 + me\omega^2 = 0$$

或　　　　　　　　$$m'e' + me = 0 \tag{5-5}$$

式中 e 和 e' 分别是质心和平衡质量到转动轴线的距离(偏距),m;ω 为转动构件的等角速度,rad/s;质量与偏距的乘积称为质径积。

式(5-5)表明,要平衡沿轴向宽度很小的回转构件的离心力,只要使所加平衡重量的质径积与原不平衡质量的质径积之和等于零即可。这种平衡称为静平衡。

虽然这类回转构件可以根据质量的分布情况进行平衡计算,加上或减去平衡质量之后理论上能做到完全平衡,但由于制造和装配的误差,以及材料内部的不均匀等原因,实际上回转件并不完全平衡,因此,有时还应当用静平衡试验方法加以平衡。

在静平衡试验时,可将回转件放在平衡架上,由于回转件质心偏离回转轴线,故将产生一静力矩,从而可找出回转件的不平衡质径积的大小和方向,通过补偿,使其质心移到回转轴线上以达到静平衡。

常用的静平衡架如图 5-5 所示,其主要部分为两条互相平行的用淬硬的钢料制成的刀口形导轨(也有用棱柱和圆柱形的),这两条导轨固定在机架上,并使纵向和横向均处于水平。试验时,将回转件的轴架在刀口上,任其自由滚动,如回转件质心 C 不在回转轴的轴线

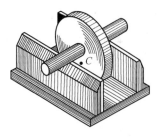

图 5-5

上,则由于重量对回转轴线有一力矩作用,回转件将在导轨上左右来回摆动,直到其质心处于最低位置。实际上因为接触处有摩擦力影响,故总有些误差,要精确测定,可以反向滚动再确定质心位置的方法来校正。然后在质心的相反方向加一平衡质量(如橡皮泥之类的物体)再作试验,直至该回转件达到随遇平衡为止。这时所加的平衡质量与其至回转轴线距离之乘积,即为该回转件达到

静平衡所需加的质径积的大小。按试验所得的质径积,我们可以在结构允许的回转件径向位置上焊上、铆上一块金属,或者在其相反方向去掉一块材料,以使该回转件达到完全静平衡。

(三) 回转构件的动平衡

对于轴向宽度很大的回转件,如多缸发动机的曲轴、电机转子以及一些机床主轴等,其质量分布不能再近似地认为是在同一回转面内,而应该看作分布于沿轴向的许多互相平行的回转面内。如图 5 – 6 所示的回转件,它们的不平衡质量分布于两个相距为 l 的回转面内,分别以 m_1、m_2和 r_1、r_2 表示其质量和回转半径。如果 $m_1 = m_2$,$r_1 = r_2$,这一回转件的质心

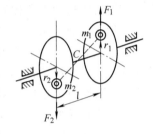

图 5 – 6

应该在回转轴线上(离心惯性力 $F_1 + F_2 = 0$),满足了静平衡条件。但由于 m_1、m_2 并不在同一回转面内,当回转时在平行平面内的一对离心惯性力 F_1、F_2 仍然可以形成不平衡的力偶矩,引起机械的振动。所以对于这种类型的回转构件欲得到平衡,除了满足离心惯性力之和应等于零外,其惯性力偶矩之和也必须等于零。即

$$\left. \begin{array}{l} \sum \boldsymbol{F} = 0 \\ \sum \boldsymbol{M} = 0 \end{array} \right\} \qquad (5 - 6)$$

能够同时满足上述两条件所得到的平衡,称为动平衡。

如上所述,这类转动构件的质量应该看作分布于沿轴向的若干互相平行的回转面内,因此它们产生的离心力构成一空间力系。这个空间力系可简化为两个平面的汇交力系,即将各力向任意选定的两个垂直于转动轴线的平面分解。例如图 5 – 7 所示的回转构件在两个互相平行的回转面内各有一个不平衡质量(m_1、m_2),它们所产生的离心惯性力 F_1、F_2 可分解到两个任意选定的平面 A、B 上,从而简化成两个平面汇交力系,可以用上述静平衡的方法

分别在 A、B 平面上加(或在相反方向去掉)一适当的平衡质量 m_b'、m_b'' 而加以平衡,这样,构件便达到理论上的动平衡,即满足了式(5-6)中的要求。

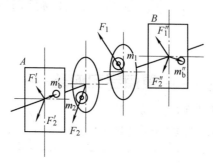

图 5-7

实际上,和静平衡时一样,由于制造、安装等误差的影响,构件一般不能完全平衡。对平衡要求较高的高速回转构件,仍需在动平衡机上作动平衡试验,使构件的不平衡量降低到允许的范围内。

习 题

5-1 在机器中安装飞轮的目的是什么?为什么有些机器要安装调速器?

5-2 为什么通常把飞轮安装在机器的高速轴上?

5-3 机械平衡的目的是什么?在什么情况下转动构件可以只进行静平衡?在什么情况下应该进行动平衡?转动构件达到动平衡的条件是什么?

5-4 静平衡试验是如何进行的?

5-5 什么是机械运转速度不均匀系数 δ?

第六章 机械零件设计和计算概论

重点学习内容

1. 机械零件的工作能力准则;
2. 机械零件的常用材料及钢的热处理方式。

§6-1 机械零件的工作能力准则

设计机器时,必须满足技术条件所规定的各项要求。对机器的要求首先是:机器的全部功能、预定的使用寿命、制造和运转成本、重量与尺寸指标等;此外,还应考虑机器运输的可能性、操作方便、外形美观等要求。

对于机械零件的主要要求是:要有足够的强度和刚度、有一定的耐磨性、无强烈的振动以及具有耐热性等。

上述要求中某些要求得不到满足的话,机器就不能正常工作。所以常将这些要求视为衡量机械零件工作能力的准则。在设计机械零件时,必须进行相应的计算,如:强度计算、刚度计算、耐磨性计算等。

机械零件的设计常按下列的步骤进行:(1) 拟定计算模型,在图中通常把零件的构造与零件间的连接情况简化,并将作用在零件上的载荷视为集中载荷或按一定规律分布的载荷;(2)确定作用在零件上载荷的大小;(3)选择合适的材料;(4)在已知工作条件下,根据衡量零件工作能力的最重要准则确定零件的尺寸,并使这些计算尺寸与标准值相符;(5)绘制零件的工作图,并标注必要的技术条件。

上述的设计步骤不是固定不变的。有时先根据实践的经验以及零件与机器结构协调一致的原则,初步定出零件的形状和尺寸,然后再根据衡量零件工作能力的基本准则进行验算,最后修改并确定零件的形状和尺寸。

近年来,在各个工程部门中广泛地应用着计算机。在机械设计中可以用计算机对一个机械系统或机械零件进行优化设计。

现在分别叙述上述的基本准则。

1. 强度

强度是机械零件工作能力的最基本准则。如果零件的强度不足,就会产生断裂或过大的残余变形,这将影响机器的正常工作。为了保证有足够的强度,零件必须具有合理的结构和尺寸;但要避免不必要地加大零件尺寸,徒然增加机器的重量和外廓尺寸。

强度准则为零件计算截面的名义应力(σ、τ)不得超过许用应力($[\sigma]$、$[\tau]$),其表达式为:

$$\sigma \leqslant [\sigma] \text{ 或 } \tau \leqslant [\tau] \qquad (6-1)$$

而

$$[\sigma] = \frac{\sigma_{\lim}}{S}, \quad [\tau] = \frac{\tau_{\lim}}{S} \qquad (6-2)$$

式中 $\sigma_{\lim}$、$\tau_{\lim}$ 分别为正应力和切应力的极限值,S 为安全系数。关于上述极限应力和许用应力的确定将在 §6-3 中叙述。

2. 耐磨性

零件抗磨损的能力称为耐磨性。零件磨损后会改变结构形状和尺寸,因而使机器的精度降低、机器的效率下降及零件的强度减弱。引起磨损的原因可能是由于接触表面凹谷凸峰相互啮合,及两接触表面分子间相互吸附的作用,也可能是坚硬微粒进入接触面之间而起了磨料的作用,后者称为磨料磨损。当压力与滑动速度较大,并且润滑与冷却不良时,由摩擦所产生的热量不能及时散逸,从而使接触表面的金属发生熔接,继之又撕裂,这样零件便会很快地损坏,这种磨损形式称为胶合。

零件的磨损不是简单的物理现象,而是相当复杂的物理－化学过程。影响磨损的因素很多,如载荷的大小和性质、滑动速度、润滑剂的化学性质和物理性质等,但又不能准确估计出来,因此现在按磨损计算零件的方法只能是条件性的,而不能十分精确。

3. 刚度

刚度系指在一定工作条件下,零件抵抗弹性变形的能力。有些零件除了具有足够的强度以外,还要有一定的刚度,即其变形不能超过容许的限度。例如机床的主轴、电动机的轴、变速器的轴等都必须具有一定的刚度,以保证正常工作。所以有些零件的最终尺寸往往是由刚度条件确定的。相反的,也有些零件(如弹簧等)是不容许有过大的刚度的,即要求零件具有一定的柔度。

4. 振动稳定性

机器发展的趋势是提高工作速度和减轻结构重量,这样,在机器中就容易发生振动现象。当机器的自振频率与周期性干扰力变化频率相同时,就要发生共振,这时振幅急剧增大,会造成破坏事故。所谓振动稳定性,是指机器在工作时不能发生振幅超过容许值的振动现象。

关于机械系统振动的计算及防止振动的方法可参考专门书籍。

5. 耐热性

在高温环境中,或者在由于摩擦生热形成高温的条件下,对零件工作是不利的。首先零件的承载能力会降低,例如:根据观察钢零件在 $300 \sim 400℃$ 以上,轻合金和塑料零件在 $100 \sim 150℃$ 以上时,强度极限及疲劳极限都有所下降,并且出现蠕变。(即金属的应力数值不变,但发生缓慢而连续的塑性变形。)其次会引起热变形及附加热应力,同时在高温下又会破坏正常的润滑条件,改变连接零件间的间隙,降低机器的精度等。

在高温下工作的零件需要进行蠕变计算。有些零件(如蜗杆传动)通常就是根据热平衡条件来判定其工作温度是否低于许用值的,如果温升过高,就必须采取降温措施。

§6-2　机械制造中常用材料及其选择

在机械制造中,常用的材料有钢、铸铁、有色金属合金和非金属材料。

钢是机械制造中最常用的材料,无论在静载荷、变载荷、还是在冲击载荷下,钢都具有较高的力学性能。通常钢可分为碳素钢和合金钢两大类。碳素钢又可分为普通碳素钢和优质碳素钢。

为了充分发挥钢材的潜力,提高机械零件的工作能力,通常大多数钢制零件都要进行热处理。钢的热处理是指将钢在固态下加热到一定温度,经过一定时间的保温,然后用一定的速度冷却,来改变金属及合金的内部结构,以期改变金属及合金的物理、化学和力学性能的方法。它在提高机器性能上具有十分重要的作用。

常用热处理方法有:退火、正火、淬火、回火、表面热处理等。

1. 退火

退火是将钢加热到一定温度(对 45 钢一般在 830~860℃),保温一段时间,然后工件随炉温缓慢冷却。通过退火可以消除因锻造、焊接等产生的内应力,降低硬度以改善切削加工性能。

2. 正火

正火与退火相似,只是在保温后以较快的速度冷却(通常在静止空气中冷却)。正火后钢的硬度和强度都有所提高,但消除内应力效果不如退火好。正火处理时间短,费用低,故低碳钢大多采用正火代替退火。(但对中碳钢一般不能用正火代替。)对于要求不太高的零件,常只采用正火来提高其力学性能,而不再进行其他热处理。

3. 淬火

淬火是将钢加热到一定温度(对 45 钢一般在 840~850℃),

保温一定时间,而后急速冷却(水冷或油冷)。淬火后钢的硬度急剧增加,但存在很大的内应力,脆性也相应增加。淬火的主要目的是提高材料的硬度,以提高零件的耐磨性及疲劳强度等。

4. 回火

回火是将淬火钢重新加热到一定温度,保温一段时间,然后冷却(一般在空气中冷却)。回火可以减小淬火引起的内应力和脆性,但仍能保持高的硬度和强度。根据加热温度不同,回火可分为低温回火、中温回火和高温回火三种。低温回火的加热温度为150~250℃,淬火钢经低温回火后,可以减小内应力和脆性,保持淬火钢的高硬度和耐磨性,适用于刀具、量具、滚动轴承等;中温回火的加热温度为 300~450℃,淬火后的工件经中温回火后,提高了弹性,减小了内应力和脆性,但硬度有所下降,适用于有弹性要求的零件,如弹簧等;高温回火的加热温度为 450~650℃,淬火工件经高温回火后,可以获得强度、硬度、塑性和韧性等都较好的综合力学性能,适用于各种重要的机械零件,如齿轮、轴、重要螺栓等。习惯上把淬火后高温回火的热处理方法称为调质。

5. 表面热处理

表面热处理是强化零件表面(主要提高其硬度及耐磨性)的重要手段,常用的方法有表面淬火和化学热处理两种。

表面淬火是将机械零件需要强化的表面迅速加热到淬火温度,随即快速将该表面冷却的热处理方法。加热表面通常用火焰加热(氧－乙炔焰)或感应电流加热[利用感应电流的集肤效应迅速把表面加热,根据所用电流频率不同又分高频(10~500 kHz)、中频(500~10 000 Hz)和工频(50 Hz)淬火三种]。零件进行表面淬火及低温回火后,表面硬度和耐磨性都得到提高,而芯部仍保持原有的韧性。采用表面淬火的零件材料一般为中碳结构钢或中碳合金结构钢,如 45、40Cr、35SiMn 等。齿轮、曲轴及主轴轴颈等零件,常采用这种热处理方法以提高表面的疲劳强度和耐磨性。

化学热处理是将机械零件放在含有某种化学元素（如碳、氮、铬等）介质中加热保温，使该元素的活性原子渗入到零件表面的热处理方法。根据渗入元素的不同，常用的化学热处理方法有渗碳、氮化和氰化等。

渗碳是以碳原子渗入钢制（一般为低碳结构钢或低碳合金结构钢，如 20、20Cr、20CrMnTi 等）零件表面，渗碳后，工件表面渗碳层的含碳量提高（一般为 0.85% ~1%），因此经淬火及低温回火后，表面获得很高的硬度（一般在 56~62HRC）和耐磨性，而芯部因仍为低碳组织，故保持原有的韧性。这对工作时受到严重摩擦、冲击等的零件特别有利，如汽车中的齿轮、活塞销、凸轮轴和花键轴等。

氮化是以氮原子渗入钢制零件表面，形成氮化层，从而提高其表面的硬度、耐磨性、抗蚀性及疲劳强度等性能。氮化适用于合金结构钢，特别是含有铝、铬等合金元素的钢材，如 40Cr、40CrNiMo、38CrMoAlA 等。氮化层本身便具有极高的硬度，因此氮化是零件加工过程中接近最后的工序，氮化后不再进行其他任何热处理和大余量的切削加工，有时只进行精磨和研磨。氮化广泛用于精密量具、高精度机床主轴、精密丝杠和齿轮等。

氰化是同时以碳及氮原子渗入钢制零件表面，因此又称碳氮共渗。氰化的目的也是为了提高零件表面的硬度、耐磨性、抗蚀性和疲劳强度。氰化后的零件需经淬火和低温回火处理。与渗碳淬火相比，氰化可以获得更高的硬度和耐磨性，并且还有相当好的抗胶合能力，此外，因氰化后可直接淬火，从而不仅简化了工艺，而且减少了工件的变形。与氮化相比，氰化可获得更大的硬化层深度和较小的脆性。氰化可用于碳钢和合金钢，因而比氮化适用的材料更广泛。

表 6-1~表 6-3 为几种普通碳素钢、优质碳素钢、合金钢的力学性能。

表 6-1 几种普通碳素钢的力学性能

钢的牌号	力学性能		
	抗拉强度 σ_B /MPa	屈服强度 σ_S /MPa	伸长率 δ_5 /%
Q195	315~390	195	33
Q215	335~410	215	31
Q235	375~460	235	26
Q255	410~510	255	24
Q275	490~610	275	20

表 6-2 几种优质碳素钢的力学性能

牌号	热处理方法	抗拉强度 σ_B /MPa	屈服强度 σ_S /MPa	伸长率 δ_5 /%	硬度		应用举例
					/HBS	/HRC (表面淬火)	
08F	正火	295	175	33	≤131		管子,垫片,垫圈
10	正火	335	205	31	≤137		垫片,垫圈,铆钉
20	正火	410	245	25	≤156	渗碳后 56~62,芯部 137~163HBS	杠杆,轴套、螺钉,起重钩
20	正火回火	400	220	24	103~156		
35	正火	530	315	20	≤187	35~45	曲轴,转轴,连杆,螺栓,螺母
35	调质	580	400	19	156~207		

牌号	热处理方法	抗拉强度 σ_B /MPa	屈服强度 σ_S /MPa	伸长率 δ_5 /%	硬　度 /HBS	/HRC（表面淬火）	应用举例
45	正火	600	355	16	≤241	40～45	齿轮,链轮,轴,键,销
	调质	700	500	17	217～255		
50Mn	正火	645	390	13	≤255	45～55	齿轮,齿轮轴,凸轮,轴
	调质	800	550	8	196～229		
65	淬火 480℃ 回火	1 000	800	9		（/HRC） 38～45	板弹簧,螺旋弹簧
65Mn	淬火 480℃ 回火	1 000	800	8		（/HRC） 40～48	板弹簧,螺旋弹簧,弹簧发条

注:牌号数字表示钢的平均含碳量,如20钢的平均含碳量为0.2%;65Mn钢表示钢的平均含碳量为0.65%,含锰量约1%。

表6-3　几种合金钢的力学性能

牌号	热处理方法	抗拉强度 σ_B /MPa	屈服强度 σ_S /MPa	伸长率 δ_5 /%	硬　度 /HBS	/HRC（表面淬火）	应用举例
20Mn2	渗碳淬火回火	800	600	10	187	渗碳 56～62	小齿轮,链板

牌号	热处理方法	抗拉强度 σ_B /MPa	屈服强度 σ_S /MPa	伸长率 δ_5 /%	硬 度		应用举例
					/HBS	/HRC (表面淬火)	
20Cr	渗碳淬火回火	835	540	10	179	渗碳 56~62	齿轮,蜗杆,凸轮,活塞销
20Cr MnTi	渗碳淬火回火	1 100	850	10	217	渗碳 56~62	重要的齿轮,凸轮
37SiMn2 MoV	调质	980	835	12	229~286	45~55	轴,齿轮,蜗杆,连杆,重要螺栓
35SiMn (42SiMn)	调质	885	735	15	229~286	45~55	齿轮、中小型轴
35CrMo	调质	985	835	12	207~269	40~45	大截面齿轮,重载传动轴
40Cr	调质	980	785	9	241~286	48~55	重要的齿轮,轴,连杆,螺栓
60Si2Mn	淬火460℃回火	1 300	1 200	(δ_{10}) 5	(/HRC) 40~48		重要弹簧

注:钢中的合金元素用国际化学符号来表示,合金钢的牌号是用数字和国际化学符号或汉字来联合表示的。如35CrMn2 表示其中含碳量约为 0.35%,平均含铬量1%,平均含锰量约为 2%。

铸钢和铸铁也是机械制造中常用的材料。铸铁可分为灰铸铁、可锻铸铁和球墨铸铁等,它只适用于铸造零件。表 6 - 4 为几种常用的铸钢和铸铁的力学性能。

表 6 - 4　几种铸钢和铸铁的力学性能

牌号	热处理方法	抗拉强度 σ_B /MPa	屈服强度 σ_S /MPa	伸长率 δ_5 /%	硬　　　度		应用举例
					/HBS	/HRC (表面淬火)	
ZG230 -450	正火回火	450	230	22	≥131		机座,箱体,管路附件等
ZG310 -570	正火回火	570	310	15	≥153	40 ~ 50	联轴器,汽缸,齿轮,齿轮圈等
ZG340 -640	调质	700	380	12	241 ~ 269	45 ~ 55	起重运输机中的齿轮,联轴器等
	正火	640	340	10	169 ~ 229		
HT150		150			163 ~ 229		底座,床身,轴承座,手轮等
HT200		200			170 ~ 241		汽缸,齿轮,飞轮,有导轨的床身等

牌号	热处理方法	抗拉强度 σ_B /MPa	屈服强度 σ_S /MPa	伸长率 δ_5 /%	硬　　度		应用举例
					/HBS	/HRC（表面淬火）	
HT250		250			175～262		齿轮，油缸，气缸
HT300		300			182～272		齿轮，凸轮，高压油缸
QT500 －7		500	320	7	170～230		曲轴，凸轮轴，齿轮等
QT600 －3		600	370	3	190～270		

注:铸钢的代号用"铸钢"两字的汉语拼音首字母的大写"ZG"来表示;"ZG"后面的两组数字表示其力学性能,第一组数字表示铸钢的屈服强度,第二组数字表示其抗拉强度。铸铁的代号用"灰铁"两字的汉语拼音首字母的大写"HT"来表示;"HT"后面的数字表示其抗拉强度。球墨铸铁的代号用"球铁"两字汉语拼音首字母的大写"QT"来表示;"QT"后的第一组数字表示其抗拉强度,第二组数字表示其延伸率值。

　　有色金属合金具有某些特殊性能,如减摩性、抗腐蚀性、磁和电的性能等。但是有色金属量少价昂,非必要时应尽可能少用。表6-5为几种青铜的力学性能。

　　常用的非金属材料有塑料、橡胶、玻璃等。近年来,塑料工业发展很快,品种繁多,如聚氯乙烯、聚乙烯、尼龙、有机玻璃、层压塑料等。它们的物理性能和力学性能差异也很大,有的耐腐蚀、绝缘性能好,有的机械强度高,自润滑性能好,耐磨损。现在已采用塑料制成各种零件,以节约钢材和有色金属,如罩壳、支架、齿轮、轴瓦、联轴器和仪表零件等。但是塑料有导热性能差,受热易膨胀等缺点,在使用时应注意。

表 6 - 5　几种青铜的力学性能

牌　　号	铸造种类	力学性能		
		抗拉强度 σ_B /MPa	伸长率 δ_5 /%	硬度 /HBS
ZCuSn10P1	砂　　模	220	3	80
	金属模	310	2	90
ZCuSn5Pb5Zn5	砂　　模 金属模	200	13	60
ZCuAl10Fe3	砂　　模	490	13	98
	金属模	540	15	108
ZCuPb10Sn10	砂　　模	180	7	65
	金属模	220	5	70
ZCuPb30	金属模	—	—	25

在设计零件的过程中,选择合适的材料是一个重要的问题。这就需要设计人员全面了解材料的性能、成本及其制造方法。在选择材料时,主要应满足以下三个方面的要求。

1. 使用方面的要求

这系指前面所述的强度、刚度、耐磨性、耐热性等要求。零件(如齿轮、轴等)的尺寸决定于强度条件时,应选择较高强度的材料。零件的尺寸决定于刚度条件时,首先应在零件结构设计方面保证有较大刚度,因为各种牌号的钢材,其弹性模量相差很小,若想用价高的高强度合金钢代替普通碳钢来提高零件的刚性是不合理的。在很多情况下,很难选出同时能满足上述几个方面要求的材料,因此,所选材料应该首先满足其中主要要求,而后再适当照顾其他要求。所以,并不是受力较大的零件都要采用高强度材料。

如果对零件的尺寸和重量要求不严格,就可以采用强度一般而价格低廉的材料。

2. 工艺方面的要求

这系指所选材料能用最简易的方法制造出零件来。由于材料不同,制造方法也就不同,例如铸铁不能锻造,塑性小的材料不宜冲压等。零件的尺寸和形状不同时,也要求不同的材料。外形复杂的零件往往只能铸造。外形简单的大批生产的小零件往往采用冲压或模锻更为有利。

3. 经济方面的要求

这系指用所选的材料能制造出成本最低的机器。在这方面采用价廉而又易获得的材料当然是一个解决办法。但是应当注意到,机器的价格不仅取决于材料的价格,而且与加工费用有很大关系。有时虽然采用了较昂贵的材料,但由于加工简便、外廓尺寸及重量减小,却能制出成本低的机器来。例如,当生产个别的形状不很复杂的大型机座时,采用辗轧钢材焊接结构就比用铸铁铸成的成本低。

总之,全面考虑各方面要求来选择材料是一个复杂的技术经济问题。选用时,通常是参考已有的类似零件的材料。

§6-3　许用应力和安全系数

应力的特性对零件的强度有直接影响。按照随时间变化的特性,应力可分为静应力和变应力两大类,如表6-6所示。

许用应力是设计零件时所依据的条件应力。正确选择许用应力是保证得到轻巧、紧凑、经济,同时又是可靠耐久的零件结构的重要条件。选择许用应力通常有两种方法:

1. 查许用应力表法

对于一定材料制造的并在一定条件下工作的零件,根据过去机械制造的实践与理论分析,将它们所能安全工作的最大应力制

表 6-6 应力的分类

应力分类		应力大小	应力方向	应力循环特性 $r = \dfrac{\sigma_{\min}}{\sigma_{\max}}$	应力随时间的变化图形
静应力		不变	不变	$r = 1$	
变应力	脉动循环应力	变化	不变	$r = 0$	
	对称循环应力	变化	变化	$r = -1$	
	任意不对称循环应力	变化	不变	$0 < r < 1$	

应力分类		应力大小	应力方向	应力循环特性 $r = \dfrac{\sigma_{\min}}{\sigma_{\max}}$	应力随时间的变化图形
变应力	任意不对称循环应力	变化	变化	$-1 < r < 0$	

成专门的表格。这种表格具有简单、具体及可靠等优点,但每一种表格适用的范围较狭。本书中有很多零件的许用应力是通过查表方法确定的。

2. 部分系数法

这也是一种比较常用的方法,它是以几个系数的乘积来确定总的安全系数的。部分系数法能更精确地估计出影响零件强度的各个因素。在节约材料和提高零件的承载能力方面,这种方法比查表法具有更大的优点,因此,它是一种先进的方法。但是,部分系数法的理论和实践研究还是最近几十年的事,由于资料的积累和实践的经验还不够完备,同时各个系数具体数值的确定还需要具有较丰富的设计经验,所以正确地运用这个方法是不太容易的。下面仅介绍一种在机械制造业中常用的部分系数法。

式(6-2)中的安全系数 S 可以用下列几个系数的乘积表示:

$$S = S_1 S_2 S_3 \qquad (6-3)$$

式中 S_1 为考虑计算载荷及应力准确性的系数,一般 $S_1 = 1 \sim 1.5$;S_2 为考虑材料力学性能均匀性的系数,对锻钢件或轧钢件 $S_2 = 1.2 \sim 1.5$,对铸铁零件 $S_2 = 1.5 \sim 2.5$;S_3 为考虑零件重要程度的系数,一般 $S_3 = 1 \sim 1.5$。

此外,还应当考虑零件的结构形状(如有过渡截面、孔、沟槽等应力集中源)、尺寸的大小和表面加工质量对零件强度的影响等。

从式(6-2)可知,要求出许用应力还需要确定极限应力,而极限应力应当根据应力循环特性和材料性质来选择。

在静应力下,对于塑性材料,应取材料的屈服极限 σ_S 作为极限应力,即

$$[\sigma] = \frac{\sigma_S}{S} \qquad (6-4)$$

对于脆性材料,应取材料的抗拉强度 σ_B 作为极限应力,即

$$[\sigma] = \frac{\sigma_B}{S} \qquad (6-5)$$

对于组织均匀的脆性材料,如淬火后低温回火的高强度钢,还应考虑应力集中的影响。

在变应力下,零件疲劳断裂是主要的损坏形式。疲劳断裂的断口明显地有两个区域(图6-1):一个是表面光滑的疲劳区;一个是粗糙的脆性断裂区。这是由于疲劳断裂是材料损伤的累积结果。初期是在零件表面应力最大处产生初始裂纹,这种微裂纹随着应力循环次数的增加而逐渐扩展,直至余下的未断裂的面积不足以承受外载荷时,材料就突然发生脆性断裂。因此在断裂前由于裂纹两边相互摩擦而形成表面光滑区,而在突然断裂时产生粗糙的断裂区。

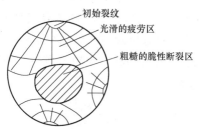

图6-1

疲劳断裂不同于一般静止断裂,它是裂纹受反复变化应力作用下扩展到一定程度后发生的。因此疲劳断裂除与应力大小有关

外,还和应力循环次数(即使用寿命)有关。材料经过 N 次应力循环后,不发生破坏的应力最大值称为疲劳极限 σ_r(或 τ_r)。表示循环次数 N 与疲劳极限间的关系曲线称为疲劳曲线($\sigma - N$ 曲线)。典型的疲劳曲线如图 6 - 2 所示,横坐标为循环次数 N,纵坐标为极限应力 σ。从图中可以看出:应力越小,试件能经历的循环次数就越多(即使用寿命越长),当循环次数 N 超过某一数值 N_0 以后,曲线趋向水平,即疲劳极限不再随循环次数的增加而降低,故把 $N \geqslant N_0$ 的区域称无限寿命区,而把 $N < N_0$ 的区域称有限寿命区,把 N_0 称为循环基数。对应于 N_0 的疲劳极限记为 σ_r(或 τ_r),故在对称循环变应力下,疲劳极限为 σ_{-1}(或 τ_{-1}),在脉动循环变应力下,疲劳极限为 σ_0(或 τ_0)。

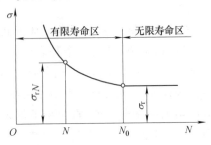

图 6 - 2

显然,在变应力情况下,计算许用应力时应取材料的疲劳极限作为极限应力。考虑到零件的切口、圆角等截面突变、绝对尺寸和表面状态均对疲劳极限有影响,在计算许用应力时引入应力集中系数 k_σ、尺寸系数 ε_σ 和表面状态系数 β 等,故当应力是对称循环变化时,许用应力为

$$[\sigma_{-1}] = \frac{\varepsilon_\sigma \beta \sigma_{-1}}{k_\sigma S} \qquad (6 - 6)$$

当应力是脉动循环变化时,许用应力为

$$[\sigma_0] = \frac{\varepsilon_\sigma \beta \sigma_0}{k_\sigma S} \qquad (6 - 7)$$

关于安全系数、应力集中系数、尺寸系数、表面质量系数等的数值可参阅有关书籍。

§6-4 机械零件的工艺性和标准化

零件的结构既能满足使用的要求,又能在具体的生产条件下制造和装配时所耗的时间、劳动量及费用最少,那么,这种结构就是符合工艺性的。

要正确设计零件的结构,设计人员就必须熟悉零件制造工艺的各种方法及工艺要求,在设计过程中,要虚心听取工艺方面的技术人员和工人的意见,使零件的结构设计得更加合理。

从零件的工艺性出发,对零件结构提出下面三个基本要求:

1. 选择合理的毛坯种类

零件的毛坯种类主要有铸件、锻件、轧制型材、冲压件和焊接件等。根据零件的要求和生产条件来选择合理的毛坯种类,对零件的工作能力和经济性有很大影响。毛坯的种类又与零件的尺寸和形状以及生产批量有关。

2. 零件的结构要简单合理

零件的毛坯种类一经确定以后,就必须按照毛坯的特点进行结构设计。如铸造的零件结构应便于造型,壁厚变化均匀及便于机械加工等。

3. 规定合理的制造精度和表面粗糙度

零件的精度规定得过高和过分要求表面光洁,都将会增加零件的制造成本。因此,没有必要时,不应该盲目提高零件的精度和降低表面粗糙度值。

将零件的型式、规格(如尺寸等)、试验方法、质量鉴定及标号等标准化,在机械制造中具有重大意义。因为零件标准化后,就有可能以先进的工艺方法进行生产,并保证了能在专门工厂中生产的可能性。这样既提高了零件的质量又降低了成本。同时在设计方面,零件的标准化也使得设计人员可以集中精力来创造新的及重要的结构,从而减轻设计的工作量。

零件标准是在总结了先进生产技术和经验的基础上而制订出来的,因此,设计人员在设计时如无特殊要求,就应当采用国家标准。

习　题

6－1　设计机械零件时应满足哪些基本要求?

6－2　按时间和应力的关系,应力可分为几类? 实际应力、极限应力和许用应力有什么不同?

6－3　机械制造中选用材料时应该考虑哪些原则?

6－4　指出下列符号各表示什么材料:Q235,35,65Mn,20CrMnTi,ZG310－570,HT200。

6－5　在强度计算时如何确定许用应力?

6－6　零件疲劳断裂的断口有什么特点? 为什么?

6－7　什么是循环基数 N_0? 为什么当 $N > N_0$ 时称为无限寿命区?

6－8　σ_{-1}、σ_0、σ_{+1} 各表示什么?

第七章 连 接

━━━━━━━━━━━━━━ **重点学习内容** ━━━━━━━━━━━━━━

1. 螺纹与螺纹连接的类型、特点和用途；

2. 螺栓连接的强度计算；

3. 键连接的类型、特点和选择。

　　机器是由许多零、部件按工作要求用各种不同的连接方法组合而成，以便于机器的制造、安装、维修和运输等。因此熟悉各种连接方法的特点与设计方法，对设计人员来说是很必要的。

　　根据连接能否拆开，可把机械连接分成两大类：当拆开时必须至少要损坏连接中一个零件的连接称为不可拆连接，常见的有焊接、铆接和过盈配合连接等；需要时可以多次装拆而无须损坏任何零件的连接称为可拆连接，常见的有螺纹连接、键连接、销连接、楔连接等。

§7-1 螺 纹 连 接

　　螺纹连接是利用带有螺纹的零件构成的可拆连接，其应用极为广泛。

　　本节主要研究几种典型螺栓连接的构造和设计计算。

（一）螺纹及其主要参数

　　如图 7-1 所示，将一底边长度 ab 等于 πd_1 的直角三角形 abc 绕在一直径为 d_1 的圆柱体上，并使底边 ab 绕在圆柱体的底边上，

则它的斜边 ac 在圆柱体上便形成一螺旋线 am_1c_1。

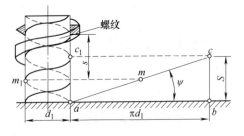

图 7 – 1

取任一平面图形,使它的一边靠在圆柱的母线上并沿螺旋线移动,移动时保持该图形的平面通过圆柱体的轴线,就可以得到相应的螺纹。根据平面图形的形状,螺纹可分为三角形螺纹(图 7 – 2a)、矩形螺纹(图 7 – 2b)、梯形螺纹(图 7 – 2c)、锯齿形螺纹(图 7 – 2d)和半圆形螺纹(图 7 – 2e)。

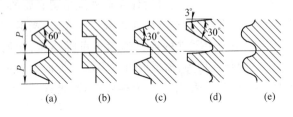

图 7 – 2

根据螺旋线的绕行方向,螺纹可分为右旋(图 7 – 3a)及左旋(图 7 – 3b)两种,最常用的是右旋螺纹。根据螺旋线的数目,螺纹又可分为单线(图 7 – 3a)、双线(图 7 – 3b)、三线(图 7 – 3c)或多线螺纹。

螺纹的主要参数有(图 7 – 4):

大径 $d(D)$——与外螺纹牙顶(或内螺纹牙底)相重合的假想圆柱体的直径,并定为螺纹的公称直径。

小径 $d_1(D_1)$——与外螺纹牙底(或内螺纹牙顶)相重合的假想圆柱体的直径。

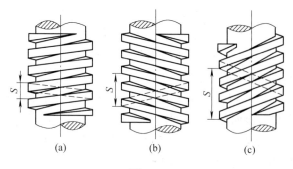

图 7 - 3

中径 $d_2(D_2)$——是一个假想圆柱的直径,该圆柱的母线上牙型沟槽和凸起宽度相等。

螺距 P——相邻两牙在中径线上对应两点间的轴向距离。

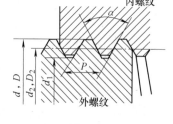

图 7 - 4

导程 S——同一条螺旋线上的相邻两牙在中径线上对应两点间的轴向距离。设螺旋线数为 n,则 $S = nP$(图 7 - 3)。

升角 ψ——中径 d_2 圆柱上,螺旋线的切线与垂直于螺纹轴线的平面的夹角(图 7 - 1)。

$$\tan \psi = \frac{nP}{\pi d_2} \qquad (7 - 1)$$

牙型角 α——轴向截面内螺纹牙型相邻两侧边的夹角称为牙型角。

(二)螺旋副中力的关系、效率和自锁

1. 矩形螺纹

在矩形螺旋副中,若承受的轴向载荷为 F_Q,则当螺母在螺纹上旋转时,可以把它看成一重量为 F_Q 的物体沿着螺纹斜面移动(图 7 - 5)。沿中径 d_2 把螺纹展开得一斜面(图 7 - 6a),图中 ψ 即为升角,F 为推力,它作用在与轴线垂直的平面内并与中径的圆周

相切。

当重物沿斜面等速上升时,摩擦力 fF_N 向下,因而总反力 F_R 与 F_Q 的夹角等于升角 ψ 与摩擦角 ρ 之和,由力的图解得

$$F = F_Q \tan(\psi + \rho) \qquad (7-2)$$

当重物沿斜面等速下降时,摩擦力则向上(图 7-6b),这时 F 已经不是推力,而是支持力,并且总反力 F_R 与 F_Q 的夹角等于 $(\psi - \rho)$,故由力的图解得

$$F = F_Q \tan(\psi - \rho) \qquad (7-3)$$

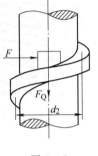

图 7-5

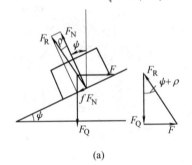

(a)

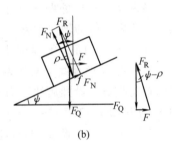

(b)

图 7-6

当拧紧螺母时,螺母旋转一周所需的输入功为

$$A_1 = F\pi d_2 = F_Q \tan(\psi + \rho)\pi d_2$$

此时升举重物所作的有效功为

$$A_2 = F_Q S = F_Q \pi d_2 \tan \psi$$

所以旋转螺母而举起重物时,螺旋副的效率为

$$\eta = \frac{A_2}{A_1} = \frac{\tan \psi}{\tan(\psi + \rho)} \qquad (7-4)$$

由上式可知,当摩擦角 ρ 不变时,螺旋副的效率是升角 ψ 的函数。

为了求最大螺旋效率时的 ψ 角,可令一次导数 $\dfrac{\mathrm{d}\eta}{\mathrm{d}\psi} = 0$,即

$$\frac{\mathrm{d}\eta}{\mathrm{d}\psi} = \frac{\mathrm{d}}{\mathrm{d}\psi}\left[\frac{\tan\psi}{\tan(\psi+\rho)}\right] = 0$$

由此可知:当 $\psi = 45° - \dfrac{\rho}{2}$ 时,螺旋副的效率最高。但是过大的升角会引起加工工艺上的困难,故一般取 ψ 不大于 $20° \sim 25°$。

由式(7 – 3)知,如 $\psi \leqslant \rho$,则 $F \leqslant 0$,即不加支持力 F,重物在 F_Q 的作用下也不会自动滑下。在这种情况下,则称该螺旋副具有自锁作用,即螺旋副不会自动松脱。自锁条件是

$$\psi \leqslant \rho \qquad\qquad (7-5)$$

所以在要求螺旋副具有自锁作用的情况下,当拧紧螺母时,螺旋副的效率总是小于 50% 的。

2. 三角形螺纹

三角形螺纹副的运动可以看成是楔形滑块在斜槽内滑动(图 7 – 7),由图知楔形块若以等速沿垂直于图面的方向移动时,摩擦力 $F_f = 2fF_N$。由

$$F_N = \frac{F_Q}{2\sin\gamma} = \frac{F_Q}{2\cos\alpha}$$

得

$$F_f = 2fF_N = \frac{f}{\cos\alpha}F_Q = f'F_Q$$

式中 $f' = \dfrac{f}{\cos\alpha}$ 称为当量摩擦系数。因此,三角形螺纹中的摩擦阻力是大于矩形螺纹的。

在三角形螺纹中,各力之间的关系及效率公式等都和矩形螺

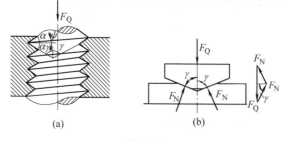

(a)　　　　　　　(b)

图 7 – 7

纹中的分析相似,只需将 f 和 ρ 相应的更改为当量摩擦系数 f' 和当量摩擦角 ρ' 即可。

力的关系 $$F = F_Q \tan(\psi + \rho') \qquad (7-6)$$

自锁条件 $$\psi \leqslant \rho' \qquad (7-7)$$

$$\rho' = \arctan f' = \arctan \frac{f}{\cos \alpha} \qquad (7-8)$$

效率 $$\eta = \frac{\tan \psi}{\tan(\psi + \rho')} \qquad (7-9)$$

3. 螺纹连接的拧紧力矩

拧紧螺母时,由于螺栓受到预紧力 F_s(相当于 F_Q),被连接件则受到预紧压力 F_s,因此拧紧力矩不但要克服螺纹的阻力矩,而且还要克服螺母支承面上的摩擦阻力矩(图 7-8)。

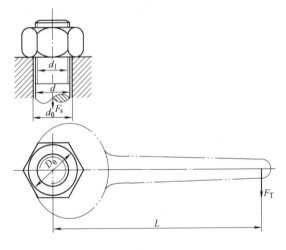

图 7-8

螺纹阻力矩

$$T_1 = F \frac{d_2}{2} = F_s \tan(\psi + \rho') \frac{d_2}{2} \qquad (7-10)$$

螺母支承面上的摩擦阻力矩

$$T_2 = f_z F_s r_m \qquad (7-11)$$

式中 f_z 为支承面上的摩擦系数(对加工的表面可取 $f_z = 0.2$);r_m 为摩擦半径(可近似地取为 $r_m = \dfrac{D_0 + d_0}{4}$ mm)。

故拧紧力矩

$$T_0 = F_T L = F_s \tan(\psi + \rho')\frac{d_2}{2} + f_z F_s \frac{D_0 + d_0}{4} \qquad (7-12)$$

式中 F_T 为施加于扳手上的作用力(N);L 为扳手长度(mm)(图 7-8)。

近似取螺纹的公称直径并代入有关参数的平均值后,上式可简化成

$$T_0 \approx 0.2 F_s d \qquad (7-12a)$$

预紧力的大小对螺纹连接的可靠性、强度和紧密性均有很大影响,因此对重要的螺纹连接必须控制其预紧力,这可通过控制拧紧力矩 T_0 的大小来达到。

(三)机械制造中常用螺纹种类及标准

图 7-9 表示了机械制造中常用螺纹的类型:图 a 为三角形螺纹,图 b 为管螺纹,图 c 为矩形螺纹,图 d 为梯形螺纹,图 e 为锯齿

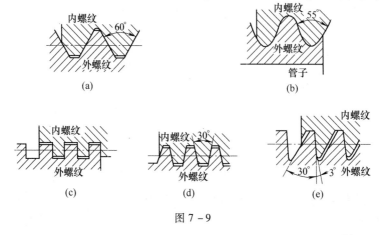

图 7-9

形螺纹。

1. 三角形螺纹

这种螺纹摩擦力较大,强度较高,适用于螺纹连接件。它可分为:

(1) 普通螺纹　这种螺纹应用最广,其牙型角 $\alpha = 60°$(图 7 - 9a),螺距 P 以 mm 作单位,螺纹间具有径向间隙,用来补偿刀具的磨损。附录Ⅱ中的表Ⅱ - 1列出了普通螺纹基本尺寸。

在普通螺纹中根据螺距的不同可分为粗牙普通螺纹与细牙普通螺纹;它们不同之处只是当外径相同时,细牙普通螺纹的螺距较小(图 7 - 10),显然,螺纹深度及升角也随之减少。因此,具有细牙普通螺纹的螺栓的抗拉强度较高,连接的自锁作用也较可靠,一般适用于薄壁零件及受冲击零件的连接。但细牙螺纹不耐磨,易滑扣不宜经常装拆,所以通常广泛使用粗牙螺纹。

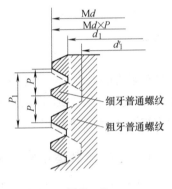

图 7 - 10

(2) 管螺纹　这是一种螺纹深度较浅的特殊细牙螺纹,是专门用来连接管子的。管螺纹的牙型角 $\alpha = 55°$(图 7 - 9b)。常用的管螺纹有两种:非螺纹密封的管螺纹及用螺纹密封的管螺纹。前者要求联接具有密封性时需添加密封物;后者不用填料即可保证不渗漏。管螺纹的尺寸代号均用英寸表示,其公称直径指管子的孔径。

2. 矩形螺纹

由于这种螺纹的剖面呈矩形(图 7 - 9c),故效率最高,但由于它具有精加工困难,螺纹磨损后无法补偿,螺母与螺杆对中的精度较差以及螺纹根部强度较弱等缺点,故目前这种螺纹应用较少。

3. 梯形螺纹

这种螺纹的剖面为梯形(图 7 - 9d),牙型角 $\alpha = 30°$。梯形螺纹的效率虽然较矩形螺纹低,但可避免矩形螺纹的缺点,因此应用很广,多用于车床丝杆等传动螺旋及起重螺旋中。

4. 锯齿形螺纹

这种螺纹的一侧边的倾斜角为 3°(便于车、铣),另一侧边的倾斜角为 30°(图 7 - 9e)。它的效率较矩形螺纹略低,而强度较大。这种螺纹只适用于单向传动,受力的是倾斜角为 3°的一边。在受载很大的起重螺旋及螺旋压力机中常采用锯齿形螺纹。

以上四种螺纹中,第一种主要用于连接,后三种主要用于传动。除矩形螺纹外,其他都已经标准化了。

(四) 螺纹连接件的主要类型

为了使螺纹连接具有一定的自锁能力,连接用的螺纹绝大多数都是单线的三角螺纹,螺纹升角 ψ 一般都在 1.5°~5°之间。

螺纹连接件有螺栓、双头螺柱、螺钉、螺母及垫圈等。

1. 螺栓

螺栓的应用最广,它的一端有头,另一端有螺纹。连接时螺栓穿过被连接件的孔(孔中无螺纹)与螺母配合使用,如图 7 - 11 所示。根据制造方法及精度不同,螺栓可分为六角头螺栓及绞制孔用螺栓。

螺栓是用光拉六角棒料车制成的。制造这种螺栓所用的材料有:Q235、Q275、35、45、35Cr、40Cr 等。螺纹部分及所有表面均经过加工。六角头螺栓按产品质量分为 A,B,C

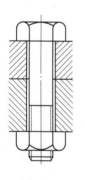

图 7 - 11

三级(图 7 - 12)。六角头铰制孔用螺栓用于受横向载荷的连接(图 7 - 13)。铰制孔用螺栓的杆与钉孔多为基孔制过渡配合,它能够精确地固定两个零件的相对位置。

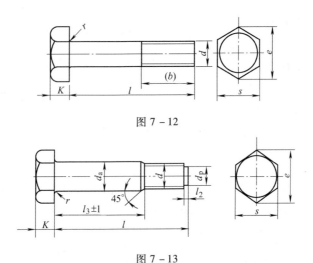

图 7 - 12

图 7 - 13

附录Ⅱ中的表Ⅱ - 2、表Ⅱ - 3 列出了常用六角头螺栓—A 级和 B 级以及六角头铰制孔用螺栓—A 级和 B 级的基本尺寸。

螺栓也可用 Q235 及 10 ~ 20 号钢冲制或锻制而成。钉头及钉杆都不加工,螺纹用切削或滚压方法制成。这种螺栓因制造精度较差,多用于土建、木结构及农业机械上。

将机座或机架固定到地基上的螺栓称为地脚螺栓,图 7 - 14 为常用的地脚螺栓的型式。

图 7 - 14

2. 双头螺柱

双头螺柱没有钉头,两端都有螺纹。连接时螺柱的一端旋紧在一个被连接零件的螺纹孔中,而另一端穿过另一零件的通孔和螺母相配,如图 7 - 15 所示。附录Ⅱ中的表Ⅱ - 4 列出了双头螺柱的基本尺寸。

当被连接件之一的厚度较大,不便使用螺栓,而且其连接需要经常拆卸时,均宜用双头螺柱来连接。双头螺柱旋入零件中的长度 b(图 7 - 15)和连接零件的材料有关:对于钢,取 $b = d$;对于铸铁,取 $b = 1.35d$;对于轻合金,取 $b = 2d$。

3. 螺钉

不用螺母而直接把螺纹部分拧进零件上的螺纹孔中的螺纹零件称为螺钉(图 7-16)。常用的为连接螺钉和紧定螺钉。紧定螺钉是用它的末端来固定两个零件相对位置的(图 7-17)。

螺钉的头部可以制成各种适合于扳手或螺丝刀的形状(图 7-18);杆部可以沿全长或部分长度切出螺纹;末端可制成平端、圆柱端、锥端(图 7-19)等形状。(附录Ⅱ中的表Ⅱ-5列出了开槽紧定螺钉的基本尺寸。)

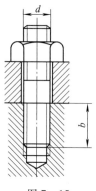

图 7-15

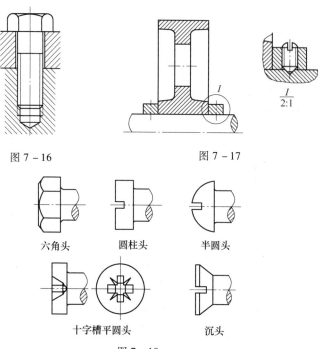

图 7-16   图 7-17

六角头   圆柱头   半圆头

十字槽平圆头   沉头

图 7-18

此外,还有特殊用途的螺钉,例如吊环螺钉(图7-20),是装在机器的顶盖或外壳上,以便起吊机器顶盖用的。

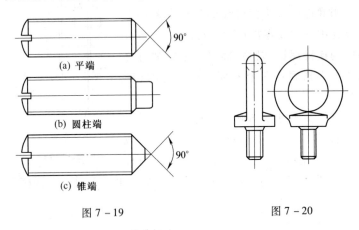

(a) 平端

(b) 圆柱端

(c) 锥端

图7-19　　　　　　　　　　图7-20

4. 螺母

所有螺栓和双头螺柱都需要和螺母配合使用。螺母有各种不同的形状,但以六角螺母(图7-21a、b)用得较多,圆螺母(图7-21c)和方螺母用得较少。六角螺母又分为普通螺母(图7-21a)和开槽螺母(图7-21b)。后者高度较大,并在端面制有径向槽,用作插入开口销。

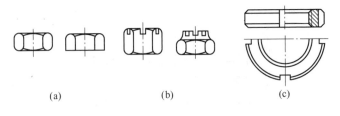

(a)　　　　　　　(b)　　　　　　　(c)

图7-21

六角螺母是用光拉六角棒料车制的,还有用 Q215、Q235 号钢冷冲或热冲而成。特殊用途的螺母可采用有色金属材料制成。

螺母的正常高度 $m = 0.8d$;厚螺母 $m = (1.2 \sim 1.6)d$,多用于经常装拆的地方;扁螺母 $m = 0.6d$,多用于空间受到限制的地方。

附录Ⅱ中的表Ⅱ－6列出了1型六角螺母的基本尺寸,表Ⅱ－8列出小圆螺母的基本尺寸。

5. 垫圈

垫圈的用途是保护被连接件的表面不被擦伤,增大螺母与连接件间的接触面积,以及遮盖被连接件的不平表面。

制造垫圈常用的材料是 Q195～Q255 钢。平垫圈没有倒角(图 7 － 22a),倒角型垫圈带有倒角(图 7 － 22b)。为了适应零件表面斜度(例如槽钢等),则可以使用斜垫圈(图 7 － 22c 及图 7 － 23)。

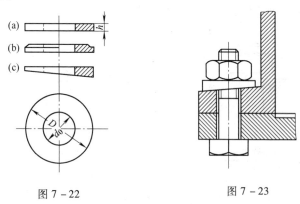

图 7 － 22   图 7 － 23

(五) 螺纹连接的防松装置

螺纹连接的自锁作用只有在静载荷下才是可靠的,在振动和变载荷下,螺纹副之间会产生相对转动,从而出现自动松脱的现象,因此需要采用防松装置。防松装置的结构型式很多,按防松原理不同可分为两类:

1. 利用摩擦力的防松装置

它的原理是在螺纹间经常保持一定的摩擦力,且附加摩擦力尽可能不随载荷大小而变化。显然,这种方法不是绝对可靠的。常用的有以下两种:

（1）弹簧垫圈（图7-24） 它通常用65Mn钢制成,经过淬火后富有弹性。拧紧螺母后弹簧垫圈发生很大的弹性变形,从而使螺纹之间经常保持一定的摩擦阻力以防止螺母松脱。此外,垫圈切口处的尖角,也有阻止螺母松脱的作用。使用弹簧垫圈的缺点是尖角会刮伤螺母支承面,垫圈切口使螺栓受附加弯矩。但由于结构简单、使用方便,所以在普通机械上广泛采用。附录Ⅱ中的表Ⅱ-7列出了轻型弹簧垫圈的基本尺寸。

（2）双螺母 它是在螺栓上拧上的两个螺母（图7-25）,通常这两个螺母取一样的厚度。双螺母防松装置结构简单,适用于平稳、低速和重载的固定装置上的连接。

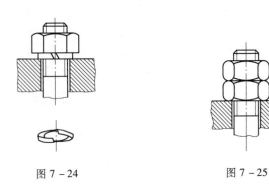

图7-24　　　　　　　　　　图7-25

2. 用机械方法的防松装置

它的基本原理是用机械装置把螺母和螺栓连成一体,消除了它们之间相对转动的可能性,因而这种方法最为可靠。用机械方法的防松装置的型式很多,下面只举几种常用的型式。

（1）开口销 如图7-26所示,把开口销穿过开槽螺母的径向槽和螺栓杆末端的径向通孔,然后将销的尾部分开,这样便消除了它们之间松转的可能。这种防松装置可靠、装拆方便,常用于有振动的高速机器上。

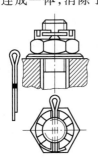

图7-26

（2）止动垫圈　图 7 - 27 所示为圆螺母用止动垫圈,在外螺纹零件的端部沿轴向铣一凹槽,把垫圈的内翅插入凹槽内,拧紧四周开有小槽的圆螺母,然后把垫圈的一个外翅弯入螺母的一个槽中,而将螺母锁住。这种防松装置多用于滚动轴承组合中。附录Ⅱ中的表Ⅱ - 9 列出了圆螺母用止动垫圈的基本尺寸。图 7 - 28 所示为单耳止动垫圈,拧紧螺母后,将垫圈的一边弯到螺母的侧边上,另一边弯到被连接件的侧边上,这样就直接锁住了螺母。垫圈厚度为 0.4 ~ 1.5 mm,一般用 Q195 ~ Q235 等低碳钢板冲制而成。

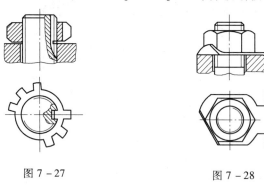

图 7 - 27　　　　　　　　　　　图 7 - 28

（六）螺栓连接的计算

螺栓连接中的螺栓一般承受轴向拉力。它的计算主要是根据连接的构造、材料性质和受力情况等来确定螺栓的危险截面尺寸（即螺纹小径 d_1）,然后按标准选出相应的公称直径 d,至于螺栓的其他尺寸以及螺母、垫圈等都可以按照螺栓公称直径 d 从标准中选取。

1. 松螺栓连接

松螺栓连接在安装时,不必把螺母拧紧,螺栓只是在承受工作载荷时,才受到力的作用,因此这种连接在实际上应用很有限。起重吊钩末端的螺纹连接便是典型的松螺栓连接（图 7 - 29）。吊钩螺纹部分在工作时承受拉力,其强度条件为

$$\sigma = \frac{F}{\pi d_1^2 / 4} \leqslant [\sigma]$$

故

$$d_1 \geqslant \sqrt{\frac{4F}{\pi[\sigma]}} \qquad (7-13)$$

式中 d_1 为螺纹小径(mm); F 为吊钩的工作载荷(N); $[\sigma]$ 为螺栓许用拉应力,如起重吊钩的材料为 20 钢,则 $[\sigma] = 40 \sim 50$ MPa。

2. 紧螺栓连接

紧螺栓连接在装配时必须拧紧,所以在承受工作载荷之前,螺栓就受有一定的预紧力。这种连接应用很广泛。下面列举几种不同的受力情况和连接型式来说明紧螺栓连接的计算方法。

(1) 受横向载荷的螺栓连接 横向载荷 F 的方向与螺栓的轴线垂直,螺栓和钉孔间留有间隙(图 7 – 30)。拧紧螺母后所产生的预紧力 F_s 把被连接零件压紧,而载荷就靠接触面间的摩擦力来承受。因此,螺栓所受的拉力在承受

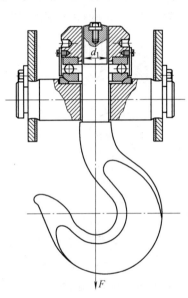

图 7 – 29

工作载荷以前和以后并没有变化,它都等于预紧力 F_s。为了使被连接零件不出现相对滑动以及连接可靠,一般取摩擦力比外载荷 F 大 20%。假设如图 7 – 30 所示只有一对接触面,则

$$fF_s = 1.2F \qquad (7-14)$$

因此

$$F_s = \frac{1.2F}{f}$$

式中 f 为接触面的摩擦系数;对于铸铁和钢的表面,通常取 $f = 0.15 \sim 0.2$。

当拧紧螺母后,由于预紧力 F_s 的作用,在螺栓的横截面上受一拉应力 σ;另一方面,螺母与螺栓的螺纹之间还作用有螺纹阻力矩 T_1(见式 7 - 10),此力矩又使螺栓产生扭转切应力 τ。

由于螺栓杆同时承受拉应力及扭转切应力,而它的材料又是塑性的,因此,可以根据第四强度理论求出它的当量应力 σ'。从分析可知,这个应力与拉应力 σ 的近似关系为

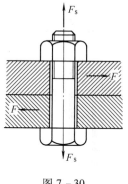

图 7 - 30

$$\sigma' \approx 1.3\sigma$$

因此,螺栓的强度条件是

$$\sigma' = \frac{1.3 F_s}{\dfrac{\pi d_1^2}{4}} \leqslant [\sigma] \qquad (7 - 15)$$

从式(7 - 15)可知,受横向载荷的螺栓连接的螺栓直径仍可按简单的抗拉强度公式计算,由于承受扭转切应力,故可将工作载荷加大 30% 来考虑其影响。

由式(7 - 14)可知,当 $f = 0.2$ 时,$F_s = 6F$。即预紧力是横向载荷的六倍。因此,如果横向载荷较大时,则螺栓的尺寸必然要很大。为了避免这个缺点,可以采用各种不同的减载装置。图 7 - 31a 所示为减载键,而图 7 - 31b 所示为减载环,此时螺栓仅起连接压紧作用。此外也可以采用图 7 - 32 所示的铰制孔用螺栓,它略带过盈装入铰制的钉孔中,靠本身剪切及挤压来传递横向载荷。减载装置的强度计算公式为:

挤压强度 $F \leqslant A[\sigma_p]$ (7 - 16)

剪切强度 $F \leqslant A'[\tau]$ (7 - 17)

式中 A、A' 为挤压和剪切面积,可根据具体结构决定。图 7 – 32 所示的结构中,$A = h_1 d_0$;$A' = \dfrac{\pi d_0^2}{4}$;$[\sigma_p]$ 为受挤压零件的许用挤压应力;$[\tau]$ 为减载装置或螺栓的许用切应力。

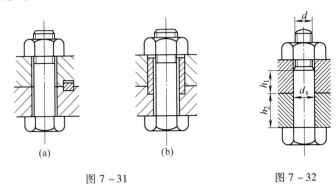

(a)   (b)

图 7 – 31   图 7 – 32

例题一 图 7 – 33 所示为一凸缘联轴器,它是利用凸台对中的,用 4 个螺栓连接,已知螺栓中心圆直径 $D_0 = 180\text{mm}$,联轴器传递的转矩 $T = 4.8 \times 10^5 \text{N·mm}$,试确定螺栓直径。

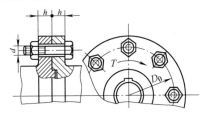

图 7 – 33

解 由于螺栓连接中螺栓杆与钉孔之间有间隙,必须在工作前把螺栓拧紧,使两个半联轴器凸缘接触面上产生足够的摩擦力来传递力矩。这样的工作情况与前述受横向载荷螺栓连接的情况相同,可根据预紧力 F_s 按式(7 – 15)计算螺栓直径。

作用在螺栓中心圆 D_0 上的圆周力

$$F_\Sigma = \frac{2T}{D_0} = \frac{2 \times 4.8 \times 10^5}{180} \text{N} = 5\ 333\ \text{N}$$

设 F_s 为一个螺栓的预紧力,取摩擦系数 $f = 0.2$,因该联轴器用 4 个螺栓

连接,故得

$$4fF_s = 1.2F_\Sigma$$

$$F_s = \frac{1.2 \times 5.333}{4 \times 0.2} \, \text{N} = 8\,000 \, \text{N}$$

代入式(7-15)

$$\frac{1.3F_s}{\frac{\pi}{4}d_1^2} \leqslant [\sigma]$$

$$d_1 \geqslant \sqrt{\frac{4 \times 1.3F_s}{\pi[\sigma]}}$$

由于螺栓的许用拉应力与螺栓直径有关,先假定 $d = 16$ mm,螺栓材料采用 Q235 钢,从表 6-1 查得其 $\sigma_s = 235$ MPa;又从表 7-1 查得,当 $d = 16$ mm 时,$[\sigma] = 0.33\sigma_s = 77.6$ MPa,因此

$$d_1 = \sqrt{\frac{4 \times 1.3F_s}{\pi[\sigma]}} = \sqrt{\frac{5.2 \times 8\,000}{\pi \times 77.6}} \, \text{mm} = 13.06 \, \text{mm}$$

查附录Ⅱ中的表Ⅱ-1得 $d = 16$ mm 时,$d_1 = 13.835$ mm,与原假设接近,故可采用 M16 的螺栓。

（2）受轴向载荷的螺栓连接　压力容器的顶盖和壳体的凸缘连接就是一个受轴向载荷的螺栓连接的典型例子（图 7-34），图中 1 为顶盖,2 为壳体,在它们相连接处有凸缘 3。这种螺栓连接除应有足够的强度外,还应保证连接的紧密性。

图 7-35 所示为凸缘部分的结构图。设容器内的气体压力为 p(MPa),则作用在容器顶盖上的总载荷为

$$F_\Sigma = \frac{\pi D_p^2}{4}p \, \text{N}$$

式中 D_p 为受压面积的直径,通常取 $D_p = D + \frac{2}{3}b$;D 为容器的内径,b 为垫片的宽度。

在设计时,可先决定螺栓的间距 t,然

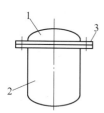

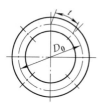

图 7-34

后由下式决定螺栓数目 z（常取为偶数），

$$z = \frac{\pi D_0}{t}$$

式中 D_0 为螺栓中心所在圆的直径（mm）；t 为螺栓的间距，一般取为 $80 \sim 150$ mm。

假设总载荷在各个螺栓中的分布是均匀的，则每个螺栓的工作载荷为

$$F = \frac{F_\Sigma}{z}$$

于是设计时，只需取容器顶盖中的一个螺栓进行分析即可。

图 7 – 36a 所示为拧紧螺母前的情况。螺母拧紧后（图 7 – 36b），由于预紧

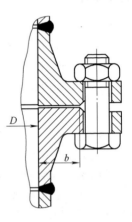

图 7 – 35

力 F_s 的作用，螺栓受到拉力 F_s 并伸长了 λ_1，被连接件受到压力 F_s 并缩短了 λ_b。当承受工作载荷 F 后，螺栓继续伸长了 λ_1'（图 7 – 36c），它的总伸长量等于 $\lambda_1 + \lambda_1'$，和这个总伸长量对应的螺栓

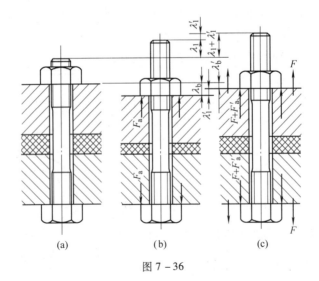

(a)   (b)   (c)

图 7 – 36

拉力为 F_0。随着螺栓的伸长，被连接件的缩短量减少了 λ_1'。这时它的总缩短量为 $\lambda_b' = \lambda_b - \lambda_1'$，而被连接件所受的压力减为 F_s'（F_s' 称为残余预紧力）。在连接中，F_s' 具有极重要的意义。为了防止载荷骤然消失时出现冲击，特别是在压力容器中要保证紧密性，因此不容许在接缝中出现间隙，即必须在连接中保持 F_s' 为一相当大的数值。由此可知，螺栓所承受的总拉力 F_0 不等于工作载荷与预紧力之和，而是工作载荷与残余预紧力之和，即

$$F_0 = F + F_s' \qquad\qquad (7-18)$$

用螺栓连接的力 – 变形图可以更形象地得到以上结果。若螺栓和被连接件中的应力没有超过材料的比例极限，在连接未受工作载荷时，螺栓和被连接件的力 – 变形图可分别用图 7 – 37a、b 表示。这时螺栓中的拉力和被连接件间的压力都等于预紧力 F_s，所以可把图 7 – 37a、b 两图合并为图 7 – 37c。当承受工作载荷 F 后，螺栓继续伸长了 λ_1'，它的总伸长量等于 $\lambda_1 + \lambda_1'$，相应的总拉伸载荷为 F_0。被连接件的压缩量减为 $\lambda_b - \lambda_1'$，从而被连接件受的压力减为 F_s'，称为残余预紧力。在图 7 – 37c 中很容易看出，螺栓所受的总拉力 $F_0 = F + F_s'$，此即式（7 – 18）。

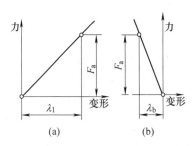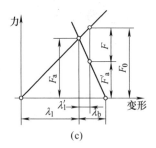

图 7 – 37

对于重要的和要求紧密性的连接，可以取 $F_s' = (1.5 \sim 1.8)F$；对于不太重要的连接，如吊环螺钉等可以取 $F_s' = 0.25F$。当计入扭转切应力的影响时，螺栓的小径可按下式求得

$$d_1 \geqslant \sqrt{\frac{1.3F_0}{\frac{\pi}{4}[\sigma]}} \qquad\qquad (7-19)$$

例题二 一压力容器如图 7-34 所示。顶盖用 8 个螺栓压紧,已知容器的内径 $D=300$ mm,容器内最大压力 $p=1$ MPa,垫片宽度 $b=20$ mm,试计算该螺栓直径。

解 这是一个受轴向载荷的紧螺栓连接,故应先求出单个螺栓所受的总拉力 F_0,然后按式(7-19)确定所需的螺栓直径。

作用在每一个螺栓上的外载荷 F

$$F = \frac{\frac{\pi}{4}\left(D + \frac{2}{3}b\right)^2 p}{z} = \frac{\frac{\pi}{4} \times \left(300 + \frac{2}{3} \times 20\right)^2 \times 1}{8} \text{ kN} = 9.64 \text{ kN}$$

由于该连接有紧密性要求,故取残余预紧力

$$F'_s = 1.5F = 1.5 \times 9.64 \text{ kN} = 14.46 \text{ kN}$$

由式(7-18)得每个螺栓所受的总拉力

$$F_0 = F + F'_s = (9.64 + 14.46) \text{ kN} = 24.1 \text{ kN}$$

螺栓选用 35 钢正火,查表 6-2 得 $\sigma_s = 315$ MPa。假定螺栓直径为 20 mm,查表 7-1,取许用拉应力 $[\sigma] = 0.43\sigma_s = 0.43 \times 315$ MPa $= 135$ MPa。

由式(7-19)可确定所需螺栓的小径

$$d_1 = \sqrt{\frac{1.3F_0}{\frac{\pi}{4}[\sigma]}} = \sqrt{\frac{4 \times 1.3 \times 24.1}{3.14 \times 0.135}} \text{ mm} = 17.19 \text{ mm}$$

查附录Ⅱ中的表Ⅱ-1 螺纹基本尺寸得 $d=20$ mm 时,$d_1=17.294$ mm,满足强度要求并与原假设接近,故可采用 8 个 M20 的螺栓连接。

(3) 受偏心载荷的紧螺栓连接 图 7-38 所示为钩头螺栓连接,在工作时螺栓受到总拉力 F_0 的作用,由于有偏心 e 的关系,螺栓还受到附加弯矩的作用,其弯矩等于 $F_0 e$。这样螺栓危险截面上所受的总拉应力要大得多,故应当尽可能避免使用钩头螺栓。

当支承表面不平、倾斜或螺母端面倾

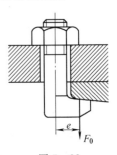

图 7-38

斜时,都可能产生偏心载荷(图 7-39a)。因此,被连接零件的支承面与钉头及螺母接触面都应当加工,使支承面平整。

图 7-39b 表示在被连接件上铸出凸台,加工后即成为光滑的支承面。图 7-39c 表示将螺母放在经过加工的鱼眼坑内。

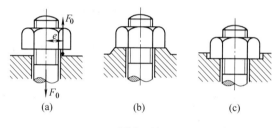

(a)　　　　　　　(b)　　　　　　　(c)

图 7-39

前面分析的是单个螺栓的计算方法。实际上我们常常碰到成组的螺栓连接,这时把它称为螺栓组连接。

在螺栓组连接的计算中,通常预先规定螺栓的数目及分布,然后根据连接的工作情况及载荷进行分析。如果每个螺栓受力均相同,即可按照前述单个螺栓计算方法计算。如果各螺栓受力情况不同,应找出其中受力最大的螺栓和它的工作载荷,再按单个螺栓计算方法求出所需的尺寸;其他受力较小的螺栓,为了制造及装配方便起见,也都采用相同的尺寸。

(七)螺栓的材料和许用应力

螺栓材料一般采用低碳钢或中碳钢(Q235～Q275 及 35～45 钢)。此外,为了保证螺纹有足够的疲劳强度,有时也采用合金钢,如 40Cr 等。

螺栓的许用应力与材料、载荷性质、尺寸以及装配方法等因素有关。对于一般机器中受拉力的紧螺栓连接,可根据螺栓的公称尺寸 d 和材料,从表 7-1 中查出许用应力 $[\sigma]$。

由表 7-1 可以看出,螺栓直径愈小,许用应力愈低,这是由于尺寸小的螺栓在拧紧时很容易产生过载应力。因此,在重要的螺栓连接中不宜采用直径小于 16 mm 的螺栓。

表 7-1　螺栓的许用拉应力 [σ]　　　　　MPa

载荷性质	静　载　荷			变　载　荷	
螺栓直径 d/mm	6~16	16~30	30~60	6~16	16~30
材料 碳素钢	$(0.25~0.33)$ σ_S	$(0.33~0.5)$ σ_S	$(0.5~0.77)$ σ_S	$(0.1~0.15)$ σ_S	$0.15\sigma_S$
材料 合金钢	$(0.2~0.25)$ σ_S	$(0.25~0.4)$ σ_S	$0.4\sigma_S$	$(0.13~0.2)$ σ_S	$0.2\sigma_S$

注:1. 本表用于安装时不严格控制预紧力的螺栓连接。

2. σ_S 为材料的屈服强度。

由于在计算时,通常螺栓的直径是未知的。因此,在应用式 (7-15) 等计算螺栓的小径 d_1 时,就要用试算法:先假定一个螺栓直径 d,根据这个直径查出许用应力,然后再计算 d_1,d_1 的计算值必须与假定的 d 所对应的小径接近,否则必须重算。

对于承受横向载荷的铰制孔用螺栓或减载装置,在静载荷下的许用应力为:

许用切应力　　$[\tau] < 0.4\sigma_S$

许用挤压应力　$[\sigma_p] < (0.4~0.5)\sigma_B$(被连接件为铸铁)

　　　　　　　　$[\sigma_p] < 0.8\sigma_S$(被连接件为钢)

式中 σ_S 及 σ_B 为材料的屈服强度及抗拉强度。在变载荷下应将 $[\tau]$ 和 $[\sigma_p]$ 分别降低(30%~40%)和(20%~30%)。

§7-2　键　连　接

键连接是一种可拆连接,多用来连接轴和轴上的转动零件(如带轮、齿轮、飞轮、凸轮等)。由于键连接的结构简单,工作可靠及装拆方便,所以键连接获得了广泛的应用。键及其连接已经标准化了。

（一）键连接的分类及其结构型式

按照在工作前键连接中是否存在预紧力,将键连接分为两类:松连接和紧连接。

1. 松连接

松连接是由平键或半圆键与轴、轮毂所组成的。键的两侧面是工作面,键的上表面没有斜度,因此构成松连接。这种连接在工作前,连接中没有预紧力的作用;工作时,依靠键的两侧面与轴及轮毂上键槽侧壁的挤压来传递转矩。

平键通常分为普通平键(图 7 - 40)及导向平键(图 7 - 41)。导向平键用螺钉固定在轴上,键的长度比轮毂长度大,这样可以适应轴上零件沿着键作轴向移动。

半圆键连接的制造简单,安装方便,同时它可以自动地适应轮毂中键槽的斜度(图 7 - 42);缺点是轴上的深槽影响轴的强度,所以这种键主要用于轻载荷的连接。

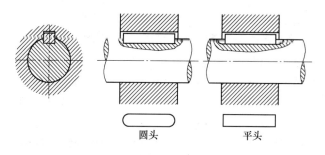

圆头　　　　平头

图 7 - 40

松连接的优点为轴与轴上零件的配合对中好,因而可以应用于高速及精密的连接中,同时这种连接装拆也很方便。但是它仅能传递转矩,不能承受轴向力,因此,必须附加固定螺钉或定位轴环等才能把零件的轴向位置固定。

轴上的键槽用圆盘铣刀或端铣刀铣成(图 7 - 43),而轮毂上的键槽则用插刀插出。

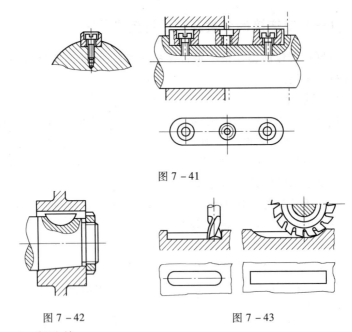

图 7 – 41

图 7 – 42   图 7 – 43

2. 紧连接

紧连接是由楔键与轴、轮毂组成的。键的上表面制成1∶100的斜度,与此面相接触的轮毂键槽平面也制成1∶100的斜度。装配时,将键楔紧,使键的上下两工作面与轴、轮毂的键槽工作表面压紧,而构成紧连接,即在工作前连接中有预紧力作用。键与键槽的侧壁互不接触(图7 – 44a)。

楔键有的制成钩头(图7 – 44b)以便于拆卸;有的制成圆头(图7 – 44c)或平头(图7 – 44d)。

工作时,楔键是依靠键与键槽之间和轴与轮毂之间的摩擦,以及在转动时轴与轮毂间有相对偏转,从而使键的一侧压紧来传递转矩和单向的轴向力的,但是由于预紧力会使轴上零件和轴偏心,如图7 – 45所示,因此,这种连接目前已很少应用。

必须注意,钩头楔键应当加防护装置以免发生人身事故。防护压板(图7 – 46a)或防护罩(图7 – 46b)是用螺钉固定在轴端的。

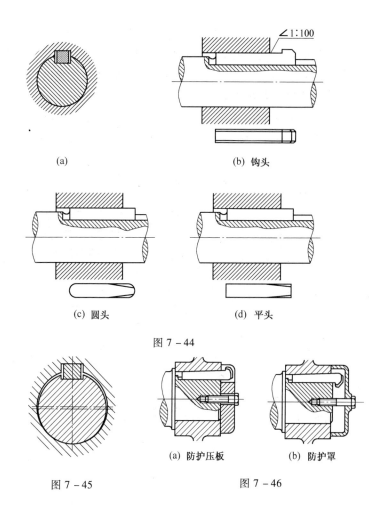

(a) (b) 钩头

(c) 圆头 (d) 平头

图 7 – 44

(a) 防护压板 (b) 防护罩

图 7 – 45 图 7 – 46

（二）键的选择及其强度校核

键是标准零件,表 7 – 2 列出平键连接的键和槽的剖面尺寸。工作时,键受到挤压,故多用抗拉强度 $\sigma_B \geqslant 500 \sim 600$ MPa 的碳素钢作为键的材料,如 Q275 及 45 钢等。

设计时,通常先根据连接的工作要求,参照各种键的结构型式及其特点确定键的种类;随后再按照轴的直径 d 从键的标准中查得键的剖面尺寸,即键的宽度 b 和高度 h。至于键的长度 l 一般可取 1.5 d,可比轴上零件的轮毂短些。必要时对键作强度验算。下面仅介绍平键的强度验算。

平键是根据它的挤压强度及剪切强度来验算的,如图 7 - 47b 所示。计算时,假定圆周力 F_t 沿键的长度上均匀分布,此时 F_t 值可按下式计算:

表 7 - 2　平键连接中键和槽的剖面尺寸及键长　　　mm

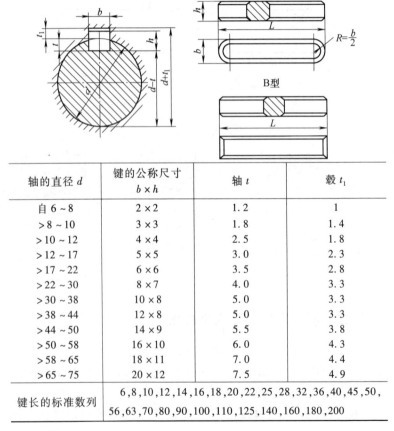

轴的直径 d	键的公称尺寸 $b \times h$	轴 t	毂 t_1
自 6 ~ 8	2 × 2	1. 2	1
>8 ~ 10	3 × 3	1. 8	1. 4
>10 ~ 12	4 × 4	2. 5	1. 8
>12 ~ 17	5 × 5	3. 0	2. 3
>17 ~ 22	6 × 6	3. 5	2. 8
>22 ~ 30	8 × 7	4. 0	3. 3
>30 ~ 38	10 × 8	5. 0	3. 3
>38 ~ 44	12 × 8	5. 0	3. 3
>44 ~ 50	14 × 9	5. 5	3. 8
>50 ~ 58	16 × 10	6. 0	4. 3
>58 ~ 65	18 × 11	7. 0	4. 4
>65 ~ 75	20 × 12	7. 5	4. 9
键长的标准数列	6,8,10,12,14,16,18,20,22,25,28,32,36,40,45,50, 56,63,70,80,90,100,110,125,140,160,180,200		

$$F_t = \frac{2T}{d} = \frac{2 \times 9\,550\,000\,P}{dn}$$

式中 P 为轴所传递的功率(kW);n 为轴的转速($\mathrm{r/min}$);d 为轴的直径(mm)。

圆头平键是以计算长度 l_s 进行工作的,如图 7-47a 所示。而 $l_s = L - 2R$,式中 L 为键的全长,R 为键的圆头的半径,$R = b/2$。

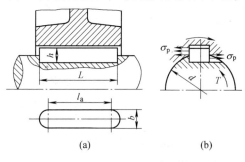

(a)   (b)

图 7-47

键连接的挤压强度条件为

$$\sigma_p = \frac{2F_t}{hl_s} \leqslant [\sigma_p] \qquad (7-20)$$

剪切强度条件为

$$\tau = \frac{F_t}{bl_s} \leqslant [\tau] \qquad (7-21)$$

式中 σ_p 及 $[\sigma_p]$ 为键连接中的挤压应力及其许用值;τ 及 $[\tau]$ 为键的切应力及其许用值。

键连接的许用挤压应力 $[\sigma_p]$ 值决定于连接的型式(不动或可动的连接)、载荷性质及材料。如键、轴与轮毂由不同的材料制成,则应按力学性能较差的材料选取许用应力,$[\sigma_p]$ 值列于表 7-3。

许用切应力 $[\tau]$ 应按键的材料选取。当用 Q275 或 45 钢时,在平稳、轻微冲击及冲击载荷的三种情况下,分别取 $[\tau]$ 为 120MPa、90MPa 及 60 MPa。

表 7-3　键连接的许用挤压应力 $[\sigma_{\mathrm{p}}]$　　　　MPa

连接型式	材　料	载荷性质		
		平稳	轻微冲击	冲击
不动的连接	钢	125～150	100～120	60～90
	铸铁	70～80	50～60	30～45
可动的连接	钢	50	40	30

（三）花键连接

花键连接如图 7-48 所示。通常,它是利用轴上纵向凸出部分(花键齿)置于轮毂中相应的花键槽中以传递转矩的可拆连接。

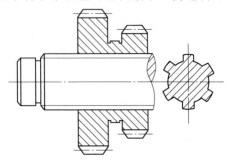

图 7-48

花键连接在机械制造业各部门中的应用日益广泛。与键连接比较,花键连接具有以下优点:(1)轴上零件对中好;(2)轴的削弱程度较轻;(3)由于接触面大,故能传递较大载荷;(4)能更好地导引沿轴移动的零件。其缺点是制造比较复杂。

轴上的花键齿可用成型铣刀或滚刀制出,轮毂中的花键槽可以拉出或插出。有时为了增加花键连接工作表面的硬度以减少磨损,花键齿及花键槽还要经过热处理,并对花键齿进行磨削。

按花键齿形的不同,花键可分为矩形花键(图 7-49a)及渐开线花键(图 7-49b)。矩形花键制造方便,应用最广。渐开线花键由于工艺性好(可用制造齿轮轮齿的各种方法加工),易获得较高的精度;它的齿根较厚,因此强度也较高,所以渐开线花键连接逐渐获得广泛的应用。

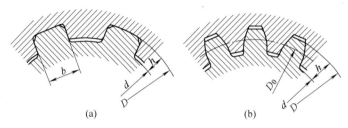

图 7-49

花键的尺寸也是按轴径由标准选定。它的工作表面是花键的侧面,其工作情况与平键相似,键的侧面受到挤压,根部受到剪切及弯曲。对于实际应用的花键连接来说,由于切应力及弯曲应力较小,因此强度校核时一般只按挤压应力计算。

花键连接通常采用强度极限 $\sigma_B > 500$ MPa 的碳素钢或合金钢制成。

习 题

7-1 常见的螺栓中的螺纹是右旋还是左旋、是单线还是多线?怎样判别?多线螺纹与单线螺纹的特点如何?

7-2 螺纹主要类型有哪几种?说明它们的特点及用途。

7-3 螺旋副的效率与哪些参数有关?各参数变化大小对效率有何影响?螺纹牙型角大小对效率有何影响?

7-4 螺旋副自锁条件和意义是什么?常用连接螺纹是否自锁?

7-5 在螺纹连接中,为什么采用防松装置?试列举几种最典型的防松装置,绘出其结构简图,说明其工作原理和结构特点。

7-6 将松螺栓连接和紧螺栓连接(受横向外力和轴向外力)的强度计算公式一起列出,试比较其异同,并做出必要的结论。

7-7 已知一起重机上的卷筒是用沿直径 $D_0 = 500$ mm 的圆周上安装的

6 个双头螺柱和齿轮连接的。依靠螺栓锁紧所产生的摩擦力传递转矩,如果绕在卷筒上绳索中的作用力 $F_\Sigma = 10\ 000$ N,卷筒直径 $D_t = 400$ mm,双头螺柱的材料为 Q235 钢,齿轮和卷筒间的摩擦系数 $f = 0.12$,试求双头螺柱所需的直径。

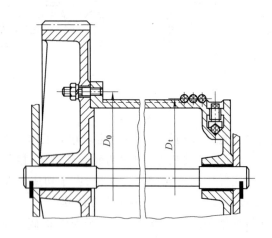

题 7 − 7 图

7 − 8　如图所示的螺栓连接中,已知此连接所受横向载荷 $F = 2\ 500$ N,螺栓 M27 的材料为 Q235 钢,装配时用标准扳手(扳手长度 $L = 15d$,d 为螺栓的公称直径)拧紧;螺栓和螺母螺纹间的当量摩擦系数 $f_1 = 0.16$,两被连接件间的摩擦系数 $f_2 = 0.20$,螺母支承端面和被连接件间摩擦系数 $f_3 = 0.18$。试计算此螺栓连接中所需的预紧力 F_s,并计算在拧紧螺母时,施加于扳手上的作用力 F_T,验算螺栓的强度。

*7 − 9　已知滑动轴承上受力 5 200 N,力与水平面成 30°角,轴承座尺寸如图所示,结合面上摩擦系数 $f = 0.2$。试设计双螺栓滑动轴承中螺栓的尺寸。

7 − 10　平键连接可能有哪些失效形式? 平键的尺寸如何确定?

7 − 11　已知齿轮减速器输出轴和齿轮轮毂配合的尺寸 $d = 50$ mm,齿轮轮毂长 L 为 $1.5d$(d 为轴的直径),齿轮节圆直径为 300 mm,圆周力 $F_t = 3\ 000$ N,齿轮材料为 45 钢,轴的材料为 Q275,试选择计算齿轮和轴连接处的平键。

[提示] 轴上所受的转矩等于齿轮节圆半径与圆周力的乘积。键长 $l \approx$ L,应查标准。

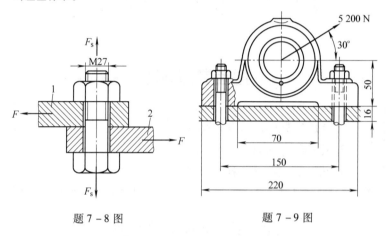

题 7 - 8 图   题 7 - 9 图

第八章　带传动和链传动

重点学习内容

1. 带传动的失效形式和设计准则；
2. 普通 V 带传动的设计计算；
3. 链传动的运动特性；
4. 链传动的参数选择和设计计算。

§8-1　带传动的特点

图 8-1 所示的带传动是由主动轮 1、从动轮 2 和张紧于两轮上的环形带 3 所组成。由于张紧,在带中产生了初拉力;在带与带轮的接触面间产生了压力。当主动轮回转时,靠接触面间的摩擦力拖动带运动,而带又同样地靠摩擦力拖动从动轮回转。这样就把主动轴上的动力传给了从动轴。因此,带传动是以带作为中间挠性件而靠摩擦力来工作的。

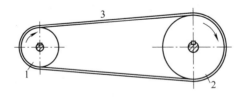

图 8-1

静止时,两边带上的拉力相等。传动时,由于传递载荷的关系,两边带上的拉力将有一差值。拉力大的一边称为紧边(主动边),拉力小的一边称为松边(从动边)。如图 8 – 1 所示,当主动轮 1 按图示方向回转时,下边是紧边,上边是松边。

带的截面形状(图 8 – 2)有长方形(a)、梯形(b)和圆形(c)等,分别称为平带、V 带和圆带。由于 V 带使用较广,所以本节主要讨论 V 带传动。

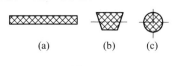

图 8 – 2

除齿轮传动外,带传动是应用得最广泛的一种传动。与齿轮传动相比较,它具有下列优点 :(1)可用于两轴中心距离较大的传动;(2)带具有弹性,可缓和冲击和振动载荷,运转平稳,无噪声;(3)当过载时,带即在轮上打滑,可防止其他零件损坏;(4)结构简单,设备费低,维护方便。

带传动的缺点是:(1)传动的外廓尺寸较大;(2)由于带的弹性滑动,不能保证固定不变的传动比;(3)轴及轴承上受力较大;(4)效率较低;(5)带的寿命较短,约为 3 000 ~ 5 000 h;(6)不宜用于易燃、易爆的场合。

带传动常用于传递 75 kW 以下的功率。带的速度 v 一般为 5 ~ 25 m/s。使用特种平带(如编织带、高速环形胶带及薄形锦纶片复合平带等)的高速传动,其带速可达到 50 m/s 或更高。平带传动的传动比一般不大于 3,个别情况下可达到 5。V 带传动和具有张紧轮的平带传动的传动比可达到 7(个别情况下可达到 10)。平带传动的效率 $\eta = 0.92 \sim 0.98$,平均可取 $\eta = 0.95$;V 带传动的效率 $\eta = 0.90 \sim 0.94$,平均可取 $\eta = 0.92$。(以上效率均包括轴承的摩擦损失在内。)

§8 – 2　带传动的主要型式

根据传动的布置情况,带传动主要可分为下列三种形式:

1. 开口传动(图 8 – 3a)

在这种传动中,两轴平行而且都向同一方向回转。它是应用最广泛的一种带传动形式。在图 8-3b 中,设 d_{d1}、d_{d2} 分别为小带轮和大带轮的基准直径;a 为中心距;α_1 为带在小带轮上的包角;L_d 为带的基准长度(节线长度);则

$$\alpha_1 \approx 180° - \frac{d_{d2} - d_{d1}}{a} \times 57.3° \qquad (8-1)$$

$$L_d \approx 2a + \frac{\pi}{2}(d_{d2} + d_{d1}) + \frac{(d_{d2} - d_{d1})^2}{4a} \qquad (8-2)$$

两带轮直径不相等时,两轮上的包角也不相等,其中小带轮上的包角较小。当其他条件相同时,小轮上的包角愈大,摩擦力就愈大,则传递的转矩也愈大。

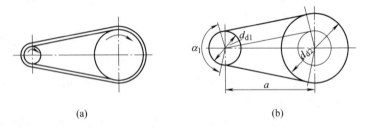

(a)   (b)

图 8-3

2. 交叉传动(图 8-4a)

交叉传动用来改变两平行轴的回转方向。由于带在交叉处互相摩擦,使带很快地磨损,因此,采用这种传动时,应选取较大的中心距($a_{min} \geqslant 20\,b$,式中 b 为带宽度)和较低的带速($v_{max} \leqslant 15$ m/s)。

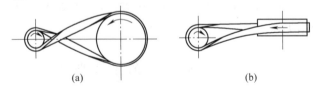

(a)   (b)

图 8-4

3. 半交叉传动(图 8-4b)

半交叉传动用来传递空间两交错轴间的回转运动,通常两轴交错角为 90°。它只能进行单向传动。

交叉传动和半交叉传动只用于平带传动。

§8-3 带传动的受力分析

在带传动中,带以一定的初拉力张紧在带轮 1 和 2 上(图 8-5a)。静止时,带由于张紧,带两边的拉力相等,均为初拉力(张紧力)F_0。传递载荷时,由于带与带轮接触面间产生摩擦力的关系,带两边的拉力将发生变化。图 8-5b 所示的摩擦力表示主、从动轮作用于带上的摩擦力。在主动轮上,轮 1 是主动件,带是从动件,因此轮 1 作用于带上的摩擦力方向与轮 1 的转动方向一致(顺时针);在从动轮上则相反,带是主动件,轮 2 是从动件,因此轮 2 作用于带上的摩擦力方向与 n_2 方向相反(逆时针)。带传动工作

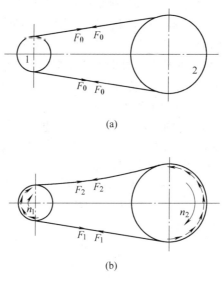

(a)

(b)

图 8-5

时,由于上述摩擦力的作用,带两边拉力发生变化,紧边由 F_0 增大到 F_1,松边由 F_0 减小到 F_2。在带传动工作时,可以清楚地观察到带松边松弛下垂的现象。现取主动轮上的带为研究对象,并用 F 表示轮作用于带的摩擦力之和,其方向切于主动轮圆周。由平衡条件可得:

$$F_1 \frac{d_{d1}}{2} - F_2 \frac{d_{d1}}{2} = F \frac{d_{d1}}{2}$$

则
$$F_1 - F_2 = F \qquad\qquad (8-3)$$

式中 F_1 与 F_2 的差称为有效拉力,也就是带所能传递的圆周力 F。设 P 为主动轮的输入功率(kW);v 为带轮圆周速度(m/s),则

$$F = \frac{1\,000P}{v} \text{ N}$$

由此可知,借助带与带轮的张紧,使主动轮上的输入功率转化为带两边的拉力差值 $F_1 - F_2 = F$,从而克服从动轮上的阻力矩,带动从动轮工作,这就是带传动的工作原理。

显然,当 F_0、P 及 v 一定时,带能传递的圆周力 F 有个极限值。如果由于某种原因机器出现过载,则圆周力 F 不能克服从动轮上的阻力矩,带将沿轮面发生全面滑动,从动轮转速急剧降低甚至停止转动,这种现象称为打滑。打滑不仅使带丧失工作能力,而且使带急剧磨损发热。打滑是带传动的主要失效形式之一,因此设计带传动时,应保证带传动不发生打滑。

带传动工作时,数值 $(F_1 - F_0)$ 表示紧边拉力的增加量,而数值 $(F_0 - F_2)$ 表示松边拉力的减少量。设带的总长度没有改变,则可以认为上述两个数值是相等的,即

$$F_1 - F_0 = F_0 - F_2$$

故
$$F_1 + F_2 = 2F_0 \qquad\qquad (8-4)$$

解式(8-3)、(8-4)得

$$\left.\begin{array}{l} F_1 = F_0 + \dfrac{F}{2} \\[2mm] F_2 = F_0 - \dfrac{F}{2} \end{array}\right\} \qquad\qquad (8-5)$$

当带沿带轮有打滑趋势时,摩擦力达到最大值。根据理论力学的推导,开始打滑时,F_1 和 F_2 有如下关系:

$$F_1 = F_2 e^{f\alpha} \qquad (8-6)$$

式(8-6)称为柔韧体摩擦的欧拉公式,式中 e 为自然对数的底 (e = 2.718…);f 为摩擦系数(对 V 带,用当量摩擦系数 f_V 代替 f);α 为带在带轮上的包角,单位为 rad。

将式(8-6)代入式(8-5)整理后,可得到带所能传递的最大圆周力为

$$F = 2F_0 \frac{1 - 1/e^{f\alpha}}{1 + 1/e^{f\alpha}} \qquad (8-7)$$

从式(8-7)可知,带所能传递的圆周力 F 与初拉力 F_0 成正比,亦随包角 α 及摩擦系数 f 的增大而增大。F_0 过小,带的传动能力下降;F_0 过大,虽可提高传动能力,但带易松弛使寿命降低。保证正常工作时不发生打滑且带又具有足够寿命的条件下,所需的最佳的张紧力 F_0 可按式(8-17)计算。此外,为了保证所需的圆周力 F,必须对带传动的包角 α_1 加以限制,α_1 值一般不应小于 120°。再由式(8-1)可知,为了保证所需的 α_1 值,必须对带传动的传动比 $i = n_1/n_2 = d_{d2}d_{d1}$ 加以限制,一般,传动比 $i \leqslant 5 \sim 7$。由于 V 带外层的包布均用胶帆布,而带轮材料一般为铸铁或钢,因此摩擦系数 f 的变化范围较小,对圆周力 F 的影响不明显。

带传动工作时,带沿带轮转动的部分将产生离心力,因此,带两边除了受拉力 F_1、F_2 外,还作用有离心力 F_c。

§8-4　带的应力分析

带工作时,其截面上的应力有:拉力 F_1 和 F_2 产生的拉应力 σ_1、σ_2;离心力 F_c 产生的离心应力 σ_c;带与带轮接触部分由于弯曲变形而产生的弯曲应力 σ_{b1}、σ_{b2}。图 8-6 表示带截面各点应力的分布情况。在图中用垂直于带中心线的线段长短表示相应横截

面中应力的大小。由图可知,带工作时,其任一截面上的应力是随其位置的不同而变化的。因此,带是在变应力作用下工作的。最大应力发生在紧边进入小带轮接触处的 a_0 点,此最大应力为

$$\sigma_{max} = \sigma_1 + \sigma_{b1} + \sigma_c$$

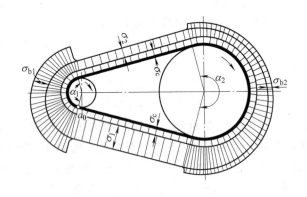

图 8 - 6

由于带是在变应力作用下工作的,因此,带的耐久性取决于最大应力的大小和应力循环的总次数。当传递的功率一定时,应力循环次数达到一定值后,将使带疲带损坏,即带将分层脱开或断裂。σ_{max} 愈大,则允许的应力循环总次数就愈少。为保证带有足够的寿命,必须使

$$\sigma_{max} = \sigma_1 + \sigma_{b1} + \sigma_c \leqslant [\sigma]$$

或

$$\sigma_1 \leqslant [\sigma] - \sigma_{b1} - \sigma_c \qquad (8-8)$$

式中 $[\sigma]$ 为带在一定寿命下的许用应力,MPa。

一般情况下,弯曲应力所占的比例较大,它对带的寿命有明显的影响。以 B 型带为例,根据试验结果,$d_{d1} = 200$ mm 时,带的相对寿命为 1,则 $d_{d1} = 160$ mm 时,其相对寿命为 0.3。为此,在确定小轮直径时,应使 $d_{d1} \geqslant d_{d\,min}$。

§8-5 带传动的弹性滑动及传动比

带传动工作时,由于带的紧边与松边所受的拉力不等,使两边带的单位伸长量也不等,从而导致带与轮接触面之间的微量相对滑动。现以图 8-7 中的主动轮为例加以说明。带的 a_0 点绕上主动轮 1 的 a 点并一起转动,假设在时间 t 内,主动轮上 a 点转过弧长 $\overset{\frown}{aa'}$,如果在同一时间内,带上 a_0 点亦转过弧长 $\overset{\frown}{a_0a'} = \overset{\frown}{aa'}$,则说明带与轮之间无相对滑动。但是,由于紧边拉力 F_1 大于松边拉力 F_2,因此,带上 a_0 点一方面与轮上 a 点一起转动,另一方面由于带所受的拉力 F_1 逐渐减小为 F_2,故单位伸长量逐渐减小,带逐渐往回缩,其转过的实际弧长 $\overset{\frown}{a_0a_0'} < \overset{\frown}{aa'}$。这说明在主动轮上,带滞后于轮,即主动轮圆周速度 v_1 大于带速 v。

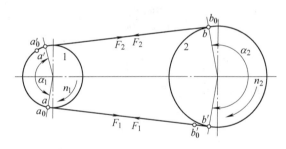

图 8-7

同理,在从动轮上也发生类似现象。由于带所受的拉力从 F_2 逐渐增大为 F_1,带的单位伸长量增加,故带超前于轮,即带速 v 大于从动轮圆周速度 v_2。

这种由于带的紧边与松边拉力不等,使带的两边弹性变形不等所引起带与轮面的微量相对滑动称为弹性滑动。它是带传动中所固有的物理现象,是不可避免的。

弹性滑动的大小与带的紧、松边拉力差有关。带的型号一定时,带传递的圆周力愈大,弹性滑动也愈大。当外载荷所产生的圆周力大于带与小带轮接触弧上的全部摩擦力时,弹性滑动就转变为前面提到的打滑。显然,打滑是由过载引起的,是一种可以而且应尽量避免的滑动现象。

由于弹性滑动是不可避免的,因此从动轮圆周速度 v_2 总是小于主动轮圆周速度 v_1。换句话说,从动轮的实际转速 n_2 总是低于理论转速 $n_2' = \dfrac{n_1 d_{d1}}{d_{d2}}$。传递载荷愈大,实际转速 n_2 愈低,因此带传动的实际传动比 $i = \dfrac{n_1}{n_2}$ 不是定值,即传动比不准确。

由弹性滑动引起的从动轮圆周速度的相对降低率称为滑动率 ε,即

$$\varepsilon = \frac{v_1 - v_2}{v_1}$$

因

$$v_1 = \frac{\pi d_{d1} n_1}{60 \times 1\,000} \text{ m/s}$$

$$v_2 = \frac{\pi d_{d2} n_2}{60 \times 1\,000} \text{ m/s}$$

代入上式可得带传动的传动比

$$i = \frac{n_1}{n_2} = \frac{d_{d2}}{d_{d1}(1 - \varepsilon)} \tag{8-9}$$

及从动轮转速

$$n_2 = \frac{n_1 d_{d1}(1 - \varepsilon)}{d_{d2}} \tag{8-10}$$

对于 V 带传动,$\varepsilon = 0.01 \sim 0.02$。在一般的带传动计算中可以不考虑滑动率 ε。

§8-6   普通 V 带传动的设计计算

V 带有多种类型:普通 V 带、窄 V 带、联组 V 带、大楔角 V 带

及汽车 V 带等。最常用的是普通 V 带,本书只介绍普通 V 带的设计计算。

（一）V 带的结构

如图 8 - 8 所示,V 带的两侧面与轮槽接触,靠两侧面所产生的摩擦力(垂直于图面)工作。当带被张紧时,带以力 F_V 压向轮槽,两侧面间的法向力为

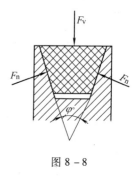

图 8 - 8

$$F_n = \frac{F_V}{2\sin\frac{\varphi}{2}}$$

摩擦力为

$$F_f = 2fF_n = \frac{f}{\sin\frac{\varphi}{2}}F_V = f_V F_V$$

式中

$$f_V = \frac{f}{\sin\frac{\varphi}{2}}$$

称为当量摩擦系数。因 $\varphi = 40°$,$\sin\frac{\varphi}{2}$ 小于 1,所以 f_V 大于 f,这表明 V 带传动的摩擦力比平带大,能传递较大的功率。

常用的 V 带的截面结构如图 8 -9 所示,它由四部分组成:(1)顶胶 1——由橡胶组成,当带在带轮上弯曲时承受拉伸;(2)抗拉体 2——由几层帘布或一层粗绳组成,分别称为帘布芯结构和绳芯结构的 V 带,抗拉体承受基本的拉力;(3)底胶 3——由橡胶组成,带弯曲时承受压缩;(4)包布 4——由几层橡胶布组成,

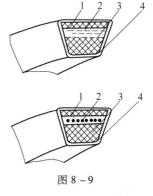

图 8 - 9

是 V 带的保护层。帘布芯结构制造方便,型号齐全,应用最广。绳芯结构柔性好,抗弯强度高,目前国产绳芯结构 V 带只有 Z、A、B、C 型四种。

(二) 普通 V 带标准

普通 V 带是标准件,制成无接头的环形带,截面形状为楔角 40°的梯形。采用基准宽度制的普通 V 带,按截面尺寸大小分为 Y、Z、A、B、C、D、E 七种型号,具体尺寸见表 8 – 1。

表 8 – 1　普通 V 带型号、截面尺寸和基准长度系列　　mm

截型	截面尺寸			基准长度 (节线长度)L_d
	b_p	b	h	
Y	5.3	6	4	200,224,250,280,315, 355,400,450,500
Z	8.5	10	6	400,450,500,560,630, 710,800,900,1 000,1 120, 1 250,1 400,1 600
A	11.0	13	8	630,710,800,900,1 000, 1 120,1 250,1 400,1 600, 1 800,2 000,2 240,2 500, 2 800
B	14.0	17	10.5	900,1 000,1 120,1 250, 1 400,1 600,1 800,2 000; 2 240,2 500,2 800,3 150, 3 550,4 000,4 500,5 000
C	19.0	22	13.5	1 600,1 800,2 000,2 240, 2 500,2 800,3 150,3 550, 4 000,4 500,5 000,5 600, 6 300,7 100,8 000,9 000, 10 000

	截型	截面尺寸			基准长度 （节线长度）L_d
		b_p	b	h	
	D	27.0	32	19	2 800,3 150,3 550,4 000, 4 500,5 000,5 600,6 300, 7 100,8 000,9 000,10 000, 11 200,12 500,14 000
	E	32.0	38	23.5	4 500,5 000,5 600,6 300, 7 100,8 000,9 000,10 000, 11 200,12 500,14 000,16 000

注:1. b_p 是指 V 带中性层的宽度,称为节宽。节宽在带轮轮槽内相应位置的槽宽是带轮的基准宽度 b_d,即 $b_d = b_p$,它不受公差的影响,是带轮与带标准化的基本尺寸。在轮槽基准宽度处的直径是带轮的基准直径 d_d。

2. 基准长度 L_d 是在规定的张紧力下,V 带位于测量带轮基准直径处的周长,它是 V 带的公称长度。

3. 选用时,应标明带的型号及基准长度 L_d。

（三）单根 V 带能传递的功率

由前面的分析可知,带传动主要的失效形式是打滑和带的疲劳损坏。所以带传动设计的主要依据是:在保证不打滑的条件下,应使带有一定的疲劳强度或寿命。由式(8 – 3)和式(8 – 6),可推导出带传动有打滑趋势时所能传递的最大圆周力(即临界值)为

$$F = F_1 - F_2 = F_1\left(1 - \frac{1}{e^{fv^\alpha}}\right)$$

如果超出这一临界值,带与带轮间将产生打滑,致使传动失效。

单根 V 带能传递的功率为

$$P_0 = \frac{Fv}{1\ 000} = F_1\left(1 - \frac{1}{e^{fv^\alpha}}\right)\frac{v}{1\ 000} \quad \text{kW}$$

因 $$F_1 = \sigma_1 A$$

式中 σ_1 为紧边拉应力,A 为带截面的面积。

所以

$$P_0 = \sigma_1 \left(1 - \frac{1}{e^{f v \alpha}}\right) \frac{vA}{1\,000}$$

又将式(8-8)代入,得

$$P_0 = ([\sigma] - \sigma_{b1} - \sigma_c)\left(1 - \frac{1}{e^{f v \alpha}}\right)\frac{vA}{1\,000} \quad \text{kW} \quad (8-11)$$

式中的符号及使用的单位同前。带的许用应力 $[\sigma]$ 与带的基准长度 L_d、带的速度 v 以及传动比 i(考虑带在大、小带轮上弯曲程度的不同)等有关,可由实验确定。根据式(8-11)可求出单根 V 带所能传递的功率。表 8-2a 列出包角 $\alpha = 180°$、载荷平稳、特定基准长度的单根 V 带所能传递的功率 P_0 的数值。由表 8-2a 可知,一定型号的单根 V 带所能传递的功率值,随小带轮直径 d_{d1} 和带速 v 的增大而增加。

表 8-2a　单根普通 V 带的基本额定功率 P_0

(包角 $\alpha = 180°$,特定带长,工作平稳)　　　　kW

带型	小带轮基准直径 d_{d1}/mm	小带轮转速 n_1/(r/min)						
		400	730	800	980	1 200	1 460	2 800
Z	50	0.06	0.09	0.10	0.12	0.14	0.16	0.26
	56	0.06	0.11	0.12	0.14	0.17	0.19	0.33
	63	0.08	0.13	0.15	0.18	0.22	0.25	0.41
	71	0.09	0.17	0.20	0.23	0.27	0.31	0.50
	80	0.14	0.20	0.22	0.26	0.30	0.36	0.56
	90	0.14	0.22	0.24	0.28	0.33	0.37	0.60

带型	小带轮基准直径 d_{d1}/mm	小带轮转速 n_1/(r/min)						
		400	730	800	980	1 200	1 460	2 800
A	75	0.27	0.42	0.45	0.52	0.60	0.68	1.00
	90	0.39	0.63	0.68	0.79	0.93	1.07	1.64
	100	0.47	0.77	0.83	0.97	1.14	1.32	2.05
	112	0.56	0.93	1.00	1.18	1.39	1.62	2.51
	125	0.67	1.11	1.19	1.40	1.66	1.93	2.98
	140	0.78	1.31	1.41	1.66	1.96	2.29	3.48
B	125	0.84	1.34	1.44	1.67	1.93	2.20	2.96
	140	1.05	1.69	1.82	2.13	2.47	2.83	3.85
	160	1.32	2.16	2.32	2.72	3.17	3.64	4.89
	180	1.59	2.61	2.81	3.30	3.85	4.41	5.76
	200	1.85	3.05	3.30	3.86	4.50	5.15	6.43
C	200	2.41	3.80	4.07	4.66	5.29	5.86	5.01
	224	2.99	4.78	5.12	5.89	6.71	7.47	6.08
	250	3.62	5.82	6.23	7.18	8.21	9.06	6.56
	280	4.32	6.99	7.52	8.65	9.81	10.74	6.13
	315	5.14	8.34	8.92	10.23	11.53	12.48	4.16
	400	7.06	11.52	12.10	13.67	15.04	15.51	—

表 8 - 2b 单根普通 V 带额定功率的增量 ΔP_0 kW

带型	小带轮转速 n_1 r/min	传动比 i								
		1.02 ~ 1.04	1.05 ~ 1.08	1.09 ~ 1.12	1.13 ~ 1.18	1.19 ~ 1.24	1.25 ~ 1.34	1.35 ~ 1.51	1.52 ~ 1.99	≥ 2.0
Z	400								0.01	0.01
	730						0.01	0.01	0.01	0.02
	800			0.01	0.01	0.01	0.01	0.01	0.02	0.02
	980			0.01	0.01	0.01	0.01	0.02	0.02	0.02
	1 200		0.01	0.01	0.01	0.01	0.02	0.02	0.02	0.03
	1 460		0.01	0.01	0.01	0.02	0.02	0.02	0.02	0.03
	2 800	0.01	0.02	0.02	0.03	0.03	0.02	0.04	0.04	0.04

带型	小带轮转速 n_1 r/min	传动比 i								
		1.02 ~ 1.04	1.05 ~ 1.08	1.09 ~ 1.12	1.13 ~ 1.18	1.19 ~ 1.24	1.25 ~ 1.34	1.35 ~ 1.51	1.52 ~ 1.99	≥ 2.0
A	400	0.01	0.01	0.02	0.02	0.03	0.03	0.04	0.04	0.05
	730	0.01	0.02	0.03	0.04	0.05	0.06	0.07	0.08	0.09
	800	0.01	0.02	0.03	0.04	0.05	0.06	0.08	0.09	0.10
	980	0.01	0.03	0.04	0.05	0.06	0.07	0.08	0.10	0.11
	1 200	0.02	0.03	0.05	0.07	0.08	0.10	0.11	0.13	0.15
	1 460	0.02	0.04	0.06	0.08	0.09	0.11	0.13	0.15	0.17
	2 800	0.04	0.04	0.11	0.15	0.19	0.23	0.26	0.30	0.34
B	400	0.01	0.03	0.04	0.06	0.07	0.08	0.10	0.11	0.13
	730	0.02	0.05	0.07	0.10	0.12	0.15	0.17	0.20	0.22
	800	0.03	0.06	0.08	0.11	0.14	0.17	0.20	0.23	0.25
	980	0.03	0.07	0.10	0.13	0.17	0.20	0.23	0.26	0.30
	1 200	0.04	0.08	0.13	0.17	0.21	0.25	0.30	0.34	0.38
	1 460	0.05	0.10	0.15	0.20	0.25	0.31	0.36	0.40	0.46
	2 800	0.10	0.20	0.29	0.39	0.49	0.59	0.69	0.79	0.89
C	400	0.04	0.08	0.12	0.16	0.20	0.23	0.27	0.31	0.35
	730	0.07	0.14	0.21	0.27	0.34	0.41	0.48	0.55	0.62
	800	0.08	0.16	0.23	0.31	0.39	0.47	0.55	0.63	0.71
	980	0.09	0.19	0.27	0.37	0.47	0.56	0.65	0.74	0.83
	1 200	0.12	0.24	0.35	0.47	0.59	0.70	0.82	0.94	1.06
	1 460	0.14	0.28	0.42	0.58	0.71	0.85	0.99	1.14	1.27
	2 800	0.27	0.55	0.82	1.10	1.37	1.64	1.92	2.19	2.47

（四）V 带传动的设计步骤及方法

设计带传动时,下列数据通常是已知的:传动的用途、工作条件、传递的功率及主动轮和从动轮的转速等。计算的目的主要是确定 V 带的型号、长度和根数,传动的中心距,带轮的结构和尺寸等。其计算步骤如下:

1. 确定计算功率,选择 V 带的型号

计算功率 P_c 由传递的功率 P,并考虑载荷性质和每天运转的时间来确定,即

$$P_c = K_A P \ \text{kW} \tag{8-12}$$

式中 P 为传递的名义功率(kW);K_A 为工况系数,见表 8-3。

表 8-3 工况系数 K_A

工 况		原 动 机					
		空、轻载启动			重载启动		
		每天工作小时数/h					
		<10	10~16	>16	<10	10~16	>16
载荷变动最小	液体搅拌机、通风机和鼓风机(≤7.5 kW)、离心式水泵和压缩机、轻负荷输送机	1.0	1.1	1.2	1.1	1.2	1.3
载荷变动小	带式输送机(不均匀负荷)、通风机(>7.5 kW)、旋转式水泵和压缩机(非离心式)、发电机、金属切削机床、印刷机、旋转筛、锯木机和木工机械	1.1	1.2	1.3	1.2	1.3	1.4

工　　况		原　动　机					
		空、轻载启动			重载启动		
		每天工作小时数/h					
		< 10	10 ~ 16	> 16	< 10	10 ~ 16	> 16
载荷变动较大	制砖机、斗式提升机、往复式水泵和压缩机、起重机、磨粉机、冲剪机床、橡胶机械、振动筛、纺织机械、重载输送机	1.2	1.3	1.4	1.4	1.5	1.6
载荷变动很大	破碎机(旋转式、颚式等)、磨碎机(球磨、棒磨、管磨)	1.3	1.4	1.5	1.5	1.6	1.8

注:1. 空、轻载启动——电动机(交流启动、三角启动、直流并励)、四缸以上的内燃机、装有离心式离合器、液力联轴器的动力机。

2. 重载启动——电动机(联机交流启动、直流复励或串励)、四缸以下的内燃机。

3. 反复启动,正反转频繁,工作条件恶劣等场合,K_A 按表值再乘以 1.1。

根据计算功率 P_c 和小带轮转速 n_1(r/min),由图 8 - 10 选取 V 带的型号。

2. 确定带轮的基准直径 d_{d1} 和 d_{d2}

带轮的基准直径是指 V 带横截面中性层所在处的直径。小带轮的基准直径 d_{d1} 可按表 8 - 4 选取,如对外廓尺寸无特殊要求时,应取较大的值,以减低带的弯曲应力,一般不应小于表中的最小基准直径 $d_{d\ min}$。

如不计及带在带轮上的滑动,则大带轮的计算直径为

$$d_{d2} = \frac{n_1}{n_2} d_{d1}$$

算出 d_{d2} 的数值后,可按表 8 - 4 圆整。

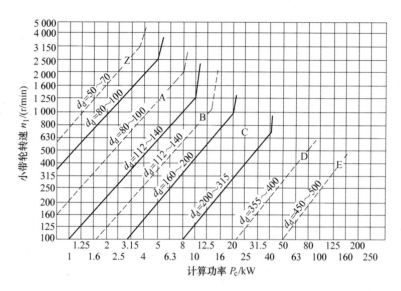

图 8 - 10

表 8 - 4　V 带轮最小基准直径及基准直径系列　　　　mm

型号	Y	Z	A	B	C	D	E
$d_{d\ min}$	20	50	75	125	200	355	500

基准直径 d_d 系列

20,22.4,25,28,31.5,35.5,40,45,50,56,63,71,75,80,85,90,95,100,

106,112,118,125,132,140,150,160,170,180,200,212,224,236,250,265,

280,315,355,375,400,425,450,475,500,530,560,630,710,800,900,

1 000,1 120,1 250,1 600,2 000,2 500

3. 验算带速

$$v = \frac{\pi d_{d1} n_1}{60 \times 1\ 000} \quad \text{m/s}$$

一般应使 $v = 5 \sim 25$ m/s 为宜,不能满足时,可改选 d_{d1}。

若考虑到弹性滑动的影响,从动轮的实际转速为

$$n_2 = (1 - \varepsilon) n_1 \frac{d_{d1}}{d_{d2}}$$

式中 ε 为滑动率,$\varepsilon = 0.01 \sim 0.02$。

4. 计算传动的中心距 a 和带的基准长度

V 带传动中,中心距的极限值为

$$a_{\min} = \frac{1}{2}(d_{d1} + d_{d2}) + 3h$$

$$a_{\max} = 2(d_{d1} + d_{d2})$$

式中 h 为 V 带横截面高度,见表 8 - 1。

设计计算时,如果中心距未给出,可初取 $a_0 = (1 \sim 1.5) d_{d2}$。$a_0$ 确定后,按式(8 - 2)初步计算带的基准长度 L_0,根据 L_0 的计算值按表 8 - 1 选取与 L_0 值相近的基准长度 L_d 值,然后,根据 L_d 值按下式求出实际的中心距

$$a = \frac{1}{8}\left[H + \sqrt{H^2 - 8(d_{d2} - d_{d1})^2} \right] \tag{8 - 13}$$

式中

$$H = 2L_d - \pi(d_{d2} + d_{d1})$$

当带传动的中心距设计成可以调整时,中心距可按下式近似计算

$$a \approx a_0 + \frac{L_d - L_0}{2} \tag{8 - 14}$$

5. 验算小轮的包角 α_1

按式(8 - 1)求出的 α_1 值一般不应小于 120°(极限值为 90°)。

6. 确定 V 带的根数 z

$$z \geqslant \frac{P_c}{(P_0 + \Delta P_0) K_\alpha K_L} \tag{8 - 15}$$

式中 P_0 的意义同前,查表 8 - 2a;ΔP_0 是考虑带轮直径 d_{d1} 和 d_{d2} 不同时,单根 V 带所能传递功率的增量。因 P_0 是按 $\alpha_1 = \alpha_2 = 180°$,即 $d_{d1} = d_{d2}$ 条件得到的,这时,带绕过主动轮和从动轮时所产生的弯曲变形是相同的,故弯曲应力亦相同,即 $\sigma_{b1} = \sigma_{b2}$。如传动比 $i > 1$,则 $d_{d2} > d_{d1}$,这时带绕过从动轮 d_{d2} 时的弯曲变形比绕过主动轮 d_{d1} 时的弯曲变形小,故弯曲应力 σ_{b2} 亦小,即 $\sigma_{b2} < \sigma_{b1}$。弯曲应

力 σ_{b2} 小,可减缓带的疲劳,延长带的寿命。若规定 $i=1$ 与 $i>1$ 时带具有相同的寿命,那么,$i>1$ 时带传动可以传递更大的功率,于是引入了功率增量 ΔP_0,ΔP_0 可由表 8-2b 查得。

K_α 是包角系数,考虑小轮上的包角 α_1 减小时对传动能力的影响,查表 8-5。

表 8-5　包角系数 K_α

$\alpha°$	180	170	160	150	140	130	120	110	100	90
K_α	1.00	0.98	0.95	0.92	0.89	0.86	0.82	0.78	0.73	0.68

K_L 是长度系数,查表 8-6,考虑实际带长与特定带长不同时,对 V 带寿命的影响。当实际带长大于特定带长时,单位时间内的应力循环次数将减少,故寿命可提高。若从与特定带长等寿命出发,则可以增大单根 V 带传递的功率,故 $K_L>1$;反之 $K_L<1$。

7. 计算作用在轴上的力

为了设计轴和轴承,必须计算出作用在轴上的力。作用在轴上的力 F_Σ 可近似地由下式求出(图 8-11)

$$F_\Sigma = 2zF_0\cos\frac{\beta}{2} - 2zF_0\cos\left(\frac{\pi}{2} - \frac{\alpha_1}{2}\right)$$

$$= 2zF_0\sin\frac{\alpha_1}{2} \text{ N} \qquad (8-16)$$

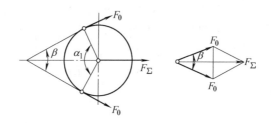

图 8-11

式中 z 为 V 带的根数;F_0 为单根 V 带的张紧力(N),其计算公式见式(8-17);α_1 为小带轮上的包角。

表 8 - 6 V 带长度系数 K_L

基准长度 L_d/mm	K_L			
	Z	A	B	C
400	0.79			
450	0.80			
500	0.81			
560	0.82			
630	0.84	0.81		
710	0.86	0.83		
800	0.90	0.85		
900	0.92	0.87	0.82	
1 000	0.94	0.89	0.84	
1 120	0.95	0.91	0.86	
1 250	0.98	0.93	0.88	
1 400	1.01	0.96	0.90	
1 600	1.04	0.99	0.92	0.83
1 800	1.06	1.01	0.95	0.86
2 000	1.08	1.03	0.98	0.88
2 240	1.10	1.06	1.00	0.91
2 500	1.30	1.09	1.03	0.93
2 800		1.11	1.05	0.95
3 150		1.13	1.07	0.97
3 550		1.15	1.09	0.99
4 000		1.17	1.13	1.02
4 500			1.15	1.04
5 000			1.17	1.07

§8-7 V带轮的结构

V带轮常用灰铸铁制造,一般用 HT150 或 HT200。轮槽的工作表面应光洁,以减轻带的磨损。带轮由轮缘、轮辐或腹板、轮毂三部分组成。V带轮可分为实心轮、腹板轮和椭圆辐轮三种,其典型结构见图 8-12。

（1）实心轮（图 8-12a） 直径较小时采用。

（2）腹板轮（图 8-12b） 中等直径的带轮采用。直径较大的腹板轮,为了便于搬运、安装和减轻重量,可以在腹板上开孔（图 8-12c）。

（3）椭圆辐轮（图 8-12d） 大直径带轮都采用这种结构。

带轮的结构设计,主要是根据带轮的基准直径选择带轮的结构型式;根据带的截型确定轮槽的尺寸（表 8-7）,因为标准 40° 夹角的 V 带随带轮弯曲后,夹角将变小,所以带轮轮槽角 φ_0 也相应的变小,以保证接触良好。带轮的其他结构尺寸可参照图 8-12 所列的经验公式确定。

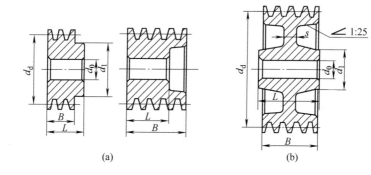

(a)   (b)

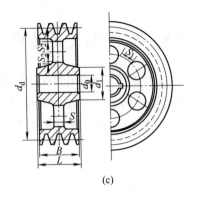

(c)

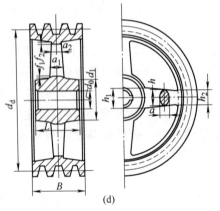

(d)

$$d_1 = (1.8 \sim 2) d_0, \ L = (1.5 \sim 2) d_0, \ h_2 = 0.8 h_1,$$

$$S = (0.2 \sim 0.3) B, \ a_1 = 0.4 h_1, \ a_2 = 0.8 a_1,$$

$$S_1 \geqslant 1.5S, \ S_2 \geqslant 0.5S, \ f_1 = 0.2 h_1, \ f_2 = 0.2 h_2,$$

$$h_1 = 290 \sqrt[3]{\frac{P}{nA}} \ \text{mm},$$

P——传递的功率,kW;

n——带轮转速,r/min;

A——轮辐数

图 8-12

表 8-7 普通 V 带轮轮槽尺寸

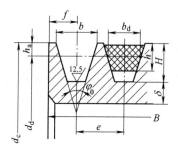

mm

槽型		Y	Z	A	B	C	D	E
b_d		5.3	8.5	11.0	14.0	19.0	27.0	32.0
$h_{a\,min}$		1.6	2.0	2.75	3.5	4.8	8.1	9.6
H		6.3	9.5	12	15	20	28	33
f		7	8	10	12.5	17	23	29
e		8	12	15	19	25.5	37	44.5
δ_{min}		5	5.5	6	7.5	10	12	15
B		$B = (z-1)e + 2f$ z——轮槽数						
d_e		$d_e = d_d + 2h_a$						
φ_0	32°	相应的 基准直径 d_d	≤60						
	34°			≤80	≤118	≤190	≤315		
	36°		>60					≤475	≤600
	38°			>80	>118	>190	>315	>475	>600

注:1. 槽角 φ_0 的偏差:对 Y、Z、A、B 型为 ±1°;对 C、D、E 型为 ±30′;

2. 轮槽工作表面粗糙度为 $\frac{3.2}{}$ 。

§8-8 张紧力、张紧装置和带传动的维护

(一) 张紧力

由带传动的工作原理可知,要保证传动正常工作,必须把带张紧。由于张紧,在带上产生了张紧力。张紧力不足,将使传动能力下降,甚至发生打滑;张紧力过大,虽然能提高传动能力,但将使带的寿命下降,并使作用在轴和轴承上的力增大。所以必须在保证带有足够寿命和传递某一特定功率时不发生打滑的条件下确定适当的张紧力。

张紧力 F_0 可按下式确定

$$F_0 = \frac{500P_c}{zv}\left(\frac{2.5}{K_\alpha} - 1\right) + qv^2 \text{ N} \qquad (8-17)$$

式中 P_c 为计算功率(kW); z 为 V 带根数; v 为带速(m/s); K_α 为包角系数,见表 8-5; q 值查表 8-8。

表 8-8 V带每米长的质量 kg/m

型号	Y	Z	A	B	C	D	E
q	0.02	0.06	0.10	0.17	0.30	0.62	0.90

(二) 张紧装置

带使用一段时间后会由于塑性变形而松弛,使带的张紧力降低,所以应设法重新把带张紧。常见的张紧装置有下面几种型式:

1. 调节两轴中心距的张紧装置

图 8-13 是把电动机装在滑轨上,用螺钉调整中心距。图 8-14是把电动机装在可以摆动的托板上,利用电动机的自重和调整螺钉调整带的拉力。

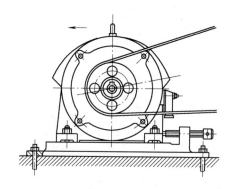

图 8 - 13

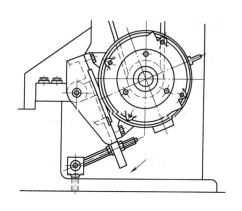

图 8 - 14

2. 具有张紧轮的装置(图 8 - 15)

　　所谓张紧轮是指装在杠杆一端能绕小轴 O_3 空转的小轮。在装在杠杆另一端的重物 G 或弹簧的作用下,使张紧轮压在带的一边上。通常张紧轮装在松边外侧靠近小带轮处。由于增加了小轮上的包角,因此在中心距小及传动比大的情况下,采用张紧轮可提高传动能力。这种装置的缺点是:带受到变向的弯曲,使带的寿命缩短;传动不能逆转;设备费较高等。

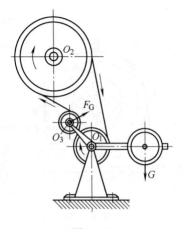

图 8 – 15

（三）带传动的维护

1. 安装时,两轴必须平行,两个带轮的轮槽必须对准,否则会加速带的磨损,甚至使带自带轮上脱下带。

2. 带传动一般应加防护罩,以保证安全。

3. 在更换 V 带时,同一带轮上的带必须同时更换,不能新旧带并用,以免长短不一而受力不均。

4. 胶带不宜与酸、碱或油等物质接触;工作温度不应超过60℃。

*§8 – 9 同步带传动简介

同步带的结构是以细钢丝或涤纶绳为强力层,外面以聚氨酯或氯丁橡胶等材料包覆,并制成齿形(图 8 – 16)。带轮的轮缘也制成相应的齿形,所以同步带传动是靠挠性带上的齿与轮缘上的齿相啮合进行传动的。

同步带的优点是:无滑动,能保证正确的传动比;张紧力小,所以轴上受到的力也小;带的厚度小,单位长度的质量小,所以允许

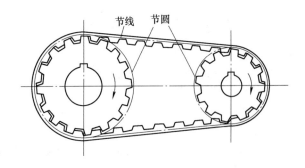

节线　节圆

图 8 – 16

在较高的速度下工作;同时由于带的柔性较好,带轮的直径可以较小,因而结构紧凑。其缺点是制造安装的要求较高。

同步带传动的设计计算以及同步带的规格等可参阅有关资料。

例题一　设计一带式输送机的 V 带传动。电动机为 Y132M – 4 型,额定功率 $P = 7.5$ kW,满载转速 $n_1 = 1\,440$ r/min,从动轴转速 $n_2 = 610$ r/min,单班工作。

解　1. 计算功率 P_c

由表 8 – 3 查得 $K_A = 1.1$,故

$$P_c = K_A P = 1.1 \times 7.5 \text{ kW} = 8.25 \text{ kW}$$

2. 选取 V 带型号

根据 $P_c = 8.25$ kW 和小带轮转速 $n_1 = 1\,440$ r/min,由图 8 – 10 可知,工作点处于 A、B 型相邻区之间,可取 A 型和 B 型分别计算,最后择优选用。本例为减少带的根数,现取 B 型带。

3. 小轮基准直径 d_{d1} 和大轮基准直径 d_{d2}

希望结构紧凑,由表 8 – 4 并参考表 8 – 2a,取 $d_{d1} = 140$ mm,选取 $\varepsilon = 0.01$,则大轮的基准直径

$$d_{d2} = \frac{n_1}{n_2} d_{d1}(1 - \varepsilon) = \frac{1\,440}{610} \times 140 \times (1 - 0.01) \text{ mm} \approx 327 \text{ mm}$$

由表 8 – 4 取 $d_{d2} = 315$ mm。此时从动轮实际转速

$$n_2 = \frac{1\,440 \times 140 \times 0.99}{315} \text{ r/min} = 633.6 \text{ r/min}$$

转速误差 $\dfrac{633.6 - 610}{610} = 3.8\% < 5\%$,合适

4. 验算带速

$$v = \frac{\pi n_1 d_{d1}}{60 \times 1\ 000} = \frac{\pi \times 1\ 440 \times 140}{60 \times 1\ 000} \text{ m/s} = 10.5 \text{ m/s} < 25 \text{ m/s} , \text{合适}$$

5. 初定中心距 a_0

因 $a_{max} = 2(d_{d1} + d_{d2}) = 2 \times (140 + 315) \text{ mm} = 910 \text{ mm}$

$$a_{min} = \frac{1}{2}(d_{d1} + d_{d2}) + 3h = \left[\frac{1}{2} \times (140 + 315) + 3 \times 10.5 \right] \text{ mm}$$

$$= 259 \text{ mm}$$

现根据结构要求,取 $a_0 = 400 \text{ mm}$。

6. 初算带的基准长度 L_0

$$L_0 = 2a_0 + \frac{\pi}{2}(d_{d2} + d_{d1}) + \frac{(d_{d2} - d_{d1})^2}{4a_0}$$

$$= \left[2 \times 400 + \frac{\pi}{2} \times (315 + 140) + \frac{(315 - 140)^2}{4 \times 400} \right] \text{ mm}$$

$$= 1\ 533.8 \text{ mm}$$

由表 8 – 1,选取带的基准长度 $L_d = 1\ 600 \text{ mm}$。

7. 实际中心距

中心距 a 可调整,则

$$a \approx a_0 + \frac{L_d - L_0}{2} = \left[400 + \frac{1\ 600 - 1\ 533.8}{2} \right] \text{ mm} = 433 \text{ mm}$$

8. 小带轮包角

$$\alpha_1 = 180° - \frac{d_{d2} - d_{d1}}{a} \times 57.3°$$

$$= 180° - \frac{315 - 140}{433} \times 57.3°$$

$$= 156.8° > 120° , \text{能满足要求。}$$

9. 单根 V 带所能传递的功率

根据 $n_1 = 1\ 440 \text{ r/min}$ 和 $d_{d1} = 140 \text{ mm}$ 查表 8 – 2a,用插值法求得 $P_0 = 2.80 \text{ kW}$。

10. 单根 V 带传递功率的增量 ΔP_0

已知 B 型 V 带,小带轮转速 $n_1 = 1\ 440 \text{ r/min}$,传动比

$$i = \frac{n_1}{n_2} = \frac{d_{d2}}{d_{d1}} = \frac{315}{140} = 2.25$$

查表 8 - 2b 得 : $\Delta P_0 = 0.44$ kW。

11. 计算 V 带的根数

$$z \geqslant \frac{P_c}{(P_0 + \Delta P_0)K_\alpha K_L}$$

由表 8 - 5 查得 $K_\alpha = 0.94$; 由表 8 - 6 查得 $K_L = 0.92$, 故

$$z = \frac{8.25}{(2.80 + 0.44) \times 0.94 \times 0.92} = 2.94$$

取 $z = 3$ 根。所采用的 V 带为 B - 1 600 × 3。

12. 作用在带轮轴上的力

由式 (8 - 17) 求单根 V 带的张紧力

$$F_0 = \frac{500 P_c}{zv}\left(\frac{2.5}{K_\alpha} - 1\right) + qv^2 \text{ N}$$

查表 8 - 8 得 $q = 0.17$ kg/m , 故

$$F_0 = \left[\frac{500 \times 8.25}{3 \times 10.5} \times \left(\frac{2.5}{0.94} - 1\right) + 0.17 \times 10.5^2\right] \text{N} = 236 \text{ N}$$

所以作用在轴上的力为

$$F_\Sigma = 2zF_0 \sin\frac{\alpha_1}{2} = 2 \times 3 \times 236 \times \sin\frac{156.8°}{2} \text{ N} = 1\ 387 \text{ N}$$

13. 带轮结构设计 (略)。

§8 - 10　链传动的特点

如图 8 - 17 所示 , 链传动是由具有特殊齿廓的主动链轮、从动链轮和一条闭合的链条所组成。这种传动是以链条作中间挠性件 , 靠链节与链轮轮齿连续不断地啮合来传递功率的 , 因此它是啮合传动。

链传动的优点是 : 可用于两轴中心距较大的传动 ($a_{max} = 8$ m) ; 传动效率较高 , 可达 0.98 ; 与带传动比较 , 它的传动比 (指每一转中的平均值) 能保持不变 ; 作用在轴上的压力 F_Σ 比带传动小 , $F_\Sigma = (1.2 \sim 1.3)F$ (F 为有效圆周力) ; 结构紧凑。其缺点是 : 瞬时

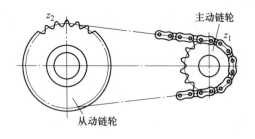

图 8 – 17

传动比不恒定,传动平稳性较差;无过载保护作用;安装精度要求较高等。

链传动可用在要求传动比准确,而两轴又相距较远,不宜采用齿轮的地方,或者有油不宜使用带传动的地方。链传动还可以用于恶劣的工作条件下,例如温度变化很大或有灰尘的地方。目前链传动已广泛用于各种机器中,例如农业机械、矿山机械、机床、起重运输机械以及摩托车等。

通常,链传动的传动比 $i \leqslant 6$;传递功率 $P \leqslant 100\ \mathrm{kW}$;链条速度 $v \leqslant 15\ \mathrm{m/s}$,在高速链传动中可达 $20 \sim 40\ \mathrm{m/s}$。

§8 – 11 链 和 链 轮

(一) 链的种类和结构

传动链可分为滚子链和齿形链两种。

1. 滚子链

即套筒滚子链,如图 8 – 18 所示。它是由内链板 1、套筒 2、销轴 3、外链板 4 和滚子 5 所构成。内链板与套筒、外链板与销轴均为过盈配合,而套筒与销轴为间隙配合,这样就构成一个铰链,以便内链板和外链板能作相对的转动。滚子是自由地套在套筒上的,工作时滚子沿链轮轮齿滚动,由于装有滚子就可以减少链轮轮齿的磨损。链板大多做成"8"字形,这样可使链板中部截面与有孔部分的截面具有相等的抗拉强度,同时也减轻了链条的重量。

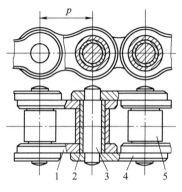

图 8 – 18

相邻两滚子外圆中心之间的距离称为节距 p,它是链条的基本特性参数。

链条的磨损发生在销轴和套筒的接触表面,因此销轴与套筒间以及内、外链板之间必须留有少许间隙,以便润滑油能渗入铰链内部。

当传递较大的动力时,可采用多排链,最常用的是双排链(图8 – 19)或三排链。

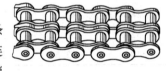

当链条的链节数为偶数时,链条的两端正好是外链板与内链板相连接,再用弹簧夹(图8 – 20a)或开口销(图8 – 20b)锁住活动的销轴。当链

图 8 – 19

条的链节数为奇数时,应采用图8 – 20c 所示的过渡链节。过渡链节的强度较差,应尽量避免采用。

滚子链已标准化,其基本参数见表8 – 9。将表中的链号数乘

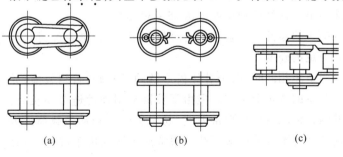

(a)   (b)   (c)

图 8 – 20

以 $\dfrac{25.4}{16}$ mm 即为链条的节距值。链号中后缀 A 表示 A 系列,与滚子链国际标准 A 系列等效,供设计和出口用。

表 8 – 9　短节距精密滚子链基本参数和尺寸

链号	节距 p/mm	滚子外径 $d_{r\,max}$/mm	极限拉伸载 荷 Q_{min}/N	单排每米质量 $q/(\,kg/m)\approx$
08A	12.70	7.95	13 800	0.60
10A	15.875	10.16	21 800	1.00
12A	19.05	11.91	31 100	1.50
16A	25.40	15.88	55 600	2.60
20A	31.75	19.05	86 700	3.80
24A	38.10	22.23	124 600	5.60
28A	44.45	25.40	169 000	7.50
32A	50.80	28.58	222 400	10.00
40A	63.50	39.68	347 000	16.00

注:过渡链节的极限拉伸载荷按 0.8Q 计算。

2. 齿形链

齿形链由许多以铰链连接起来的齿形链板所构成(图 8 – 21)。齿形链板的两侧为直线,其夹角一般为 60°。工作时,链板的齿形部分与链轮轮齿互相啮合,传动较平稳,噪声很小,故又称为无声链。这种链的速度可达 25 ~ 30 m/s。

链条的零件由碳素钢或合金钢制成,通常都要经过热处理以达到一定的硬度。

当节距相同时,滚子链比齿形链的重量轻,价格较廉,并可在齿数较少的链轮上工作。但由于铰链磨损而使链节伸长时,滚子链的啮合情况就比齿形链差些,易引起噪声和冲击载荷。因此在高速传动时不宜采用滚子链。通常滚子链仅用于链速 $v \leqslant 15$ m/s 时。

目前,滚子链应用较广。本节只讨论滚子链传动。

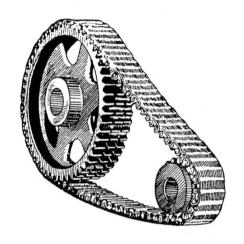

图 8 – 21

（二）链轮

链轮的齿形应保证在链条与链轮良好啮合的情况下,使链条铰链能自由地进入和退出啮合。对于滚子链,标准规定的端面齿形如图 8 – 22 所示。

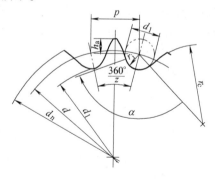

图 8 – 22

轴面齿形如图 8 – 23 所示,图 8 – 23a 用于单排链,图 8 – 23b 用于多排链。轮齿各部分尺寸和齿廓的绘制可按照标准来进行。

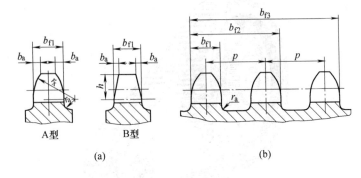

A型 B型

(a)   (b)

图 8 - 23

链轮上能被链条节距 p 等分的圆称为链轮的分度圆。由图 8 -22 可知,链轮的分度圆直径

$$d = \frac{p}{\sin\dfrac{180°}{z}} \text{ mm} \qquad (8 - 18)$$

式中 p 为链条的节距(mm);z 为链轮的齿数。

链轮的齿形一般用标准刀具加工,因此在链轮工作图中不必画出,但应注明链节距 p、齿数 z、分度圆直径 d 以及顶圆直径 d_a。

链轮的结构和齿轮很相似,但也有区别,其区别在于:齿廓不同,齿宽通常要比齿轮的小些。直径小的链轮可与轴制成一体;直径较大的链轮可有多种不同的结构型式,也可做成齿圈能更换的结构(图 8 - 24)。

常用的链轮材料为:15、20 钢,渗碳淬火,齿面硬度 50 ~ 60 HRC($z \leqslant 25$,有冲击载荷的主、从动链轮);45、50、ZG310 - 570 钢,表面淬火,40 ~ 45 HRC(无剧烈冲击的主、从动链轮);35 钢,160 ~ 200 HBS($z > 25$ 的主、从动链轮);Q235、Q275 钢,140 HBS(中速、中等功率、较大的链轮)。对于重要的链轮可采用合金钢 15Cr、20Cr、40Cr 及 35CrMo 等。当传递功率 $P < 6$ kW,速度较高且要求传动平稳、噪声小时,可采用夹布胶木等。

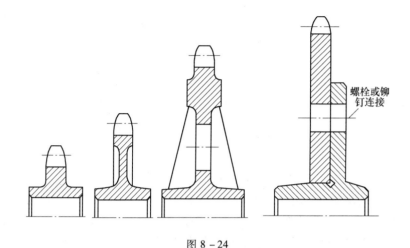

图 8 - 24

螺栓或铆钉连接

§8-12 链传动的主要参数及其选择

1. 链条速度 v

设 p 为链条节距(mm)，z、n 各为链轮的齿数和转速，则链条的平均速度

$$v = \frac{z_1 p n_1}{60 \times 1\,000} = \frac{z_2 p n_2}{60 \times 1\,000} \quad \text{m/s} \qquad (8-19)$$

链条的速度愈大，链条与链轮间的冲击也愈大，使传动不平稳，加速了链条和链轮的失效。一般要求链速 $v \le 15$ m/s。

2. 传动比 i

$$i = \frac{n_1}{n_2} = \frac{z_2}{z_1} \qquad (8-20)$$

上式所求出的传动比是每一转中的平均值。实际上链传动的传动比是不断变化的。因为各个链节是以折线形式绕在链轮上的（图 8-25），即使主动轮以等角速度 ω_1 回转时，链条速度 v 以及从动轮的角速度 ω_2 也将是变化的。链轮的齿数愈少（折线的边数

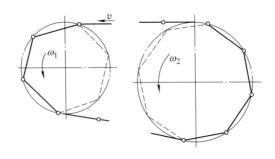

图 8 - 25

愈少),从动轮的转速愈不均匀。这种不均匀性对传动的工作性能有着不良的影响,它能使链条受到附加的动载荷。

通常,链传动的传动比 $i \leqslant 6$,推荐采用 $i = 2 \sim 3.5$,低速时可达10。

3. 链轮的齿数 z

小链轮的齿数 z_1 愈少,传动的工作情况愈差。在一般情况下,小链轮齿数可根据链速按表 8 - 10 选取。当必须采用较少的齿数时,也不应小于 $z_{min} = 9$。由于链条的链节数一般用偶数,故小链轮齿数选用奇数,这样可使磨损较为均匀。

表 8 - 10   小链轮齿数

链速 $v/(\text{m/s})$	$0.6 \sim 3$	$>3 \sim 8$	>8
小链轮齿数 z_1	$\geqslant 17$	$\geqslant 19$	$\geqslant 23$

大链轮的齿数 $z_2 = iz_1$,但不应大于 $z_{max} = 120$。

4. 链节距 p

链节距是链传动最主要的参数。节距愈大,承载能力愈高,但传动的尺寸、速度不均匀性、附加动载荷、冲击和噪声亦增大。因此,设计链传动时,应在满足传递功率的前提下,尽量选取较小的节距。允许采用的节距,可按图 8 - 26 确定。

5. 中心距 a 和链条长度 L

链传动中心距过小,则小轮上的包角也小,同时受力的轮齿也过少,当链轮转速不变时,单位时间内同一链节循环工作次数增多,从而加速了链条的失效。反之,如中心距过大,由于链条重量而产生的垂度也增大,将使传动的工作情况变坏。在正常工作条件下,宜取中心距 $a = (30 \sim 50) p$。

链条长度 L 的计算公式可仿照开口带传动的带长度公式导出。由

$$L = 2a + \frac{\pi}{2}(d_2 + d_1) + \frac{(d_2 - d_1)^2}{4a}$$

将 πd_1 和 πd_2 分别代以 $z_1 p$ 和 $z_2 p$,则得

$$L = 2a + \frac{p}{2}(z_2 + z_1) + \frac{p^2}{a}\left(\frac{z_2 - z_1}{2\pi}\right)^2$$

链条长度常以链节数表示。将上式除以节距 p,即得出以链节数目表示的链条长度 L_p,即

$$L_p = 2\frac{a}{p} + \frac{z_2 + z_1}{2} + \frac{p}{a}\left(\frac{z_2 - z_1}{2\pi}\right)^2 \qquad (8-21)$$

算出的 L_p 应圆整为整数,而且最好取偶数,以避免采用过渡链节。

§8-13　链传动的计算

链传动的计算通常是根据已知条件,由规范中选择合适的链条和链轮尺寸,然后进行验算。

在链传动中,如果能按照推荐的润滑方式进行润滑,当速度较低时,多由于链板的疲劳断裂而失效;当速度较高时,则由于滚子、套筒的冲击疲劳破坏而失效;当速度更高时,则由于销轴和套筒的胶合而失效。通过实验,可以得出每种失效形式的极限功率曲线。由这些极限功率曲线围成的封闭区表示一定条件下链传动允许传递功率的范围。图 8-26 列出了不同链号链条的额定功率曲线。制定额定功率曲线的条件是:两链轮轴线水平布置,两链轮处于同

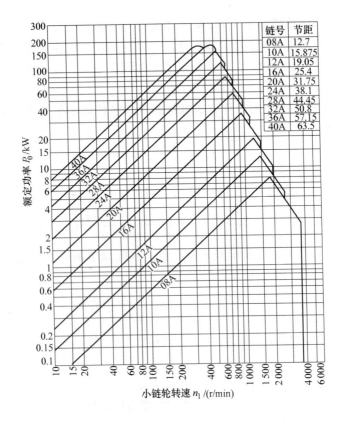

链号	节距
08A	12.7
10A	15.875
12A	19.05
16A	25.4
20A	31.75
24A	38.1
28A	44.45
32A	50.8
36A	57.15
40A	63.5

图 8 - 26

一平面;小链轮齿数 $z_1 = 19$;链长 $L_p = 100p$;载荷平稳;按推荐的润滑方式润滑;工作寿命为 15 000 h;链条因磨损引起的相对伸长量不超过 3%。当链传动的工作条件与上述条件不同时,应加以修正。

链传动的润滑方式应按节距 p 及链速 v 选用。对于给定节距 p 的链条,不同润滑方式允许的链速见表 8 - 11。当不能按表 8 - 11 推荐的润滑方式润滑时,链传动的额定功率及寿命将显著减小,磨损加剧。

根据链传动的工作条件,经修正后,链条所需的额定功率为

$$P_0 \geqslant \frac{K_A P}{K_z K_m} \text{ kW} \qquad (8-22)$$

式中　P——传递的功率,kW;

　　　K_A——工作情况系数,其值按表 8-12 选取;

　　　K_z——小链轮齿数系数,当链传动的工作区在额定功率曲线
　　　　　　顶点的左侧时(链板疲劳),其值可查表 8-13 的 K_z;
　　　　　　当工作区在额定功率曲线顶点的右侧时(滚子套筒
　　　　　　冲击疲劳),其值可查表 8-13 的 K_z';

　　　K_m——排数系数,其值可查表 8-14。

表 8-11　不同润滑方式允许的链速v　　　　　　　　m/s

链号	节距 p /mm	润滑方式			
		人工定期润滑	滴油润滑	油浴或飞溅润滑	压力喷油润滑
08A	12.7	<0.68	0.68~4	>4.0~8.4	>8.4
10A	15.875	<0.6	0.60~3.2	>3.2~7.4	>7.4
12A	19.05	<0.54	0.54~2.7	>2.7~6.6	>6.6
16A	25.4	<0.46	0.46~2	>2.0~5.6	>5.6
20A	31.75	<0.41	0.41~1.7	>1.7~5	>5
24A	38.1	<0.38	0.38~1.5	>1.5~4.5	>4.5
28A	44.45	<0.33	0.33~1.2	>1.2~4.1	>4.1
32A	50.8	<0.31	0.31~1.1	>1.1~3.8	>3.8
36A	57.15	<0.3	0.30~0.95	>0.95~3.6	>3.6
40A	63.5	<0.28	0.28~0.85	>0.85~3.4	>3.4

表 8-12　工作情况系数 K_A

载荷种类	工作机械举例	原动机	
		电动机或汽轮机	内燃机
载荷平稳	离心泵、离心式鼓风机、纺织机械、负载变动少的带式运输机、链式运输机	1.0	1.2

载荷种类	工作机械举例	原动机	
		电动机或汽轮机	内燃机
中等冲击	一般机床、压气机、一般土建机械、粉碎机、一般制纸机械	1.3	1.4
较大冲击	压力机、碎矿机、振动机械、石油钻探机、橡胶搅拌机	1.5	1.7

表 8 – 13　齿数系数 K_z

z_1	9	11	13	15	17	19	21	23	25	27
K_z	0.446	0.554	0.664	0.775	0.887	1.00	1.11	1.23	1.34	1.46
K_z'	0.326	0.441	0.566	0.701	0.843	1.00	1.16	1.33	1.51	1.69

表 8 – 14　排数系数 K_m

排数	1	2	3	4	5	6
K_m	1.0	1.7	2.5	3.3	4.0	4.6

已知传动所需的额定功率 P_0 和小链轮的转速 n_1，就可按图 8 – 26 选用合适的链条节距；如果已知链条的节距 p 和小链轮的转速 n_1，则可按图 8 – 26 查出链的额定功率 P_0，再由式（8 – 22）即可确定链条所能传递的功率 P。

例题二　已知一单排滚子链传动，小链轮齿数 $z_1 = 17$；转速 $n_1 = 1\,200$ r/min，链条长度 $L_p = 100$ 节，传递功率 $P = 3.7$ kW，原动机为电动机，工作机械是压缩机，润滑良好，试选择链条的节距并确定传动的润滑方式。

解　由式（8 – 22）确定链条所需的额定功率

查表 8 – 12 工作情况系数 $K_A = 1.3$，表 8 – 13 齿数系数 $K_z = 0.887$，表 8 – 14，排数系数 $K_m = 1$，则

$$P_0 \geqslant \frac{K_A P}{K_z K_m} = \frac{1.3 \times 3.7}{0.887 \times 1} \text{ kW} = 5.42 \text{ kW}$$

当 $n_1 = 1\,200$ r/min、$P_0 = 5.42$ kW 时,从图 8-26 可选用 08A 号链条,节距 $p = 12.7$ mm。当 $n_1 = 1\,200$ r/min 时,08A 链条的额定功率 $P_0 \approx 5.5$ kW,故链条的预期寿命约为 15 000 h。

按式(8-19)计算链条速度

$$v = \frac{z_1 p n_1}{60\,000} = \frac{17 \times 12.7 \times 1\,200}{60\,000} \text{ m/s} = 4.32 \text{ m/s}$$

从表 8-11 可知,该链传动应采用油浴或飞溅润滑。

如果链条长度 $L_p > 100$ 节时,链条的预期寿命将大于 15 000 h;反之,预期寿命将小于 15 000 h。此外,当链长 L_p 一定而且 z_1 及 n_1 不变时,链节的循环次数与传动比 i 无关,因此在链条的疲劳计算中不予考虑。

对于链速 $v < 0.6$ m/s 的低速链传动,可按静强度进行计算而不用功率曲线,以便设计出更经济的链传动。

链条静强度安全系数的计算式为

$$S = \frac{Q_{\min}}{K_A F} \geqslant [S] \qquad (8-23)$$

式中　$Q_{\min}$——链条的极限拉伸载荷,N(表 8-9);

　　　K_A——工作情况系数(表 8-12);

　　　F——有效圆周力,$F = \dfrac{1\,000 P}{v}$ N;

　　　$[S]$——许用安全系数,一般情况下,$[S] \geqslant 4 \sim 8$,平均取 $[S] = 6$。

例题三　设计一螺旋输送机用的滚子链传动。已知电动机的转速 $n_1 = 720$ r/min,功率 $P = 7$ kW,螺旋输送机的转速 $n_2 = 240$ r/min,载荷平稳。

解　1. 确定链轮齿数

假定链速 $v = 3 \sim 8$ m/s,由表 8-10 取小链轮齿数 $z_1 = 21$。因 $i = \dfrac{n_1}{n_2} = \dfrac{720}{240} = 3$,故大链轮齿数 $z_2 = i z_1 = 3 \times 21 = 63$。

2. 初定中心距 a_0

通常中心距 $a = (30 \sim 50)p$,故现取 $a_0 = 40p$。

3. 确定链节距

要求 $P_0 \geqslant \dfrac{K_A P}{K_z K_m}$，由表 8 – 12 得 $K_A = 1$；表 8 – 13 得 $K_z = 1.11$；采用单排链，由表 8 – 14 得 $K_m = 1$，代入上式得

$$P_0 \geqslant \frac{K_A P}{K_z K_m} = \frac{1 \times 7}{1.11 \times 1}\ \text{kW} = 6.3\ \text{kW}$$

查图 8 – 26，选用 10A 号链条，节距 $p = 15.875$ mm。

4. 计算链条节数

$$L_p = 2\,\frac{a_0}{p} + \frac{z_2 + z_1}{2} + \frac{p}{a_0}\left(\frac{z_2 - z_1}{2\pi}\right)^2$$

$$= 2 \times \frac{40p}{p} + \frac{63 + 21}{2} + \frac{p}{40p}\left(\frac{63 - 21}{2\pi}\right)^2$$

$$= 123.12$$

取 $L_p = 124$。$L_p > 100$ 节，故链条的预期寿命大于 15 000 h。

5. 确定实际中心距 a

现将中心距设计成可调整的，则 $a \approx a_0 = 40p = 40 \times 15.875$ mm = 635 mm。

6. 验算链速

$$v = \frac{z_1 p n_1}{60 \times 1\,000} = \frac{21 \times 15.875 \times 720}{60 \times 1\,000}\ \text{m/s} \approx 4\ \text{m/s}$$

符合原假设。由表 8 – 11 知，链条应采用油浴或飞溅润滑。

7. 计算作用在轴上的力

圆周力 $\qquad F = 1\,000\,\dfrac{P}{v} = 1\,000 \times \dfrac{7}{4}\ \text{N} = 1\,750\ \text{N}$

作用于轴上的力

$$F_\Sigma = 1.2F = 1.2 \times 1\,750\ \text{N} = 2\,100\ \text{N}$$

8. 计算链轮尺寸

小链轮分度圆直径

$$d_1 = \frac{p}{\sin\dfrac{180°}{z_1}} = \frac{15.875}{\sin\dfrac{180°}{21}}\ \text{mm} = 106.51\ \text{mm};$$

大链轮分度圆直径

$$d_2 = \frac{p}{\sin\dfrac{180°}{z_2}} = \frac{15.875}{\sin\dfrac{180°}{63}}\ \text{mm} = 318.48\ \text{mm}$$

链轮的其他尺寸及零件图从略。

9. 链条标记

根据计算结果,采用单排 10A 滚子链,节距 15.875 mm,链节数 124 节,其标记为:10A － 1 × 124　GB1243.1—83。

§8 － 14　链传动的使用维护

链传动多数用作水平轴间的传动。两链轮中心的连线与水平面的倾斜角应尽量避免超过45°。为了保证链与链轮的正确啮合,安装时应保持两轴相互平行及两轮位于同一平面内。一般情况下,紧边布置在上,松边在下,以防止咬链。

润滑是影响链传动工作能力及寿命的重要因素之一。润滑油膜能缓和冲击,减少磨损。应该按照表 8 － 11 中推荐的方法进行润滑。一般可采用 L － AN46、L － AN68 及 L － AN100 号全损耗系统用油。

在链传动的使用过程中,应定期检查润滑情况及链的磨损情况。

习　题

8 － 1　试说明 V 带传动的优缺点。

8 － 2　带传动中的弹性滑动和打滑是怎样产生的? 它们对带传动有何影响?

8 － 3　带传动中主要失效形式是什么? 设计中怎样考虑。

8 － 4　一带式输送机传动装置采用 3 根 B 型 V 带传动,已知主动轮转速 n_1 = 1 450 r/min,从动轮转速 n_2 = 600 r/min,主动轮基准直径 d_{d1} = 180 mm,中心距 $a \approx 900$ mm,求带能传递的最大功率。为了使结构紧凑,将主动轮基准直径改为 d_{d1} = 125 mm,$a \approx 400$ mm,问带所能传递的功率比原设计降低多少?

8 － 5　图示的两级减速装置方案(电动机→滚子链传动→V 带传动→传

送带)是否合理？为什么？

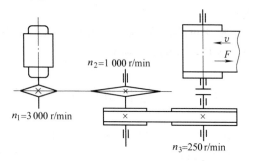

题 8 - 5 图

8 - 6 试设计一带式输送机中的 V 带传动。已知电动机功率 $P = 7$ kW，$n_1 = 1\,450$ r/min，带传动输出轴转速 $n_2 = 400$ r/min(转速允许误差 $\pm 5\%$)，两班制工作，载荷稳定。

8 - 7 试设计一立式铣床主传动中的 V 带传动。已知电动机功率 $P = 4.5$ kW，转速 $n_1 = 1\,450$ r/min，进入变速箱的转速 $n_2 = 480$ r/min，由于结构限制，要求带传动的中心距在 $480 \sim 550$ mm 之间，两班制工作。

8 - 8 链传动的主要失效形式有几种？设计链传动时应该考虑哪一种失效形式？

8 - 9 试绘出滚子链的结构图并加以说明。

8 - 10 选择链传动主要参数(i, z_1, p, a)时，各应考虑哪些因素的影响？

8 - 11 已知一滚子链传动所传递的功率 $P = 20$ kW，$n_1 = 200$ r/min，传动比 $i = 3$，链轮中心距 $a = 3$ m，水平安装，载荷平稳，试设计此链传动。

第九章　齿轮传动

§9-1　齿轮传动的应用和种类

齿轮传动是近代机械制造中用得最多的传动形式之一。和其他传动形式比较,它具有下列优点:(1)能保证传动比恒定不变;(2)适用的载荷与速度范围很广,传递的功率可由很小到几万千瓦,圆周速度可达 150 m/s;(3)结构紧凑;(4)效率高, 一般效率 η =0.94~0.99;(5)工作可靠且寿命长。其主要缺点是:(1)对制造及安装精度要求较高;(2)当两轴间距离较大时,采用齿轮传动较笨重。近年来,由于齿轮制造技术的迅速发展,加工精度的不断提高,齿轮的应用范围更加扩大,因此,齿轮在机械制造业中的重要性就更为显著。

齿轮的分类方法很多,为了便于研究其传动原理和设计,可按下述几种方法分类。

按照两轮轴的相对位置可以分为:

(1)圆柱齿轮传动　它用于平行轴间的传动。按照轮齿和轮轴的相对位置,圆柱齿轮又可分为直齿圆柱齿轮(图9-1)、斜齿圆柱齿

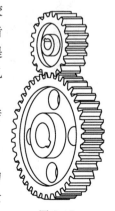

图 9-1

轮(图9-2a)及人字齿轮(图9-2b)。此外,按照轮齿排列在圆柱体的外表面、内表面或平板上,它又可分为外齿轮(图9-1)、内齿轮(图9-3)及齿条(图9-4)。

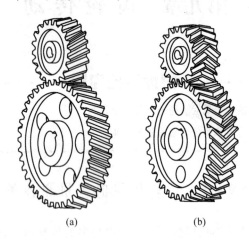

(a)　　　　　　　(b)

图9-2

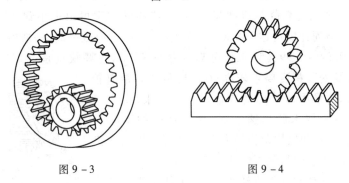

图9-3　　　　　　　　　　图9-4

　　(2)锥齿轮传动　它用于相交轴间的传动。锥齿轮也分为直齿(图9-5)、斜齿和弧齿锥齿轮。

　　(3)交错轴斜齿轮传动　它用于空间既不平行又不相交的两交错轴间的传动(图9-6)。交错轴斜齿轮传动只能传递小功率,一般用于传递运动。

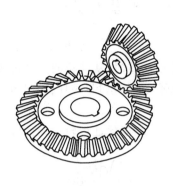

图 9-5   图 9-6

（4）蜗杆传动 它用于交错轴间的传动（图 9-7）。两轴交错角通常为 90°。

按照齿轮传动的工作情况可以分为：

（1）开式齿轮传动 齿轮是外露的，灰尘等容易落入，只能定期添加润滑剂润滑，所以轮齿易磨损，多用于低速传动。

（2）闭式齿轮传动 齿轮全部装在润滑良好的密封刚性箱体内，所以润滑条件好，装配易精确，多用于重要的传动。

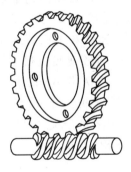

图 9-7

按照齿轮的圆周速度可以分为：

（1）低速传动，圆周速度 $v < 3$ m/s；（2）中速传动，$v = 3 \sim 15$ m/s；（3）高速传动，$v > 15$ m/s。

*§9-2   齿廓啮合的基本定律

齿轮传动最基本的要求是其瞬时角速比(或称传动比)必须恒定不变。否则当主动轮以等角速度回转时,从动轮的角速度为变数,因而产生惯性力,影响轮齿的强度,使其过早破坏,同时也引起振动,影响其工作精度。

现讨论齿廓的形状符合什么条件,才能保证齿轮传动的瞬时角速比为常数的问题。

图 9-8 所示为两啮合齿轮的齿廓 C_1 和 C_2 在 K 点接触的情形。设两轮的角速度分别为 ω_1 和 ω_2,则齿廓 C_1 上 K 点的速度 $v_1 = \omega_1 \cdot \overline{O_1 K}$;齿廓 C_2 上 K 点的速度 $v_2 = \omega_2 \cdot \overline{O_2 K}$。

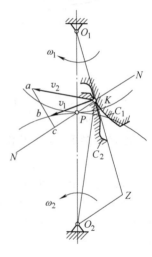

图 9-8

过 K 点作两齿廓的公法线 NN 与连心线 $O_1 O_2$ 交于 P 点,为了保证两轮连续和平稳的运动,v_1 与 v_2 在 NN 上的分速度应相等。

过 O_2 作 NN 的平行线,并与 $O_1 K$ 的延长线交于 Z 点。因 $\triangle Kab$ 与 $\triangle KO_2 Z$ 的三边互相垂直,故 $\triangle Kab$ $\backsim \triangle KO_2 Z$,因而

$$\frac{v_1}{v_2} = \frac{\overline{KZ}}{\overline{O_2 K}}$$

$$\frac{\omega_1 \cdot \overline{O_1 K}}{\omega_2 \cdot \overline{O_2 K}} = \frac{\overline{KZ}}{\overline{O_2 K}}$$

即

$$\frac{\omega_1}{\omega_2} = \frac{\overline{KZ}}{\overline{O_1 K}}$$

又因在 $\triangle O_1 O_2 Z$ 中 $\overline{PK} /\!/ \overline{O_2 Z}$,故

$$\frac{\overline{KZ}}{\overline{O_1K}} = \frac{\overline{O_2P}}{\overline{O_1P}}$$

因而得
$$\frac{\omega_1}{\omega_2} = \frac{\overline{O_2P}}{\overline{O_1P}} \qquad (9-1)$$

上式说明两轮的角速度与连心线被齿廓在接触点处的公法线所分得的两线段成反比。

由此可见,要使两轮的角速比恒定不变,则应使 $\dfrac{\overline{O_2P}}{\overline{O_1P}}$ 恒为常数。但因两轮的轴心 O_1 及 O_2 为定点,即 $\overline{O_1O_2}$ 为定长,故欲满足上述要求,必须使 P 成为连心线上的一个固定点。此固定点 P 称为节点。

因此,欲使齿轮传动得到定传动比,齿廓的形状必须符合下列条件:不论轮齿齿廓在任何位置接触,过接触点所作齿廓的公法线均须通过节点 P。这就是齿廓啮合的基本定律。

理论上,符合上述条件的齿廓曲线有无穷多,但齿廓曲线的选择还应考虑制造、安装等要求。工程上通用的齿廓曲线多为渐开线、摆线和圆弧。由于渐开线齿廓易于制造,故大多数的齿轮都是用渐开线作为齿廓曲线的,摆线齿轮仅用于仪表中。

如图 9-8 所示,分别以 O_1 和 O_2 为圆心及 $\overline{O_1P}$ 及 $\overline{O_2P}$ 为半径作两个圆,并由式(9-1)可得
$$\omega_1 \cdot \overline{O_1P} = \omega_2 \cdot \overline{O_2P}$$
即通过节点的两圆具有相同的圆周速度,它们之间作纯滚动,这两圆称为齿轮的节圆。

§9-3 渐 开 线 及 渐 开 线 齿 轮

(一)渐开线的形成及其特性

当一直线沿一圆周作纯滚动时,此直线上任一点的轨迹即称

为该圆的渐开线(图 9 – 9),该圆称为渐开线的基圆,而该直线则称为发生线。

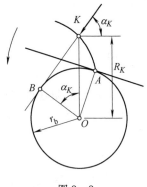

图 9 – 9

根据渐开线的形成过程,它具有下列特性:

(1) 因发生线在基圆上作无滑动的纯滚动,故发生线所滚过的一段长度必等于基圆上被滚过的一段圆弧的长度,即

$$\overline{BK} = \overset{\frown}{AB}$$

(2) 当发生线沿基圆作纯滚动时,B 点为其速度瞬心,K 点的运动方向垂直于 BK,且与渐开线 K 点的切线方向一致,所以发生线即渐开线的法线。基圆就是由发生线所画出的渐开线各曲率中心的几何位置,所以线段 $\overline{BK}$ 为渐开线上 K 点的曲率半径。显然,渐开线愈接近基圆部分,其曲率半径愈小,即曲率愈大。

又因 $\overline{BK}$ 线切于基圆,所以渐开线上任意一点的法线必与基圆相切,反之亦然。

(3) 渐开线的形状完全决定于基圆的大小。基圆大小相同时,所形成的渐开线相同。基圆愈大渐开线愈平直,当基圆半径为无穷大时,渐开线就变成一条与发生线垂直的直线(齿条的齿廓就是直线)。

(4) 基圆以内无渐开线。渐开线上任一点法向压力的方向线(即渐开线在该点的法线)和该点速度方向之间的夹角称为该点的压力角。显然,图中的 α_K 即为渐开线上 K 点的压力角。由图可知:

$$\cos \alpha_K = \frac{\overline{OB}}{OK} = \frac{r_b}{R_K}$$

故压力角 α_K 的大小随 K 点的位置而异,K 点距圆心 O 愈远,其压力角愈大。

（二）渐开线齿轮能符合齿廓啮合基本定律

用渐开线作为齿廓的齿轮称为渐开线齿轮。渐开线齿轮能保持恒定的传动比,兹证明如下:

设已知两轮的基圆半径分别为 r_{b1} 和 r_{b2}(图 9 – 10)。在此基圆上各画一渐开线 C_1 和 C_2 作为两轮的齿廓,它们在任意点 K 接触。过 K 点作 C_1 和 C_2 的公法线,根据渐开线的特性可知,此公法线必同时与两基圆相切,此公法线就是两轮基圆的内公切线 $\overline{N_1N_2}$。它与连心线 O_1O_2 交于 P 点,又因两基圆均为定圆,所以无论此两齿廓在何处接触(如 K' 点接触),过其接触点所作两齿廓的公法线都与 $\overline{N_1N_2}$ 线重合(因两定圆在

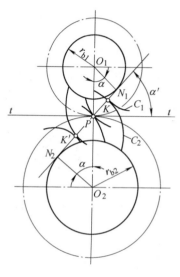

图 9 – 10

同一方向的内公切线只有一条),即 $\overline{N_1N_2}$ 为一定线,故它与连心线 $\overline{O_1O_2}$ 的交点 P 亦必为定点,此点即节点。所以,渐开线齿轮能符合齿廓啮合基本定律,其传动比

$$i = \frac{\omega_1}{\omega_2} = \frac{\overline{O_2P}}{\overline{O_1P}} = \frac{r_2'}{r_1'} = \frac{r_{b2}}{r_{b1}} = 常数 \qquad (9-2)$$

式中 $r_1' = O_1P$ 和 $r_2' = O_2P$ 分别为两轮的节圆半径。上式表明,两渐开线齿轮啮合时,其传动比不仅与两轮的节圆半径成反比,而且也与两基圆半径成反比。

由上所述可知,渐开线齿轮两齿廓接触点的轨迹为一直线,即两基圆的内公切线 $\overline{N_1N_2}$,故 $\overline{N_1N_2}$ 又称为啮合线。

如过节点 P 作两节圆的公切线 $\overline{u}$,则啮合点的齿廓公法线与

切线$\overline{tt}$的夹角 α' 称为啮合角。由图中的几何关系可知,啮合角 α' 在数值上等于齿廓在节圆上的压力角。

§9-4 渐开线标准齿轮的各部分名称及其基本尺寸

图 9-11a 所示为一直齿圆柱齿轮的一部分,其相邻两齿之间的空间称为齿槽。齿槽底部连成的圆称为齿根圆,其直径用 d_f 表

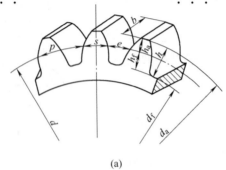

(a)

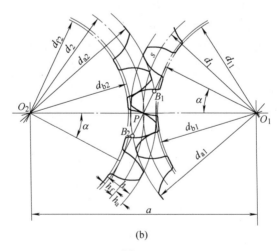

(b)

图 9-11

示。连接齿轮各齿顶的圆称为齿顶圆,其直径用 d_a 表示。

在齿轮的任意直径 d_r 的圆周上,一个轮齿左右两侧齿廓间的弧线长称为该圆上的齿厚,用 s_r 来表示;而一齿槽的两侧齿廓之间的弧线长称为该圆上的齿槽宽,用 e_r 来表示;一齿的一点至相邻齿的相应点间的弧线长称为该圆上的齿距,用 p_r 来表示,则 $p_r = s_r + e_r$。

设 d_r 为任意圆的直径,z 为齿轮的齿数,根据齿距的定义可得

$$p_r = \frac{\pi d_r}{z} \qquad (9-3)$$

或

$$d_r = \frac{p_r}{\pi}z = m_r z \qquad (9-4)$$

上式中含有无理数"π",为了便于设计、制造及互换使用,我们在齿轮上取一圆,使该圆上的 $\frac{p_r}{\pi}$ 值等于一些比较简单的数值,并使该圆上齿廓的压力角等于规定的某一数值,这个圆称为分度圆。分度圆上的压力角以 α 表示,我国采用 20° 为标准数值,其他各国常用的压力角除 20° 外,还有 15°、14.5° 等。分度圆上的齿距对 π 的比值以 m 来表示,称为模数,我国采用的标准模数见表 9-1。

表 9-1 常用的标准模数 m mm

第一系列	1,1.25,1.5,2,2.5,3,4,5,6,8,10,12,16,20,25,32,40,50
第二系列	1.75,2.25,2.75,3.5,4.5,5.5,7,9,14,18,22,28,36,45

注:优先选用第一系列。

齿轮中的模数、齿距及直径的单位均为 mm。

分度圆上的模数 m、齿距 p,齿厚 s 及齿槽宽 e 的关系为

$$p = s + e = \pi m \qquad (9-5)$$

又设 d 为分度圆直径,则

$$d = \frac{pz}{\pi} = mz \qquad (9-6)$$

由上式可知,当齿数 z 及模数 m 一定时,齿轮的分度圆即为一

定。又由 $p = \pi m$ 式可知,模数愈大,则轮齿愈厚,其弯曲强度也就愈大。

对于任一轮齿,其齿顶圆与分度圆间的部分称为齿顶,它沿半径方向的高度称为齿顶高,用 h_a 表示;而齿根圆与分度圆间的部分称为齿根,它沿半径方向的高度称为齿根高,用 h_f 表示;齿顶圆与齿根圆间沿半径方向的高度称为齿高,用 h 表示,因此

$$h = h_a + h_f \qquad (9-7)$$

在齿轮设计中,将模数 m 作为齿轮各部分几何尺寸的计算基础,因此,齿顶高可表示为 $h_a = h_a^* m$;齿根高表示为 $h_f = (h_a^* + c^*)m$,其中 h_a^* 称为齿顶高系数,c^* 称为顶隙系数。它们有两种标准数值,一种为 $h_a^* = 1, c^* = 0.25$,称为正常齿;另一种为 $h_a^* = 0.8, c^* = 0.3$,称为短齿。

齿顶高系数与顶隙系数等于标准数值,且分度圆上齿厚与齿槽宽相等的齿轮称为标准齿轮。因此,在标准齿轮中

$$s = e = \frac{p}{2} = \frac{\pi m}{2} \qquad (9-8)$$

对于一对模数、压力角相等的标准齿轮,由于其分度圆上的齿厚与齿槽宽相等,因此标准安装时可使两轮的分度圆相切作纯滚动(图 9-11b),这时,分度圆与节圆重合。

在标准安装时,一对外啮合齿轮传动的中心距

$$a = \frac{d_1' + d_2'}{2} = \frac{d_1 + d_2}{2} = \frac{m}{2}(z_1 + z_2) \qquad (9-9)$$

一对内啮合齿轮传动的中心距

$$a = \frac{d_2' - d_1'}{2} = \frac{d_2 - d_1}{2} = \frac{m}{2}(z_2 - z_1) \qquad (9-10)$$

这时,因两齿轮的分度圆相切,故顶隙 $c^* m = h_f - h_a$。

对于单独一个齿轮而言,只有分度圆而无节圆。当一对齿轮互相啮合时,有了节点之后才有节圆。如上所述,节圆可能与分度圆相重合,也可能不相重合,这须视两齿轮的安装是否为标准安装

而定。"标准安装"一词仅从研究齿轮啮合原理的角度提出的,其含义是指一对齿轮安装后,其中心距恰好为 $a = \dfrac{m}{2}(z_1 + z_2)$。由于加工、装配误差,严格地讲标准安装是很难做到的。

同样,对于单独一个齿轮而言,只有压力角而无啮合角。一对齿轮互相啮合时才有啮合角。对于标准安装的一对标准齿轮,其啮合角等于分度圆(节圆)上的压力角。

表 9 - 2 列出了标准直齿圆柱齿轮各部分尺寸的几何关系。

表 9 - 2   外啮合标准直齿圆柱齿轮各部分尺寸的几何关系

名　　称	代号	公　　式
模数	m	强度计算后获得
分度圆(节圆)直径	$d(d')$	$d_1 = d_1' = mz_1 ; d_2 = d_2' = mz_2$
齿顶高	h_a	$h_a = h_a^* m$
齿根高	h_f	$h_f = (h_a^* + c^*) m$
全齿高	h	$h = h_a + h_f = (2h_a^* + c^*) m$
齿顶圆直径	d_a	$d_{a1} = d_1 + 2h_a = (z_1 + 2h_a^*) m$
		$d_{a2} = d_2 + 2h_a = (z_2 + 2h_a^*) m$
齿根圆直径	d_f	$d_{f1} = d_1 - 2h_f = (z_1 - 2h_a^* - 2c^*) m$
		$d_{f2} = d_2 - 2h_f = (z_2 - 2h_a^* - 2c^*) m$
基圆直径	d_b	$d_{b1} = d_1 \cos\alpha ; d_{b2} = d_2 \cos\alpha$
齿距	p	$p = \pi m$
齿厚	s	$s = p/2 = \pi m/2$
齿槽宽	e	$e = p/2 = \pi m/2$
中心距	a	$a = \dfrac{d_1 + d_2}{2} = \dfrac{m}{2}(z_1 + z_2)$

在一些采用英制单位的国家中,不用模数而用径节作为计算齿轮几何尺寸的基本参数。径节为齿数与分度圆直径之比值,即每一英寸分度圆直径所包含的齿数。显然,径节愈大,轮齿的尺寸愈小。

径节 $P(\text{in}^{-1})$ 与模数 $m(\text{mm})$ 的换算关系为

$$m = \frac{25.4}{P} \text{ mm} \qquad\qquad (9-11)$$

即

$$mP = 25.4 \text{ mm/in}$$

例如,一个径节 $P = 7 \text{ in}^{-1}$ 的齿轮,其相应的模数 $m = \dfrac{25.4}{7} = 3.629 \text{ mm}$。

径节制齿轮的压力角标准值常为 $14.5°,20°,22.5°$ 等。

§9-5 一对渐开线齿轮的啮合

(一)渐开线齿轮正确啮合的条件

一对渐开线标准齿轮的正确啮合条件为:(1)两齿轮的模数必须相等;(2)两齿轮分度圆上的压力角必须相等。即

$$m_1 = m_2 = m$$

$$\alpha_1 = \alpha_2 = \alpha$$

这样,一对齿轮的传动比可写成

$$i = \frac{\omega_1}{\omega_2} = \frac{n_1}{n_2} = \frac{d_2'}{d_1'} = \frac{d_{b2}}{d_{b1}} = \frac{d_2}{d_1} = \frac{z_2}{z_1} \qquad (9-12)$$

(二)渐开线齿轮的可分性

由于制造、安装的不准确以及轴承的磨损,均可使齿轮传动的中心距与设计值不符,但由式(9-12)可以看出,当两齿轮制成之后,其分度圆直径和基圆直径均已确定,因而传动比 i 也就确定,故中心距值虽略有改变,但对传动比并不发生影响,此即渐开线齿轮的可分性。这个特性在实用中具有很重要的意义。

（三）重合度

图 9 - 12 所示为一对互相啮合的齿轮。设齿轮 1 为主动轮，齿轮 2 为从动轮。当互相作用的两齿廓开始啮合时，主动轮的齿根部分与从动轮的齿顶部分在 B_1 点开始接触。当两轮继续转动时，啮合点的位置沿着啮合线 N_1N_2 向下移动，齿轮 2 齿廓上的接触点由齿顶向齿根移动，而齿轮 1 齿廓上的接触点则由齿根向齿顶移动。当两齿廓的啮合点移至 B_2 点时，则两齿廓啮合终止。由此可见，线段 $\overline{B_1B_2}$ 为啮合点的实际轨迹，故 $\overline{B_1B_2}$ 称为实际啮合线段。因基圆内没有渐开线，故线段 $\overline{N_1N_2}$ 为理论上可能的最大啮合线段，所以被称为理论啮合线段。

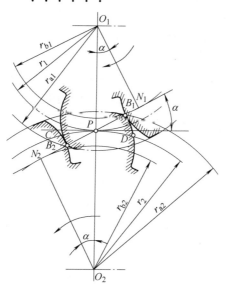

图 9 - 12

一对齿从开始啮合到终止啮合时止，其分度圆上任一点所经过的弧线距离称为啮合弧，如图 9 - 12 所示，圆弧 $\overset{\frown}{DC}$ 就是啮合弧。

显然,如果分度圆上的啮合弧等于分度圆上的齿距 p,则当两轮传动时,始终只有一对齿互相啮合。如果啮合弧小于齿距 p,则在两轮传动中将产生啮合中断现象,因此齿与齿之间将有冲击发生。反之,如果啮合弧大于齿距 p 而小于 $2p$,则在啮合的某一段时间内为一对齿互相啮合,而在其余时间内则为两对齿互相啮合。

啮合弧与齿距之比称为重合度,以 ε 表示,

$$\varepsilon = \frac{啮合弧}{齿距} = \frac{\overset{\frown}{DC}}{p}$$

由于制造齿轮时齿廓必然有少量的误差,故设计齿轮时必须使啮合弧比齿距大一些,即重合度 $\varepsilon > 1$。显然,重合度 ε 愈大,同时参加啮合的轮齿就愈多,传动就愈平稳,每对轮齿承担的载荷也愈小。重合度 ε 的大小,表示同时处于啮合的轮齿对数所占的时间比例。$\varepsilon = 1$ 表示始终只有一对轮齿啮合,$\varepsilon = 2$ 表示始终有两对轮齿在啮合。$\varepsilon = 1.45$ 表示在某一段时间内,有 45% 的时间为两对轮齿啮合,而其余的 55% 时间为一对轮齿啮合。若 $\varepsilon < 1$,则表示啮合会中断。标准圆柱齿轮的重合度可按下式近似计算:

$$\varepsilon = 1.88 - 3.2 \left(\frac{1}{z_1} + \frac{1}{z_2} \right) \cos \beta$$

对于直齿圆柱齿轮,$\beta = 0$。若大、小齿轮的齿数 $z_2 = z_1 = 17$,代入上式得 $\varepsilon = 1.504$。可见,一般情况下 ε 总大于 1。齿轮精度高,允许的 ε 值可小些;反之,精度愈低,ε 值就要求大些。

实际上,重合度 ε 在很大程度上由齿轮制造精度及在载荷作用下轮齿的弹性变形所决定。在一般的机械制造业中,$\varepsilon \geqslant 1.4$;在汽车与拖拉机工业中,$\varepsilon \geqslant 1.1 \sim 1.2$;在金属切削机床制造业中,$\varepsilon \geqslant 1.3$。

例题一 已知一正常齿制的标准直齿圆柱齿轮,齿数 $z_1 = 20$,模数 $m = 2$ mm,拟将该齿轮用作某传动的主动轮,现需配一从动轮,要求传动比 $i =$

3.5,试计算从动轮的几何尺寸及两轮的中心距。

解　根据给定的传动比 i,先计算从动轮的齿数

$$z_2 = iz_1 = 3.5 \times 20 = 70$$

已知齿轮的齿数 z_2 及模数 m,由表 9 - 2 所列的公式可以计算从动轮的各部分尺寸。

分度圆直径

$$d_2 = mz_2 = 2 \times 70 \text{ mm} = 140 \text{ mm}$$

齿顶圆直径

$$d_{a2} = (z_2 + 2h_a^*)m = (70 + 2 \times 1) \times 2 \text{ mm} = 144 \text{ mm}$$

齿根圆直径

$$d_{f2} = (z_2 - 2h_a^* - 2c^*)m = (70 - 2 \times 1 - 2 \times 0.25) \times 2 \text{ mm}$$
$$= 135 \text{ mm}$$

全齿高

$$h = (2h_a^* + c^*)m = (2 \times 1 + 0.25) \times 2 \text{ mm} = 4.5 \text{ mm}$$

中心距

$$a = \frac{d_1 + d_2}{2} = \frac{m}{2}(z_1 + z_2) = \frac{2}{2} \times (20 + 70) \text{ mm} = 90 \text{ mm}$$

例题二　有一单级直齿圆柱齿轮传动,已知为 $\alpha = 20°$ 的正常齿标准齿轮,数得齿数 $z_1 = 20, z_2 = 80$,并量得齿顶圆直径 $d_{a1} = 66 \text{ mm}, d_{a2} = 246 \text{ mm}$,两齿轮轴的中心距 $a = 150 \text{ mm}$。由于该齿轮磨损严重,需重新配制一对,试确定该齿轮的模数。

解　由表 9 - 2 可知,齿顶圆直径与模数的关系为

$$m = \frac{d_{a1}}{z_1 + 2h_a^*} = \frac{66}{20 + 2 \times 1} \text{ mm} = 3 \text{ mm}$$

$$m = \frac{d_{a2}}{z_2 + 2h_a^*} = \frac{246}{80 + 2 \times 1} \text{ mm} = 3 \text{ mm}$$

从表 9 - 1 知,$m = 3 \text{ mm}$ 为标准模数。

验算中心距

$$a = \frac{m}{2}(z_1 + z_2) = \frac{3}{2} \times (20 + 80) \text{ mm} = 150 \text{ mm}$$

计算结果表明,这对齿轮是 $m = 3 \text{ mm}, \alpha = 20°$ 的正常齿标准齿轮。

§9-6 轮齿切削加工方法的原理

齿轮轮齿的加工方法很多,如铸造法、热轧法、切削法等。其中最常用的是切削法。切削法可分为仿形法和范成法两种。

(一) 仿形法

仿形法是最简单的切齿方法,轮齿是用圆盘铣刀或指形铣刀铣出的,圆盘铣刀和指形铣刀的外形与齿轮的齿槽形状相同(图9-13a和b)。铣齿时,把齿轮毛坯安装在机床工作台上,圆盘铣刀 B 绕本身的轴线旋转,而齿轮毛坯 A 沿平行于齿轮轴线方向,作直线移动。铣出一个齿槽后,将齿轮毛坯转过 $\dfrac{360°}{z}$,再铣第二个齿槽,其余依此类推。

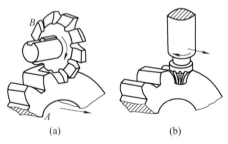

(a)   (b)

图 9-13

这种方法加工简单,不需要专用机床,修配厂多采用此法。但是生产率低、精度差,只适用于单件生产及精度要求不高的齿轮加工。

(二) 范成法

范成法是较完善的切齿方法,因而其应用甚广。用此法切削齿轮时所用的刀具有三种:齿轮插刀、齿条插刀及滚刀。

齿轮插刀(图9-14a)是一个具有渐开线齿形而模数和被切

削齿轮模数相同的刀具。在加工时,插刀沿轮坯轴线方向作迅速的往复运动,同时在退刀之后,插刀与轮坯以所需的角速度转动,宛如一对齿轮互相啮合一样(图 9 - 14b)。当被切削轮坯转过一周后,即可切出所有的轮齿。用这种刀具加工所得的轮齿齿廓为插刀刀刃在各个位置的包络线,就像插刀在轮坯上滚动一样,如图 9 - 14c 所示。

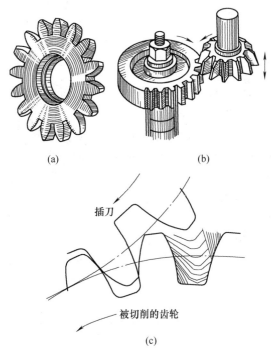

(a)

(b)

插刀

被切削的齿轮

(c)

图 9 - 14

当齿轮插刀的齿数增至无穷多时,其基圆半径变为无穷大,渐开线齿廓变为直线齿廓,齿轮插刀便变为齿条插刀。图 9 - 15a 所示为齿条插刀切削轮齿时的情形,其原理与齿轮插刀切削轮齿相同。用齿条插刀加工所得的轮齿齿廓亦为其刀刃在各个位置的包络线,如图 9 - 15b 所示。

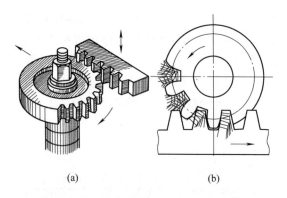

(a)   (b)

图 9 – 15

滚刀是蜗杆形状的铣刀,加工时,滚刀刀刃在轮坯端面上的投影为一具有直线齿廓的齿条。用滚刀切削齿轮时,轮坯与滚刀分别绕本身轴线转动;同时,滚刀又沿着轮坯的轴向进刀(图 9 – 16),因而其加工原理和齿条插刀完全相同。

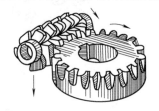

图 9 – 16

按照尺寸精度与表面粗糙度的不同,齿轮的加工精度等级共分为 12 级(由 1 级到 12 级),其中 6 级、7 级、8 级和 9 级四种最常用。确定齿轮加工精度等级时,一般可根据传动的用途、工作要求及圆周速度等,参考表 9 – 3 选取。

表 9 – 3　齿轮传动精度等级及应用举例

精度等级		6 级	7 级	8 级	9 级
圆周速度 v m/s	直齿圆柱齿轮	≤15	≤10	≤5	≤3
	斜齿圆柱齿轮	≤30	≤20	≤9	≤6
	直齿锥齿轮	≤9	≤6	≤3	≤2.5

精度等级	6 级	7 级	8 级	9 级
齿面粗糙度 $Ra/\mu m$	0.8	1.6	3.2 ~ 6.3	12.5
应用举例	在高速重载下工作的齿轮传动,如机床、汽车和飞机的重要齿轮;分度机构齿轮;高速减速器齿轮	在高速中载或中速重载下工作的齿轮传动,如中速减速器齿轮;机床进给齿轮;机床、汽车的变速箱齿轮	对精度没有特殊要求的一般机械的齿轮,如普通减速器齿轮;机床、汽车和拖拉机的一般齿轮;起重及输送机械的齿轮、农业机械的重要齿轮	对精度要求不高及低速工作的齿轮,农业机械及手动机械的齿轮

§9-7 根切、最少齿数及变位齿轮的概念

用范成法加工齿轮时,如果齿轮的齿数太少,则切削刀具的齿顶就会切去轮齿根部的一部分,这种现象称为根切。

如图 9-17 所示,虚线表示该轮齿的理论齿廓,实线表示根切后的齿廓。轮齿发生根切后,抗弯曲的能力降低,并减小了重合度,对传动不利,必须设法避免。

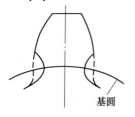

基圆

图 9-17

在设计齿轮时,常采用下列方法避免根切:

(1)限制小齿轮的最少齿数 为了保证不发生根切,要使所

设计齿轮的齿数大于不产生根切的最少齿数。用滚刀切削齿轮时,对于各种标准刀具最少齿数 z_{min} 的数值为:

当 $\alpha = 20°$, $h_a^* = 1$ 时 $z_{min} = 17$;

     $\alpha = 20°$, $h_a^* = 0.8$ 时 $z_{min} = 14$。

（2）采用变位齿轮　若被加工齿轮的齿数小于最少齿数,则加工时必然发生根切。为了避免根切,如图 9-18 所示,可将刀具从虚线位置退出一段距离 xm,而移至实线所示的位置,使刀具的齿顶线与啮合线交于 N_1 点或 N_1 点以内,这样就不会发生根切了。这种用改变切齿刀具与所制齿轮的相互位置,以避免根切现象,从而达到可以制造较少齿数齿轮的方法,称为变位修正法。切齿刀具所移动的距离 xm 称为移距,而 x 称为变位系数。采用变位修正法制造齿轮,不但可以使齿数 $z < z_{min}$ 的齿轮不发生根切,而且还可以提高齿轮的强度及传动的质量指标。关于变位修正法的详细理论,可参阅有关机械原理书籍。

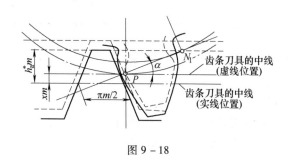

图 9-18

§9-8　齿轮的材料

机械制造业中,常用的齿轮材料有下列几种:

（一）锻钢

锻钢是制造齿轮的主要材料,一般用含碳量为 0.1% ~ 0.6%

的碳素钢或合金钢。按照加工技术及承载能力,钢齿轮可以分为两类:

1. 轮齿工作表面硬度≤350 HBS 的齿轮

这类齿轮的轮齿是在热处理(其热处理方法为调质或正火)后进行精加工的(切削加工),因此其工作表面硬度就受到限制,通常在 180~280 HBS 之间。一对齿轮中,若两齿轮的材料和齿面硬度相同时,因小齿轮转速高,应力循环次数多,故寿命较短,为了使大、小齿轮的寿命接近,应使小齿轮的齿面硬度比大齿轮高 25~50 HBS。这类齿轮常用的材料是 45、35SiMn、42SiMn、40Cr、35CrMo 及 40MnB 等,有时也采用 Q275 等普通碳素钢。成批或小量生产的,以及一般减速器的齿轮,其齿面硬度多为≤350 HBS 的。

2. 轮齿工作表面硬度 > 350 HBS 的齿轮

这类齿轮的轮齿是在精加工后进行最终热处理的,其热处理方法常为淬火、表面淬火等。通常硬度为 40~60 HRC。在最终热处理后,轮齿不可避免地会产生变形,必要时可用磨削或研磨的方法加以消除。这类齿轮常用的材料是 20Cr、20CrMnTi 或 20Mn2B (表面渗碳淬火);45、35SiMn、42SiMn、40Cr(表面淬火或整体淬火)等。齿面硬度大于 350 HBS 的齿轮多为大量生产的及尺寸和重量要求较小的齿轮,例如航空发动机、机床、汽车及拖拉机中的齿轮。由于齿面硬度高,承载能力大,尺寸紧凑,而且耐磨性好,因此,近年来我国生产的 ZDY、ZLY 及 ZSY 渐开线圆柱齿轮减速器均采用硬齿面齿轮,其体积小,承载能力高。

(二) 铸钢

当齿轮较大(一般 $d > 400~600$ mm)而轮坯不宜锻出时,可采用铸钢齿轮。常用的铸钢有 ZG310 – 570、ZG340 – 640 等。钢铸件由于铸造时收缩性大、内应力大,故应进行正火或回火处理以消除其内应力。

（三）铸铁

铸铁齿轮主要用于开式的低速齿轮传动中,其抗弯强度与抗冲击能力都较低,因而铸铁齿轮尺寸较大。优质铸铁的弯曲强度及接触强度均较普通铸铁高,故有时用来代替铸钢。常用的铸铁有 HT200、HT300 以及球墨铸铁 QT500 - 7 等。

（四）非金属材料

为了消除高速运转时齿轮传动的噪声,可采用非金属材料制造齿轮。常用的非金属材料有塑料、皮革等。制造齿轮的塑料有布质塑料、木质塑料以及尼龙等。这种齿轮多与另一个由锻钢或铸铁制造的齿轮配合使用,它们的承载能力较低。

常用的齿轮材料列于表 9 - 4a,表 9 - 4b 为齿面硬度组合的应用例子,可供设计时参考。

表 9 - 4a 常用的齿轮材料

材料牌号	热处理	硬度 HBS 或 HRC
Q275		150 ~ 200 HBS
45	正火	170 ~ 210 HBS
45	调质	210 ~ 280 HBS
45	表面淬火	40 ~ 50 HRC
35SiMn、42SiMn	调质	210 ~ 280 HBS
35SiMn、42SiMn	表面淬火	45 ~ 55 HRC
40MnB	调质	240 ~ 280 HBS
40Cr	调质	230 ~ 280 HBS
35CrMo	调质	210 ~ 280 HBS
35CrMo	表面淬火	40 ~ 50 HRC
20Cr	渗碳淬火、回火	56 ~ 62 HRC
20CrMnTi	渗碳淬火、回火	56 ~ 62 HRC
ZG310 - 570	正火	163 ~ 197 HBS
ZG340 - 640	正火	179 ~ 207 HBS
HT300		180 ~ 250 HBS
QT500 - 7		170 ~ 230 HBS

表 9-4b 齿轮工作齿面硬度及其组合的应用举例

齿面类型	齿轮种类	热 处 理		两轮工作齿面硬度差
		小齿轮	大齿轮	
软齿面 （≤350 HBS）	直齿	调质	正火 调质	$(HBS_1)_{min} - (HBS_2)_{max}$ $\geq (20 \sim 50)$ HBS
	斜齿及 人字齿	调质	正火 调质	$(HBS_1)_{min} - (HBS_2)_{max}$ $\geq (40 \sim 50)$ HBS
软硬组合齿面 （>350 HBS$_1$、 ≤350 HBS$_2$）	斜齿及 人字齿	表面淬火	调质	齿面硬度差很大
		渗碳	调质	
硬齿面 （>350 HBS）	直齿、斜 齿及人 字齿	表面淬火	表面淬火	齿面硬度大致相同
		渗碳	渗碳	

齿面类型	工作齿面硬度举例		备　　注
	小齿轮	大齿轮	
软齿面 （≤350 HBS）	240 ~ 270 HBS 260 ~ 290 HBS 280 ~ 310 HBS 300 ~ 330 HBS	180 ~ 220 HBS 220 ~ 240 HBS 240 ~ 260 HBS 260 ~ 280 HBS	用于重载中低速固定式传动装置
	240 ~ 270 HBS 260 ~ 290 HBS 270 ~ 300 HBS 300 ~ 330 HBS	160 ~ 190 HBS 180 ~ 210 HBS 200 ~ 230 HBS 230 ~ 260 HBS	
软硬组合齿面 （>350 HBS$_1$、 ≤350 HBS$_2$）	45 ~ 50 HRC	200 ~ 230 HBS 230 ~ 260 HBS	用于负荷冲击及过载都不大的重载中低速固定式传动装置
	56 ~ 62 HRC	270 ~ 300 HBS 300 ~ 330 HBS	

齿面类型	工作齿面硬度举例		备　注
	小齿轮	大齿轮	
硬齿面 （>350 HBS）	45～50 HRC		用在传动尺寸受结构条件限制的情形和运输机器上的传动装置
	56～62 HRC		

注:1. 重要齿轮的表面淬火,应采用高频或中频感应淬火;模数较大时,应沿齿沟加热和淬火。

2. 通常渗碳后的齿轮要进行磨齿。

3. 为了提高抗胶合性能,建议小轮和大轮采用不同牌号的钢来制造。

§9-9　轮齿的失效形式及计算准则

（一）轮齿的失效形式

1. 轮齿折断

当载荷作用于轮齿上时,轮齿根部将产生相当大的弯曲应力。若轮齿单侧工作,弯曲应力是按脉动循环变化的;若轮齿双侧工作,则弯曲应力是按对称循环变化的。由于轮齿根部产生弯曲应力,并且在齿根的过渡圆角处具有较大的应力集中,因此在载荷重复作用下就会出现疲劳裂纹(图9-19)。随着裂纹的不断扩展,终于招致轮齿折断,这种失效称为弯曲疲劳折断。

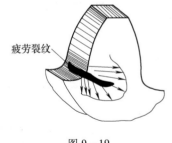

疲劳裂纹

图9-19

用脆性材料(如铸铁、淬火钢)制成的齿轮,由于材料抵抗冲击和过载能力较差,因此,当受到过载或冲击时,常会引起轮齿的突然折断。

此外,由于齿轮制造或安装不精确,以及轴的变形,而使载荷集中在齿的一端,也会造成轮齿局部折断。

2. 齿面磨粒磨损

磨粒磨损是由于金属微粒、灰尘、污物等进入轮齿工作表面在齿轮运转时引起的。开式齿轮传动由于轮齿暴露在外,所以磨粒磨损最为严重。轮齿磨损变薄后就会折断。

为了避免齿面的磨粒磨损,可采用闭式传动或加防护罩等。

3. 齿面点蚀

齿面点蚀是闭式齿轮传动的主要失效形式。当轮齿工作时,其工作表面上任一点所产生的接触应力系由零(当该点未进入啮合时)变到最大值(当在该点啮合时),亦即表面接触应力是按脉动循环变化的。当接触应力超过表层材料的接触疲劳极限时,齿面就会出现微小的疲劳裂纹。裂纹的蔓延扩展,导致齿面表层金属呈点状剥落,形成麻点状小坑,齿面这种疲劳损伤称为点蚀。

从观察得知,如图 9 – 20 所示,疲劳点蚀 3 一般出现在齿根表面靠近节线 1 处。随着点蚀的不断扩展,致使啮合情况恶化,从而导致传动失效。

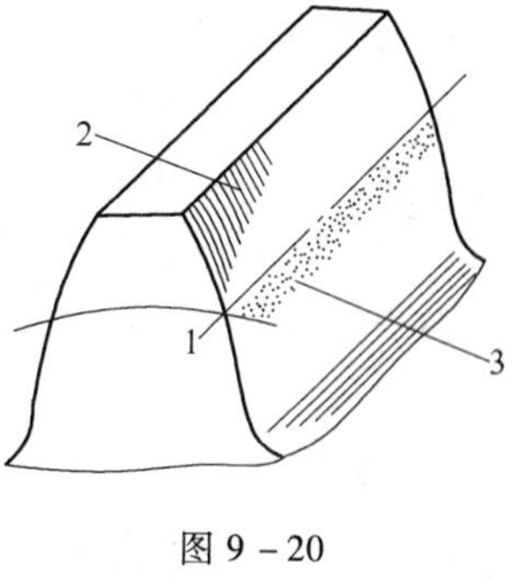

图 9 – 20

4. 齿面胶合

当齿面所受的压力很大且润滑不良,或压力很大而速度很高时,由于发热大使润滑油粘度降低而被挤出,此时,两相互接触的轮齿表面会相互粘连。随着两轮齿的相对滑动较软的轮齿表面上的金属被撕下,形成宽度不等的条状粗糙沟痕 2(图 9 – 20)。这种失效形式称为胶合。胶合主要发生在高速重载齿轮传动中。

为了防止胶合的出现，必须采用粘度大的润滑油（低速传动）或抗胶合能力强的润滑油（高速传动）。

（二）计算准则

上面介绍了轮齿的几种失效形式，但在工程实践中，对于一般用途的齿轮传动，通常只作齿根弯曲疲劳强度及齿面接触疲劳强度的计算。

对闭式齿轮传动，若一对齿轮或其中一齿轮的齿面硬度为≤350 HBS 的软齿面时，其齿面接触疲劳强度较低，故按接触疲劳强度的设计公式确定齿轮的主要尺寸，然后再按齿根弯曲疲劳强度进行校核。若一对硬齿面齿轮，且齿面硬度很高时，其齿面接触疲劳强度很高，而齿根弯曲疲劳强度可能相对较低，则可按弯曲疲劳强度的设计公式确定齿轮的主要尺寸，再校核其齿面疲劳强度。

对开式齿轮传动，其主要失效形式是磨粒磨损和弯曲疲劳折断。因目前磨损还无法计算，故按弯曲疲劳强度计算出模数 m。考虑到磨损后轮齿变薄，一般把计算的模数 m 增大 10% ~ 15%，再取相近的标准值。因磨粒磨损速率远比齿面疲劳裂纹扩展速率快，即齿面疲劳裂纹还未扩展即被磨去。所以，一般开式传动不会出现疲劳点蚀，因而也无需验算接触强度。

§9-10　直齿圆柱齿轮轮齿表面的接触疲劳强度计算

（一）作用力的分析

为了计算轮齿强度，设计轴和轴承，需要知道作用在轮齿上作用力的大小和方向。图 9-21 所示为直齿圆柱齿轮的受力情况。

设 F_n 为作用于轮齿工作表面的法向力,其方向沿啮合线。F_n 可以分解为两个分力:

圆周力 $\quad F_t = \dfrac{2T_1}{d_1}$

径向力 $\quad F_r = F_t \cdot \tan \alpha$

$$(9-13)$$

式中 T_1 为小齿轮传递的转矩($\text{N} \cdot \text{mm}$);d_1 为小齿轮节圆直径(mm);α 为啮合角。

圆周力 F_t 的方向,在主动轮上和转动方向相反,在从动轮上和转动方向相同。径向力 F_r 的方向由作用点指向轮心。

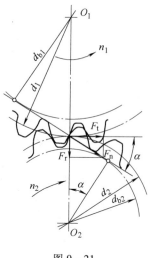

图 9-21

(二)轮齿的接触疲劳强度计算

轮齿表面的点蚀现象与齿面接触应力的大小有关。为了计算齿面的接触应力,首先要研究一对齿轮在节点啮合时的情况。

图 9-22 表示一对齿轮在节点接触。通常,此时只有一对轮齿传递载荷。由图可知,轮齿在节点处的接触可以看作相当于曲率半径分别为 ρ_1、ρ_2 及宽度为齿宽 b 的两个圆柱体相互接触。根据弹性力学的赫兹公式可知,当两圆柱体为钢制时,接触处的最大接触应力为

$$\sigma_H = 0.418 \sqrt{\dfrac{qE}{\rho}} \text{ MPa} \qquad (9-14)$$

式中 q 为接触线单位长度上的载荷,$q = \dfrac{F_n}{b}$(N/mm);b 为接触线长度(mm);F_n 为圆柱体上的载荷(N);E 为综合弹性模量,$E =$

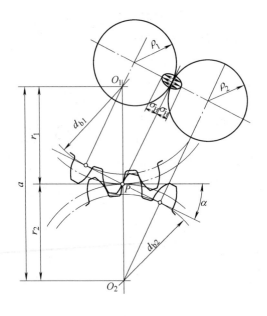

图 9 – 22

$\dfrac{2E_1E_2}{E_1+E_2}$（MPa），它与两圆柱体的弹性模量 E_1、E_2 有关；ρ 为综合曲

率半径，$\rho = \dfrac{\rho_1\rho_2}{\rho_2 \pm \rho_1}$（mm），与两圆柱体的曲率半径 ρ_1、ρ_2 有关，正号
用于外接触，负号用于内接触。

上面提到，在齿根部分靠近节线处最易出现疲劳点蚀。因此，
轮齿齿面的接触疲劳强度计算近似地以节点处的为准。现以齿轮
节点处的相应参数代入式（9 – 14），便可得到轮齿接触强度的计算
公式。

由图 9 – 22 可得

$$\rho_1 = \frac{d_1}{2}\sin \alpha \qquad \rho_2 = \frac{d_2}{2}\sin \alpha$$

因为
$$i = \frac{n_1}{n_2} = \frac{d_2}{d_1} \qquad a = \frac{d_1 + d_2}{2} = \frac{d_1}{2}(i + 1)$$

故
$$d_1 = \frac{2a}{i + 1} \qquad d_2 = \frac{2ai}{i + 1}$$

综合曲率半径

$$\rho = \frac{\rho_1 \rho_2}{\rho_1 + \rho_2} = \frac{ai\sin \alpha}{(i + 1)^2} \qquad (a)$$

接触线上单位长度的计算载荷

$$q = \frac{F_n K}{b} = \frac{F_t K}{b\cos \alpha} = \frac{(i + 1)T_1 K}{ab\cos \alpha} \qquad (b)$$

式中 K 为载荷系数,它考虑了由于齿轮制造的误差、轴的变形及轮齿的变形等在啮合中所引起的附加动载荷,并使轮齿宽度上载荷分布不均匀的影响。若齿轮的精度等级与圆周速度的关系按表 9 - 3 选取,则计算时,可取载荷系数 $K = 1.3 \sim 1.6$,当齿轮对轴承近于对称布置时取小值,当齿轮对轴承是非对称布置或悬臂时取大值。b 为齿轮宽度。

将式(a)和(b)代入式(9 - 14)得

$$\sigma_H = 0.418 \sqrt{\frac{qE}{\rho}} = 0.418 \sqrt{\frac{2(i + 1)^3 ET_1 K}{a^2 ib\sin 2\alpha}}$$

对于啮合角 $\alpha = 20°(\sin 2\alpha = 0.643)$ 的一对钢齿轮($E = E_1 = E_2 = 20.6 \times 10^4$ MPa),上式可化简为

$$\sigma_H = \frac{335}{a} \sqrt{\frac{KT_1}{b} \cdot \frac{(i + 1)^3}{i}} \quad \text{MPa} \qquad (9 - 15)$$

强度条件为 $\sigma_H \leqslant [\sigma_H]$,$[\sigma_H]$ 为许用接触应力。轮齿齿面的许用接触应力主要与齿面硬度有关。对于钢或铸铁齿轮,其许用接触应力 $[\sigma_H]$ 见表 9 - 5。

当传动的条件及参数已知时,可以根据上式验算轮齿齿面的

接触强度,故式(9-15)为验算公式。

表 9-5　许用接触应力 $[\sigma_H]$ 值

材　　料	热处理方法	齿面硬度	$[\sigma_H]$/MPa
普通碳钢	正火	150 ~ 210 HBS	240 + 0.8 HBS
碳素钢	调质、正火	170 ~ 270 HBS	380 + 0.7 HBS
合金钢	调质	200 ~ 350 HBS	380 + HBS
铸钢		150 ~ 200 HBS	180 + 0.8 HBS
碳素铸钢	调质、正火	170 ~ 230 HBS	310 + 0.7 HBS
合金铸钢	调质	200 ~ 350 HBS	340 + HBS
碳素钢、合金钢	表面淬火	45 ~ 58 HRC	500 + 11 HRC
合金钢	渗碳淬火	54 ~ 64 HRC	23 HRC
灰铸铁		150 ~ 250 HBS	120 + HBS
球墨铸铁		150 ~ 300 HBS	170 + 1.4 HBS

注:1. 公式是根据 GB 3480—83 的应力区域图拟定的;

2. 接触强度安全系数 $S_H = 1 \sim 1.1$。

在设计时,一般需确定传动的中心距 a。设 $b = \psi_a \cdot a$,则式(9-15)可改写为

$$a = 48(i + 1)\sqrt[3]{\frac{KT_1}{i\psi_a[\sigma_H]^2}} \quad \text{mm} \qquad (9-16)$$

上式为设计公式。式中 ψ_a 为齿宽系数;i 为传动比 $\left(i = \dfrac{z_2}{z_1} \geqslant 1\right)$;$T_1$ 为小齿轮上的转矩(N·mm);$[\sigma_H]$ 为轮齿的许用接触应力(MPa);K 为载荷系数。

由式(9-16)可知,当一对齿轮的材料、传动比 i 及齿宽系数 ψ_a 一定时,由轮齿表面接触强度所决定的承载能力,仅与中心距 a

有关,即与 mz 的乘积有关,而与模数或齿数的单独一项无关。例如,有一对齿轮 $m = 4$ mm、$z_1 = 20$、$z_2 = 40$、$a = 120$ mm,另一对齿轮 $m = 2$ mm、$z_1 = 40$、$z_2 = 80$、$a = 120$ mm,在上述条件下,这两对齿轮齿面的接触强度是相同的。

另外,由式(9 – 16)亦可知,齿宽系数 ψ_a 的数值愈大,则中心距愈小,但齿宽 b 大,若结构的刚性不够,齿轮制造和安装不准确,则容易发生沿齿宽载荷分布不均的现象,致使轮齿折断。ψ_a 的数值一般可按下列推荐值选取:对轻型减速器取 $\psi_a = 0.2 \sim 0.4$;中型减速器取 $\psi_a = 0.3 \sim 0.6$;重型减速器 ψ_a 可取到 0.8;特殊情况下,ψ_a 可达 $1 \sim 1.2$。齿轮对轴承对称布置时 ψ_a 可取大值;反之,取小值;悬臂布置时应取下限值。

式(9 – 15)及式(9 – 16)只适用于钢齿轮传动。如配对齿轮的材料改变时,应将两式中的系数 335 和 48 作如下修改:钢对灰铸铁时改为 290 及 44;钢对球墨铸铁时改为 320 及 47;灰铸铁对灰铸铁时改为 258 及 40。

§9 – 11　直齿圆柱齿轮轮齿的弯曲 疲劳强度计算

在计算轮齿弯曲强度时,可以把轮齿看作一个悬臂梁。考虑到齿轮制造误差的影响。对于直齿圆柱齿轮通常认为只有一对轮齿传递全部载荷。当轮齿在开始(或终止)啮合时,法向力 F_n 作用在齿顶上(图 9 – 23)。F_n 力可以分解为两个分力(图 9 – 24);使轮齿受弯曲的分力 $F_H = F_n \cos \delta$ 和使轮齿受压缩的分力 $F_V = F_n \sin \delta$。由于 F_V 力产生的压缩应力一般较小,通常可略去不计,所以轮齿的计算应根据 F_H 力所产生的弯曲应力来进行。

设 BC 为轮齿的危险截面,它的宽度为 s_1,它与力 F_H 的距离为 l。危险截面上的弯曲应力为

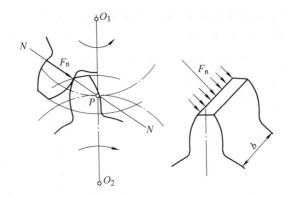

图 9 – 23

$$\sigma_F = \frac{M}{W} = \frac{6F_n \cos \delta \cdot l}{b s_1^2}$$

$$= \frac{F_t}{\cos \alpha} \cdot \frac{1}{bm} \cdot \frac{6\left(\dfrac{l}{m}\right)\cos \delta}{\left(\dfrac{s_1}{m}\right)^2}$$

$$= \frac{F_t}{bm} \cdot \frac{6\left(\dfrac{l}{m}\right)\cos \delta}{\left(\dfrac{s_1}{m}\right)^2 \cos \alpha} \qquad (9 - 17)$$

图 9 – 24

令

$$Y_F = \frac{6\left(\dfrac{l}{m}\right)\cos \delta}{\left(\dfrac{s_1}{m}\right)^2 \cos \alpha}$$

则式(9 – 17)可写为

$$\sigma_F = \frac{F_t}{bm} Y_F \qquad\qquad (9 - 18)$$

式中 Y_F 为齿形系数,它是无因次的数值。Y_F 值只与齿形有关(即
与压力角 α、齿顶高系数 h_a^* 以及齿数 z 有关),而与模数 m 无关
(因为 l 及 s_1 均与 m 成正比)。无论模数大小如何,只要齿形相

似,则 Y_F 值相同。Y_F 值列于表 9-6 中。

表 9-6 标准外啮合齿轮(压力角 $\alpha = 20°$、$h_a^* = 1$)的齿形系数 Y_F

$z(z_v)$	Y_F	$z(z_v)$	Y_F
12	3.46	30	2.52
14	3.20	32	2.48
16	3.03	35	2.46
17	2.96	37	2.43
18	2.90	40	2.40
19	2.84	45	2.37
20	2.79	50	2.33
21	2.75	60	2.28
22	2.72	80	2.23
24	2.67	100	2.21
26	2.60	150	2.18
28	2.56	齿条	2.06

现以 $F_t - \dfrac{2T_1}{d_1}$ 及 $d_1 = z_1 m$ 代入上式,并计及载荷系数 K,化简后,可得轮齿弯曲强度的验算公式

$$\sigma_F = \frac{2KT_1 Y_F}{bd_1 m} = \frac{2KT_1 Y_F}{bz_1 m^2} \leqslant \left[\sigma_F \right] \text{ MPa} \qquad (9-19)$$

按弯曲强度计算齿轮时,往往要确定模数 m。以 $b = \psi_a a = \dfrac{\psi_a z_1 m(i+1)}{2}$ 代入上式,可得轮齿弯曲强度的设计公式

$$m = \sqrt[3]{\frac{4KT_1 Y_F}{\psi_a z_1^2 (i+1)\left[\sigma_F \right]}} \text{ mm} \qquad (9-20)$$

式中 T_1 为作用在小齿轮上的转矩(N·mm);z_1 为小齿轮的齿数;ψ_a 为齿宽系数;Y_F 为齿形系数;$\left[\sigma_F \right]$ 为齿轮材料的许用弯曲应力(MPa)。

按上式求得的模数 m 应圆整成标准模数(表 9-1)。

齿宽系数 ψ_a 和齿数 z_1　齿宽系数 ψ_a 的选取参阅上一节。在满足弯曲强度条件下,宜选取较大的齿数 z_1,因齿数增多,则齿轮的重合度大,传动平稳,摩擦损失小和制造费用低。对于齿面硬度 $\leqslant 350\mathrm{HBS}$ 的闭式传动,最好取 $z_1 = 20 \sim 40$;对于开式传动及齿面硬度 $> 350\mathrm{HBS}$ 的闭式传动,为了保证轮齿具有足够的弯曲强度和减小齿轮的尺寸,宜适当减少齿数,但一般不小于 17(标准齿轮)。

许用弯曲应力 $[\sigma_\mathrm{F}]$　当轮齿单侧工作时,其弯曲应力可认为是脉动循环变化的;当轮齿双侧工作时,其弯曲应力可认为是对称循环变化的。许用弯曲应力见表 9-7。

应用式(9-20)计算模数时,应将 $Y_{\mathrm{F}1}/[\sigma_\mathrm{F}]_1$、$Y_{\mathrm{F}2}/[\sigma_\mathrm{F}]_2$ 中较大的数值代入计算,这样可使大、小齿轮的弯曲强度均得到满足。

表 9-7　许用弯曲应力 $[\sigma_\mathrm{F}]$ 值

材　　料	热处理方法	轮齿硬度	$[\sigma_\mathrm{F}]/\mathrm{MPa}$
普通碳钢	正火	150~210HBS	130 + 0.15HBS
碳素钢	调质、正火	170~270HBS	140 + 0.2HBS
合金钢	调质	200~350HBS	155 + 0.3HBS
铸钢		150~200HBS	100 + 0.15HBS
碳素铸钢	调质、正火	170~230HBS	120 + 0.2HBS
合金铸钢	调质	200~350HBS	125 + 0.25HBS
碳素钢、合金钢	表面淬火	45~58HRC	160 + 2.5HRC
合金钢	渗碳淬火	54~63HRC	5.8HRC
灰铸铁		150~250HBS	30 + 0.1HBS
球墨铸铁		200~300HBS	130 + 0.2HBS

注:1. 公式是根据 GB 3480—83 的应力区域图拟定的;

2. 弯曲强度安全系数 $S_\mathrm{F} = 1.1 \sim 1.25$;

3. 当齿轮受双向交变应力时,应将式中的 $[\sigma_\mathrm{F}]$ 乘以 0.7。

例题三　设计一减速器的直齿圆柱齿轮传动。已知输入轴转速 $n_1 =$

750 r/min,传动比 $i = 4$,传递功率 $P = 10$ kW,此减速器用于带式输送机。

解 1. 齿面接触强度计算

（1）确定作用在小齿轮上的转矩 T_1

$$T_1 = 955 \times 10^4 \frac{P}{n_1} = 955 \times 10^4 \times \frac{10}{750} \text{ N} \cdot \text{mm} = 12.73 \times 10^4 \text{ N} \cdot \text{mm}$$

（2）选择齿轮材料、确定许用接触应力 $[\sigma_H]$ 根据工作要求,采用齿面硬度 $\leqslant 350$HBS。

小齿轮选用 45 钢,调质,硬度为 260HBS；

大齿轮选用 45 钢,调质,硬度为 220HBS。

由表 9-5 的公式,可确定许用接触应力 $[\sigma_H]$：

小齿轮 $[\sigma_H]_1 = 380 + 0.7$HBS $= (380 + 0.7 \times 260)$ MPa $= 562$ MPa

大齿轮 $[\sigma_H]_2 = 380 + 0.7$HBS $= (380 + 0.7 \times 220)$ MPa $= 534$ MPa

（3）选择齿宽系数 ψ_a 取 $\psi_a = 0.4$。

（4）确定载荷系数 K 因齿轮相对轴承对称布置,且载荷较平稳,故取 $K = 1.35$。

（5）计算中心距 a

$$a = 48(i+1) \sqrt[3]{\frac{KT_1}{i\psi_a [\sigma_H]^2}}$$

$$= 48 \times (4+1) \times \sqrt[3]{\frac{1.35 \times 12.73 \times 10^4}{4 \times 0.4 \times 534^2}} \text{ mm}$$

$$= 173.3 \text{ mm}$$

（6）选择齿数并确定模数   取 $z_1 = 28$,则 $z_2 = iz_1 = 4 \times 28 = 112$。

$$m = \frac{2a}{z_1 + z_2} = \frac{2 \times 173.3}{28 + 112} \text{ mm} = 2.47 \text{ mm}$$

取标准模数（表 9-1）, $m = 2.5$ mm。

（7）齿轮几何尺寸计算

小齿轮分度圆直径及齿顶圆直径

$$d_1 = mz_1 = 2.5 \times 28 \text{ mm} = 70 \text{ mm}$$

$$d_{a1} = d_1 + 2m = (70 + 2 \times 2.5) \text{ mm} = 75 \text{ mm}$$

大齿轮分度圆直径及齿顶圆直径

$$d_2 = mz_2 = 2.5 \times 112 \text{ mm} = 280 \text{ mm}$$

$$d_{a2} = d_2 + 2m = (280 + 2 \times 2.5) \text{ mm} = 285 \text{ mm}$$

中心距

$$a = \frac{d_1 + d_2}{2} = \frac{70 + 280}{2} \text{ mm} = 175 \text{ mm}$$

大齿轮宽度

$$b_2 = \psi_a \cdot a = 0.4 \times 175 \text{ mm} = 70 \text{ mm}$$

小齿轮宽度 因小齿轮齿面硬度高,为补偿装配误差,避免工作时在大齿轮齿面上造成压痕,一般 b_1 应比 b_2 宽些,取

$$b_1 = b_2 + 5 = 75 \text{ mm}$$

(8)确定齿轮的精度等级 齿轮圆周速度

$$v = \frac{\pi d_1 n_1}{60\ 000} = \frac{3.14 \times 70 \times 750}{60\ 000} \text{ m/s} = 2.75 \text{ m/s}$$

根据工作要求和圆周速度,由表 9 – 3 选用 8 级精度。

2. 轮齿弯曲强度验算

(1)确定许用弯曲应力 根据表 9 – 7 查得

$$[\sigma_F]_1 = 140 + 0.2 \text{HBS} = 140 + 0.2 \times 260 = 192 \text{ MPa}$$

$$[\sigma_F]_2 = 140 + 0.2 \text{HBS} = 140 + 0.2 \times 220 = 184 \text{ MPa}$$

(2)查齿形系数 Y_F,比较 $Y_F/[\sigma_F]$

小齿轮 $z_1 = 28$,由表 9 – 6 查得 $Y_{F1} = 2.56$;

大齿轮 $z_2 = 112$,由表 9 – 6 用插入法得 $Y_{F2} = 2.20$。

$$\frac{Y_{F1}}{[\sigma_F]_1} = \frac{2.56}{192} = 0.013$$

$$\frac{Y_{F2}}{[\sigma_F]_2} = \frac{2.20}{184} = 0.012$$

因 $\dfrac{Y_{F1}}{[\sigma_F]_1} > \dfrac{Y_{F2}}{[\sigma_F]_2}$,所以应验算小齿轮。

(3)验算弯曲应力 计算时应以齿宽 b_2 代入,则

$$\sigma_{F1} = \frac{2KT_1 Y_{F1}}{b z_1 m^2} = \frac{2 \times 1.35 \times 12.73 \times 10^4 \times 2.56}{70 \times 28 \times 2.5^2} \text{ MPa}$$

$$= 71.8 \text{ MPa} < 192 \text{ MPa},安全。$$

3. 结构设计(略)。

例题四 现有一单级直齿圆柱齿轮减速器(正常齿标准齿轮),其齿轮齿数 $z_1 = 22,z_2 = 88$,并测得齿顶圆直径 $d_{a1} = 120$ mm,$d_{a2} = 450$ mm,齿宽 $b = 65$ mm,小齿轮材料为 45 钢,齿面硬度为 220HBS,大齿轮材料为 ZG310 –

570,其齿面硬度为180HBS,齿轮精度为 8 级,齿轮相对轴承对称布置。现想把此减速器用于带式输送机上,所需的输出转速 $n_2 = 200$ r/min,单向转动,试求此减速器所能传递的最大功率。

解 1. 确定齿轮模数 m 及中心距 a

由表 9 - 2 知,齿顶圆直径与模数关系为

$$m = \frac{d_{a1}}{(z_1 + 2h_a^*)} = \frac{120}{(22 + 2 \times 1)} \text{ mm} = 5 \text{ mm}$$

$$m = \frac{450}{(88 + 2 \times 1)} \text{ mm} = 5 \text{ mm}$$

由表 9 - 1 可知 $m = 5$ mm 为标准模数。

计算中心距　$a = \frac{m}{2}(z_1 + z_2) = \frac{5}{2} \times (22 + 88)$ mm = 275 mm

2. 该减速器能传递的最大功率

因该齿轮传动为闭式传动,且齿面硬度≤350HBS,故可按齿面接触强度计算它所能传递的最大功率;然后再验算轮齿的弯曲强度。

将式(9 - 15)改写为

$$T_1 = \left(\frac{[\sigma_H]a}{335}\right)^2 \frac{bi}{K(i+1)^3}$$

确定许用接触应力 $[\upsilon_H]$

小齿轮材料为 45 钢,调质,220HBS,

$$[\sigma_H]_1 = 380 + 0.7\text{HBS} = 380 + 0.7 \times 220 = 534 \text{ MPa}$$

大齿轮材料为铸钢 ZG310 - 570,180HBS,

$$[\sigma_H]_2 = 310 + 0.7\text{HBS} = (310 + 0.7 \times 180) \text{ MPa} = 436 \text{ MPa}$$

计算时应以 $[\sigma_H]_2$ 值代入。

载荷系数 K　因齿轮相对轴承对称布置,取 $K = 1.3$。

传动比 i　　　　　　$i = \frac{z_2}{z_1} = \frac{88}{22} = 4$

将有关参数值代入上式,可求得小齿轮轴上的转矩

$$T_1 = \left(\frac{436 \times 275}{335}\right)^2 \times \frac{65 \times 4}{1.3 \times (4+1)^3} \text{ N} \cdot \text{mm} = 2.05 \times 10^5 \text{ N} \cdot \text{mm}$$

该齿轮传动所能传递的最大功率

$$P_1 = \frac{T_1 n_1}{955 \times 10^4} = \frac{2.05 \times 10^5 \times 4 \times 200}{955 \times 10^4} \text{ kW} = 17.17 \text{ kW}$$

3. 按 P_1 验算轮齿的弯曲强度

由表 9-7 计算许用弯曲应力

小齿轮 $[\sigma_F]_1 = 140 + 0.2 \text{HBS} = (140 + 0.2 \times 220)\ \text{MPa} = 184\ \text{MPa}$

大齿轮 $[\sigma_F]_2 = 120 + 0.2 \text{HBS} = (120 + 0.2 \times 180)\ \text{MPa} = 156\ \text{MPa}$

由表 9-6 查齿形系数，$z_1 = 22$，$Y_{F1} = 2.72$；$z_2 = 88$，$Y_{F2} = 2.22$。比较

$\dfrac{Y_F}{[\sigma_F]}$，$\dfrac{Y_{F1}}{[\sigma_F]_1} = \dfrac{2.72}{184} = 0.014\ 8$；$\dfrac{Y_{F2}}{[\sigma_F]_2} = \dfrac{2.22}{156} = 0.014\ 2$，因 $\dfrac{Y_{F1}}{[\sigma_F]_1} > \dfrac{Y_{F2}}{[\sigma_F]_2}$，应

验算小齿轮。

由式(9-19)

$$\sigma_{F1} = \frac{2KT_1 Y_{F1}}{bz_1 m^2} = \frac{2 \times 1.3 \times 2.05 \times 10^5 \times 2.72}{65 \times 22 \times 5^2}\ \text{MPa}$$

$$= 40.54\ \text{MPa} < 184\ \text{MPa}$$

弯曲强度足够。所以此减速器能传递的功率 $P_1 = 17.17\ \text{kW}$。

§9-12　斜齿圆柱齿轮传动

（一）斜齿圆柱齿轮的形成原理

前面讨论直齿圆柱齿轮时，仅就垂直于轮轴的一个截面加以研究，但实际齿轮齿廓侧面的形成如图 9-25 所示，平面 S 沿母线 MM 切于齿轮的基圆柱上。当平面 S 在基圆柱上作纯滚动时，其上任一平行于母线的直线 AA 将展出一渐开线曲面，此曲面即为齿轮的齿侧面，它与轮轴垂直面的交线即为渐开线。当这一对齿轮啮合时，两轮的齿将沿直线接触，其轨迹即为两轮的啮合面。直齿圆柱齿轮的缺点为重合度小，容易引起冲击、振动，对制造误差的影响较敏感，因此常采用斜齿圆柱齿轮。

斜齿圆柱齿轮齿廓侧面的形成过程如图 9-26 所示。当平面 S 沿基圆柱作纯滚动时，其上与母线 MM 成一倾斜角度的直线 AA 上任一点的轨迹都是圆的渐开线，而整个直线 AA 的轨迹为一渐开线的螺旋面，此即斜齿圆柱齿轮的齿廓侧面。直线 AA 与母线 MM

间的夹角称为基圆柱上的螺旋角 β_b。

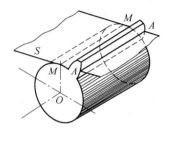

图 9 – 25

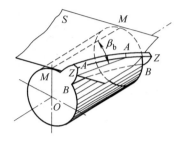

图 9 – 26

从斜齿圆柱齿轮的形成过程可知,斜齿圆柱齿轮的齿廓在任何啮合位置时,其接触线都是与轴线不相平行的斜线,如图 9 – 27 所示。从两齿开始啮合时起,齿的接触线长度由零逐渐增长,以后又逐渐缩短直到脱离啮合。

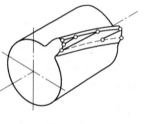

图 9 – 27

一对外啮合斜齿圆柱齿轮啮合时,除两轮的模数和压力角必须相等外,两轮分度圆上的螺旋角的大小也必须相等而方向相反,即一为左旋而另一为右旋。

从斜齿圆柱齿轮的形成原理及啮合情况可知,它具有下述优点:啮合情况好,齿廓误差对传动的影响较小;重合度大,工作平稳;与直齿圆柱齿轮比较,当精度相同时,允许的速度较高。它的缺点是在工作中产生轴向力 F_a(图 9 – 28a),往往要用角接触轴承来承受这个轴向力。

若采用人字齿轮(图 9 – 28b)就可以消除轴向力的影响。人字齿轮的左右两侧轮齿对称,故两侧所产生的两个轴向力互相平衡。人字齿轮的优点是强度高、传动平稳,它的缺点是制造较困难。人字齿轮宜用于传递大功率,常用在轧钢机、矿山机械等重型机械中。

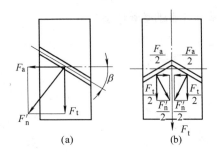

图 9 – 28

（二）斜齿圆柱齿轮的齿距、模数及重合度

在斜齿圆柱齿轮中必须辨别端面 t（垂直于轮轴的平面）与法面 n（垂直于齿的方向的截面）。图 9 – 29 所示为斜齿圆柱齿轮分度圆柱的展开面。设 p_n 为法向齿距，p_t 为端面齿距；m_n 为法向模数，m_t 为端面模数；β 为分度圆柱上的螺旋角；B 为齿轮宽度；b 为齿宽。则

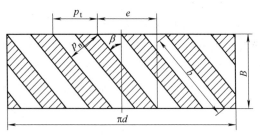

图 9 – 29

$$\left.\begin{array}{l} p_n = p_t \cos \beta \\ m_n = m_t \cos \beta \end{array}\right\} \qquad (9 - 21)$$

$$b = \frac{B}{\cos \beta} \qquad (9 - 22)$$

用铣刀或滚刀制造斜齿圆柱齿轮时，刀具的进刀方向垂直于法面，因此齿轮的法向模数与刀具模数相同。故在斜齿圆柱齿轮

中应以法向模数 m_n 为标准模数。

由于斜齿圆柱齿轮的齿与轮轴的方向成一螺旋角,所以使齿轮传动的啮合弧增大了 $e = B\tan\beta$ 一段。如与斜齿轮端面齿廓相同的直齿圆柱齿轮的重合度为 ε_α,则斜齿圆柱齿轮的重合度

$$\varepsilon_\gamma = \varepsilon_\alpha + \frac{B\tan\beta}{p_t} = \varepsilon_\alpha + \frac{B\sin\beta}{p_n} \qquad (9-23)$$

为了计算方便,将正常齿制标准斜齿圆柱齿轮的各部几何尺寸列于表 9-8。

表 9-8　斜齿圆柱齿轮各部分的几何尺寸

(正常齿制外啮合标准齿轮)

各部分名称	代号	公　　式
法向模数	m_n	由强度计算获得
分度圆(节圆)直径	d	$d_1 = m_t z_1 = \dfrac{m_n z_1}{\cos\beta}; d_2 = m_t z_2 = \dfrac{m_n z_2}{\cos\beta}$
齿顶高	h_a	$h_a = m_n$
齿根高	h_f	$h_f = 1.25 m_n$
全齿高	h	$h = h_a + h_f = 2.25 m_n$
齿顶圆直径	d_a	$d_{a1} = d_1 + 2m_n; d_{a2} = d_2 + 2m_n$
齿根圆直径	d_f	$d_{f1} = d_1 - 2.5 m_n; d_{f2} = d_2 - 2.5 m_n$
中心距	a	$a = \dfrac{d_1 + d_2}{2} = \dfrac{m_t(z_1 + z_2)}{2} = \dfrac{m_n(z_1 + z_2)}{2\cos\beta}$

为了选择圆盘铣刀及进行强度计算,必须知道和斜齿圆柱齿轮法面齿形相当的直齿圆柱齿轮,其齿数称为当量齿数。下面研究当量齿数 z_v 与实际齿数 z 及螺旋角 β 之间的关系。

如图 9-30 所示,过斜齿圆柱齿轮任一轮齿上的节点 P 作齿的法面 $n-n$,则此法面与斜齿圆柱齿轮分度圆柱的交线为一椭圆,其长轴半径 $a = \dfrac{d}{2\cos\beta}$,短轴半径为 $b = \dfrac{d}{2}$。椭圆在 P 点的曲率

半径为

$$\rho = \frac{a^2}{b} = \frac{d}{2\cos^2\beta}$$

以 ρ 为半径作一圆,此圆即为与斜齿圆柱齿轮相当的直齿圆柱齿轮的分度圆,此直齿圆柱齿轮称为当量齿轮。当量齿轮上的齿数称为当量齿数,其值为

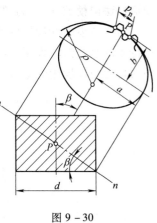

$$z_v = \frac{2\pi\rho}{p_n} = \frac{\pi d}{p_n\cos^2\beta} = \frac{\pi z m_t}{p_t\cos^3\beta} = \frac{z}{\cos^3\beta}$$

$$(9 - 24)$$

图 9 - 30

斜齿圆柱齿轮不产生根切的最少齿数 z_{min} 可由直齿圆柱齿轮最少齿数 z_{vmin} 来确定,即

$$z_{min} = z_{vmin}\cos^3\beta$$

例题五 为改装某设备,需配一对标准斜齿圆柱齿轮传动。已知传动比 $i = 3.5$,法向模数 $m_n = 2$ mm,中心距 $a = 92$ mm。试计算该对齿轮的几何尺寸。

解 1. 先选定小齿轮的齿数 $z_1 = 20$,则大齿轮齿数 $z_2 = iz_1 = 3.5 \times 20 = 70$。

2. 知道齿数、法向模数及中心距,可由下式计算斜齿轮的分度圆螺旋角:

$$a = \frac{m_n(z_1 + z_2)}{2\cos\beta}$$

$$\cos\beta = \frac{m_n(z_1 + z_2)}{2a} = \frac{2 \times (20 + 70)}{2 \times 92} = 0.978\ 260$$

$$\beta = 11°58'7''(旋向:一为右旋,一为左旋)$$

3. 按表 9 - 8 的公式计算其他几何尺寸

分度圆直径

$$d_1 = \frac{z_1 m_n}{\cos\beta} = \frac{20 \times 2}{\cos 11°58'07''}\ \text{mm} = 40.89\ \text{mm}$$

$$d_2 = \frac{z_2 m_n}{\cos\beta} = \frac{70 \times 2}{\cos 11°58'07''}\ \text{mm} = 143.11\ \text{mm}$$

齿顶圆直径

$$d_{a1} = d_1 + 2m_n = (40.89 + 2 \times 2) \text{ mm} = 44.89 \text{ mm}$$

$$d_{a2} = d_2 + 2m_n = (143.11 + 2 \times 2) \text{ mm} = 147.11 \text{ mm}$$

齿根圆直径

$$d_{f1} = d_1 - 2.5m_n = (40.89 - 2.5 \times 2) \text{ mm} = 35.89 \text{ mm}$$

$$d_{f2} = d_2 - 2.5m_n = (143.11 - 2.5 \times 2) \text{ mm} = 138.11 \text{ mm}$$

§9-13 斜齿圆柱齿轮传动的强度计算

（一）作用力的分析

图 9-31 所示为斜齿圆柱齿轮轮齿的受力情况。作用在轮齿上的法向力 F_n 可以分解为三个分力：

$$\left. \begin{array}{ll} \text{圆周力} & F_t = \dfrac{2T_1}{d_1} \\[2mm] \text{径向力} & F_r = F_n' \tan \alpha = \dfrac{F_t \tan \alpha}{\cos \beta} \\[2mm] \text{轴向力} & F_a = F_t \tan \beta \end{array} \right\} \qquad (9-25)$$

圆周力 F_t 的方向，在主动轮上和回转方向相反，在从动轮上和回转方向一致。径向力方向对两轮都是指向轮心。轴向力的方向可以用"主动轮左、右手方法"来判断：若主动轮为右旋，则握紧右手，以四指弯曲方向表示主动轮的回转方向，拇指的指向即为作用在主动轮上轴向力 F_a 的方向；若主动轮为左旋，则以左手来判断。知道主动轮上的轴向力方向之后，则从动轮轴向力的方向与其相反、大小相等。在图 9-31a 中，小齿轮（主动轮）为左旋，用左手可以判断轴向力 F_a 向左。图 9-31b 所示为与图 9-31a 相应的一对斜齿圆柱齿轮之间的作用力的方向。

（二）轮齿表面的接触疲劳强度计算

用分析直齿圆柱齿轮传动类似的方法，并考虑到斜齿轮传动

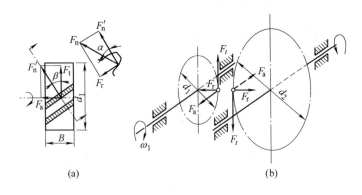

图 9 – 31

本身的特点(重合度大、接触线较长及节线附近的载荷集中等),
可以得到斜齿圆柱齿轮轮齿表面接触疲劳强度的计算公式:

$$\sigma_{H} = \frac{312}{a} \sqrt{\frac{KT_{1}}{b} \cdot \frac{(i+1)^{3}}{i}} \leqslant [\sigma_{H}] \quad \text{MPa} \qquad (9-26)$$

$$a = 46(i+1) \sqrt[3]{\frac{KT_{1}}{i\psi_{a}[\sigma_{H}]^{2}}} \quad \text{mm} \qquad (9-27)$$

式(9 – 26)为验算公式,式(9 – 27)为设计公式,其中各参数
的意义及单位均与直齿圆柱齿轮的相同。许用接触应力$[\sigma_{H}]$的
计算亦与直齿圆柱齿轮的相同。在简化计算时,载荷系数 K 亦可
按直齿圆柱齿轮的数据选用。斜齿圆柱齿轮的啮合情况较好,故
齿宽系数 ψ_{a} 可选得较直齿圆柱齿轮的大些。

按式(9 – 27)求出中心距 a 后,再选择齿数 z_{1} 及螺旋角 β,求
出法向模数 m_{n},最后应选取标准模数。

由于

$$a = \frac{d_{1} + d_{1}}{2} = \frac{m_{t}(z_{1} + z_{2})}{2} = \frac{m_{n}(z_{1} + z_{2})}{2\cos\beta}$$

故

$$m_{n} = \frac{2a\cos\beta}{z_{1} + z_{2}} \qquad (9-28)$$

因为 z_1 及 z_2 应为整数,m_n 亦应符合标准,若中心距已预先决定或需要圆整,则必须利用下式调整螺旋角 β,

$$\beta = \text{arc cos} \frac{m_n(z_1 + z_2)}{2a} \qquad (9-29)$$

z_1 的选取与直齿圆柱齿轮的相同。在斜齿圆柱齿轮传动中,β 角愈大,重合度亦愈大,传动情况良好。但轴向力大,影响轴承组合及传动效率。若 β 角过小时,将失去斜齿的优点。一般螺旋角 $\beta = 8° \sim 20°$,计算时可初选 $\beta = 10° \sim 12°$。

式(9-26)及式(9-27)只适用于钢齿轮,如材料改变时,公式中的系数 312 及 46 应作如下修改:钢对灰铸铁改为 269 及 42;钢对球墨铸铁改为 298 及 45;灰铸铁对灰铸铁改为 240 及 39。

(三)轮齿的弯曲疲劳强度计算

斜齿圆柱齿轮的弯曲疲劳强度计算公式为

$$\sigma_F = \frac{1.6KT_1Y_F}{bm_nd_1} = \frac{1.6KT_1Y_F\cos\beta}{bm_n^2z_1} \leqslant [\sigma_F] \quad \text{MPa} \quad (9-30)$$

上式为验算公式。

取 $\beta = 10°$,并以 $b = \psi_a \cdot a = \dfrac{\psi_a m_n(i+1)z_1}{2\cos\beta}$ 代入上式,化简后可得斜齿圆柱齿轮轮齿弯曲疲劳强度的设计公式:

$$m_n = \sqrt[3]{\frac{3.1KT_1Y_F}{\psi_a(i+1)z_1^2[\sigma_F]}} \quad \text{mm} \qquad (9-31)$$

式(9-30)及式(9-31)中的 Y_F 是斜齿圆柱齿轮的当量齿轮的齿形系数,可根据当量齿数 $z_v = \dfrac{z}{\cos^3\beta}$ 由表 9-6 查得。许用弯曲应力 $[\sigma_F]$ 按表 9-7 确定。其他参数的意义及单位同直齿圆柱齿轮。

关于斜齿圆柱齿轮强度计算公式的简要说明如下:
国标 GB 3480-83 中的公式为

$$\sigma_H = Z_E Z_H Z_\varepsilon Z_\beta \sqrt{\frac{2KT_1}{\psi_d d_1^3} \frac{u \pm 1}{u}} \leqslant [\sigma_H]$$

以 $Z_E = 189.8 \sqrt{\text{MPa}}$（钢对钢），螺旋角 $\beta = 8° \sim 20°$，取 Z_H 的平均值，$Z_H = 2.43$；取 Z_ε 的最大值，$Z_\varepsilon = 0.91$。忽略 β 角的影响，即 $Z_\beta = 1$，再以 $\psi_d = \psi_a \left(\frac{i+1}{2} \right)$，并将齿数比 u 换成传动比 i，将上述有关数据及参数代入上式，再考虑国标中的载荷系数 K 比常用的 K 值大，因此将公式前的系数增大 5%，于是可得式（9 – 26）：

$$\sigma_H = \frac{311.5}{a} \sqrt{\frac{KT_1}{b} \frac{(i+1)^3}{i}} \leqslant [\sigma_H]$$

$$\approx \frac{312}{a} \sqrt{\frac{KT_1}{b} \frac{(i+1)^3}{i}} \leqslant [\sigma_H]$$

在弯曲疲劳强度计算中，考虑斜齿轮传动接触线是倾斜的，重合度大，一般为斜向断齿，实际弯曲应力要小些，故将弯曲应力约降低 20%，再以当量齿轮的有关参数代入直齿轮弯曲强度计算公式中，便可得到式（9 – 30）。

例题六 一带式输送机的单级斜齿圆柱齿轮减速器，已知主动轮传递的转矩 $T_1 = 13.3 \times 10^4$ N·mm，转速 $n_1 = 306$ r/min，传动比 $i = 4.68$，试设计该斜齿圆柱齿轮传动。

解 1. 齿面接触疲劳强度计算

1）选择齿轮材料、确定许用接触应力 $[\sigma_H]$

根据工作要求，采用齿面硬度 ≤350HBS。

小齿轮选用 40Cr 钢，调质，硬度为 260HBS；大齿轮选用 42SiMn 钢，调质，硬度为 220HBS。

根据表 9 – 5 的公式确定许用接触应力 $[\sigma_H]$：

小齿轮

$$[\sigma_H]_1 = 380 + \text{HBS} = (380 + 260) \text{ MPa} = 640 \text{ MPa}$$

大齿轮

$$[\sigma_H]_2 = 380 + \text{HBS} = (380 + 220) \text{ MPa} = 600 \text{ MPa}$$

2）选择齿宽系数 ψ_a

轻型减速器,故取 $\psi_a = 0.4$。

3）确定载荷系数 K

因齿轮相对轴承对称布置,且带式输送机载荷较平稳,故取 $K = 1.3$。

4）初步计算中心距

由公式（9-27）知

$$a = 46(i+1)\sqrt[3]{\frac{KT_1}{i\psi_a[\sigma_H]^2}} = 46 \times (4.68+1) \times \sqrt[3]{\frac{1.3 \times 13.3 \times 10^4}{4.68 \times 0.4 \times 600^2}}\ \text{mm}$$

$$= 166\ \text{mm}$$

5）选择齿数、螺旋角,确定模数

取小齿轮齿数 $z_1 = 19$,则 $z_2 = iz_1 = 4.68 \times 19 = 88.9$,取 $z_2 = 89$。中心距取为 $a = 166$ mm。初步选定 $\beta = 12°$,由公式（9-28）可得法向模数

$$m_n = \frac{2a\cos\beta}{z_1 + z_2} = \frac{2 \times 166 \times \cos 12°}{19 + 89}\ \text{mm} = 3.007\ \text{mm}$$

根据表 9-1,取 $m_n = 3$ mm。取为标准模数后,必须按式（9-29）重新计算精确的螺旋角,即

$$\beta = \arccos\frac{m_n(z_1 + z_2)}{2a} = \arccos\frac{3 \times (19 + 89)}{2 \times 166} = 12°36'12''$$

在 8°~20°范围内,上述参数合适。

6）确定其他尺寸

分度圆直径

$$d_1 = \frac{m_n z_1}{\cos\beta} = \frac{3 \times 19}{\cos 12°36'12''}\ \text{mm} = 58.41\ \text{mm}$$

$$d_2 = \frac{m_n z_2}{\cos\beta} = \frac{3 \times 89}{\cos 12°36'12''}\ \text{mm} = 273.59\ \text{mm}$$

齿顶圆直径

$$d_{a1} = d_1 + 2m_n = (58.41 + 2 \times 3)\ \text{mm} = 64.41\ \text{mm}$$

$$d_{a2} = d_2 + 2m_n = (273.59 + 2 \times 3)\ \text{mm} = 279.59\ \text{mm}$$

齿根圆直径

$$d_{f1} = d_1 - 2.5m_n = (58.41 - 2.5 \times 3)\ \text{mm} = 50.91\ \text{mm}$$

$$d_{f2} = d_2 - 2.5m_n = (273.59 - 2.5 \times 3)\ \text{mm} = 266.09\ \text{mm}$$

中心距

$$a = \frac{d_1 + d_2}{2} = \frac{58.41 + 273.59}{2}\ \text{mm} = 166\ \text{mm}$$

大齿轮齿宽

$$b_2 = \psi_a \cdot a = 0.4 \times 166 \text{ mm} = 66.4 \text{ mm}, 取 b_2 = 70 \text{ mm}$$

小齿轮齿宽

$$b_1 = b_2 + (5 \sim 10) = 75 \sim 80 \text{ mm}, 取 b_1 = 75 \text{ mm}$$

因小齿轮齿面硬,为便于安装,故齿宽要大些,以免工作时在大齿轮齿面上造成压痕。

7)确定齿轮精度等级

齿轮圆周速度

$$v = \frac{\pi d_1 n_1}{60\ 000} = \frac{3.14 \times 58.41 \times 306}{60\ 000} \text{ m/s} \approx 1 \text{ m/s}$$

根据工作要求及圆周速度,由表 9-3 取 9 级精度。

2. 验算轮齿弯曲疲劳强度

1)确定许用弯曲应力

带式输送机齿轮传动是单向传动,由表 9-7 可得齿轮的许用弯曲应力:

$$[\sigma_F]_1 = 155 + 0.3\text{HBS} = (155 + 0.3 \times 260) \text{ MPa} = 233 \text{ MPa}$$

$$[\sigma_F]_2 = 155 + 0.3\text{HBS} = (155 + 0.3 \times 220) \text{ MPa} = 221 \text{ MPa}$$

2)查齿形系数 Y_F,比较 $Y_F / [\sigma_F]$

斜齿轮应按当量齿数 z_v 查 Y_F 值

$$z_{v1} = \frac{z_1}{\cos^3\beta} = \frac{19}{\cos^3 12°36'12''} = 20$$

$$z_{v2} = \frac{89}{\cos^3 12°36'12''} = 96$$

由表 9-6 查得: $Y_{F1} = 2.79$; $Y_{F2} = 2.22$。

$$\frac{Y_{F1}}{[\sigma_F]_1} = \frac{2.79}{233} = 0.011\ 9$$

$$\frac{Y_{F2}}{[\sigma_F]_2} = \frac{2.22}{221} = 0.010$$

因 $\dfrac{Y_{F1}}{[\sigma_F]_1} > \dfrac{Y_{F2}}{[\sigma_F]_2}$,应验算小齿轮。

3)验算弯曲应力

由式(9-30)得:

$$\sigma_{F1} = \frac{1.6KT_1 Y_{F1}}{bm_n d_1} = \frac{1.6 \times 1.3 \times 13.3 \times 10^4 \times 2.79}{70 \times 3 \times 58.41} \text{ MPa}$$

$$= 63 \text{ MPa} < 233 \text{ MPa}$$

验算合用。

4）结构尺寸（略）

例题七 有两级斜齿圆柱齿轮传动,其布置方式如图 9 – 32 所示,今欲使轴Ⅱ所受的轴向力的大小相等、方向相反,设 $\beta_1 = 19°$,试确定第二对齿轮的螺旋角 β_2 和轮齿的旋向。

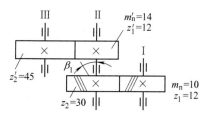

图 9 – 32

解 要使轴Ⅱ上两斜齿圆柱齿轮的轴向力相反,则其旋向必须相同（图中齿轮 z_2 为左旋,则齿轮 z_1' 亦应为左旋）,因为齿轮 z_2 为从动轮,而齿轮 z_1' 为主动轮。

根据题意得 $F_{a2} = F_{a1}'$（F_{a1}' 表示作用在 z_1' 齿轮上的轴向力）,则

$$F_{t2} \tan \beta_1 = F_{t1}' \tan \beta_2$$

因 $F_t = \dfrac{2T}{d}$,故

$$\frac{2T_2}{d_2} \tan \beta_1 = \frac{2T_1'}{d_1'} \tan \beta_2$$

T_2、T_1' 均为轴Ⅱ上的转矩,故 $T_2 = T_1'$,则

$$\tan \beta_2 = \frac{d_1'}{d_2} \tan 19° = \frac{\dfrac{m_n' z_1'}{\cos \beta_2}}{\dfrac{m_n z_2}{\cos \beta_1}} \tan 19°$$

$$= \frac{\dfrac{14}{\cos \beta_2} \times 12}{\dfrac{10}{\cos 19°} \times 30} \tan 19° = \frac{14 \times 12 \cos 19°}{30 \times 10 \cos \beta_2} \tan 19°$$

由此可得 $\qquad \sin \beta_2 = 0.182\ 3, \beta_2 = 10°30'17''$

§9-14 锥齿轮传动

锥齿轮用于几何轴线相交的两轴间的传动(图9-5),其运动可以看成是两个圆锥形摩擦轮在一起作纯滚动,该圆锥即节圆锥。与圆柱齿轮相似,锥齿轮也分为分度圆锥、齿顶圆锥和齿根圆锥等。但和圆柱齿轮不同的是齿的厚度沿锥顶方向逐渐减小。锥齿轮的轮齿也有直齿和斜齿两种,本书只讨论直齿锥齿轮。锥齿轮传动中,两轴的夹角 Σ 一般可为任意值,但通常多为90°。

当两轴间的夹角 $\Sigma = 90°$ 时,其传动比(参看图9-33)

$$i = \frac{n_1}{n_2} = \frac{d_2}{d_1} = \frac{z_2}{z_1} = \cot \delta_1 = \frac{1}{\tan \delta_1} \qquad (9-32)$$

因此,传动比 i 一定时,两锥齿轮的节锥角也就一定。

(一) 直齿锥齿轮的各部分名称和几何计算

如图9-33所示,当节圆锥与分度圆锥重合时,直齿锥齿轮各部分的名称和几何计算列于表9-9中。

表9-9 直齿锥齿轮各部分尺寸的几何关系

($\Sigma = 90°$,正常齿制标准齿轮)

各部分名称	代号	公 式
模数	m	一般取大端模数 m 为标准模数
小轮的分锥角	δ_1	$\tan \delta_1 = z_1/z_2$
大轮的分锥角	δ_2	$\tan \delta_2 = z_2/z_1$
齿顶高	h_a	$h_a = m$
齿根高	h_f	$h_f = 1.2m$
齿 高	h	$h = h_a + h_f = 2.2m$
分度圆直径	d	$d_1 = mz_1 ; d_2 = mz_2$

各部分名称	代号	公　式
齿顶圆直径	d_a	$d_{a1} = d_1 + 2m\cos \delta_1 = m(z_1 + 2\cos \delta_1)$; $d_{a2} = d_2 + 2m\cos \delta_2 = m(z_2 + 2\cos \delta_2)$
齿根圆直径	d_f	$d_{f1} = d_1 - 2.4m\cos \delta_1 = m(z_1 - 2.4\cos \delta_1)$; $d_{f2} = d_2 - 2.4m\cos \delta_2 = m(z_2 - 2.4\cos \delta_2)$
齿顶角	θ_a	$\tan \theta_{a1} = \dfrac{2\sin \delta_1}{z_1} = \tan \theta_{a2} = \dfrac{2\sin \delta_2}{z_2}$
齿根角	θ_f	$\tan \theta_{f1} = \dfrac{2.4\sin \delta_1}{z_1} = \tan \theta_{f2} = \dfrac{2.4\sin \delta_2}{z_2}$
顶锥角	δ_a	$\delta_{a1} = \delta_1 + \theta_{a1}$; $\delta_{a2} = \delta_2 + \theta_{a2}$
锥距	R	$R = \sqrt{\left(\dfrac{d_1}{2}\right)^2 + \left(\dfrac{d_2}{2}\right)^2}$

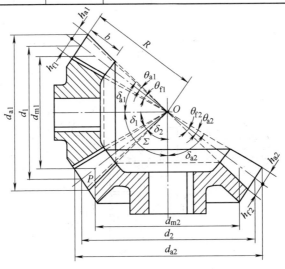

图 9 - 33

（二）直齿锥齿轮的背锥和当量齿数

从理论上讲,锥齿轮的齿廓应为球面上的渐开线,但由于球面不能展成平面,致使锥齿轮的正确设计与制造有许多困难,故采用下述的近似方法。

如图 9 – 34 所示,自 P 点作 OP 的垂线 O_1P 与 O_2P,再以 O_1P 与 O_2P 为母线及以 O_1O、O_2O 为轴线作两个圆锥 O_1PB、O_2PC,该两圆锥称为两轮的背锥。由图可知,在 P、B、C 点附近,背锥面与

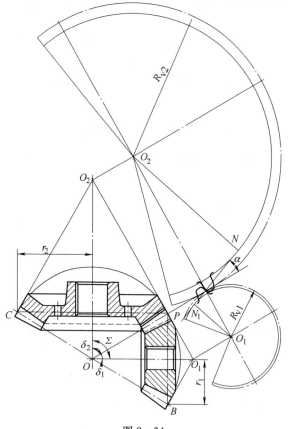

图 9 – 34

球面几乎重合,故可以近似地用背锥面上的齿廓来代替锥齿轮大端的球面齿廓。

将两轮的背锥展开成平面时,其形状为两个扇形。两扇形的半径以 R_{v1} 及 R_{v2} 表示。把这两扇形当作以 O_1 和 O_2 为中心的圆柱齿轮的节圆的一部分,以锥齿轮大端齿轮的模数为模数,并取标准压力角,即可画出该锥齿轮大端的近似齿廓。

两扇形齿轮的齿数 z_1 和 z_2 即为两锥齿轮的实际齿数,若将此两扇形补足成为完整的圆柱齿轮,则它们的齿数将增加为 z_{v1} 和 z_{v2}。z_{v1} 和 z_{v2} 称为该两锥齿轮的当量齿数。该圆柱齿轮称为锥齿轮的当量圆柱齿轮。

因
$$R_{v1} = \frac{d_1}{2\cos\delta_1} = \frac{mz_1}{2\cos\delta_1} \text{ 及 } R_{v1} = \frac{mz_{v1}}{2}$$

故
$$\frac{mz_1}{2\cos\delta_1} = \frac{mz_{v1}}{2}$$

即
$$\left. \begin{array}{l} z_{v1} = \dfrac{z_1}{\cos\delta_1} \\[2mm] z_{v2} = \dfrac{z_2}{\cos\delta_2} \end{array} \right\} \tag{9-33}$$

同理

应用背锥与当量齿数,就可以将圆柱齿轮的原理近似地应用到锥齿轮上,例如求最少齿数、齿形系数和重合度等。

锥齿轮不产生根切的最少齿数 z_{min} 可由当量圆柱齿轮的最少齿数 z_{vmin} 来确定。即

$$z_{min} = z_{vmin}\cos\delta$$

§9-15 直齿锥齿轮传动的强度计算

(一)直齿锥齿轮作用力的分析

为了简化计算,在作用力分析及强度计算中,均以齿宽中点的

直齿锥齿轮进行。

图 9 – 35a 所示为锥齿轮轮齿的受力情况。法向力 F_n 可以分解为三个分力：

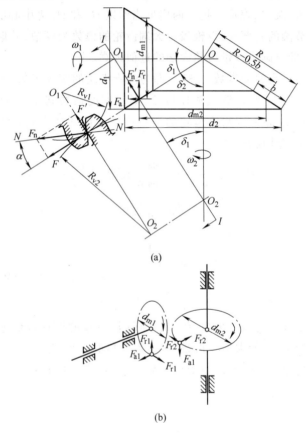

(a)

(b)

图 9 – 35

圆周力 $\quad F_t = \dfrac{2T_1}{d_{m1}}$

径向力 $\quad F_r = F_n' \cos \delta_1 = F_t \tan \alpha \cdot \cos \delta_1$

$(9 - 34)$

轴向力 $\quad F_a = F_n' \sin \delta_1 = F_t \tan \alpha \cdot \sin \delta_1$

式中 d_{m1} 为小齿轮齿宽中点的分度圆直径,由图可知 $d_{m1} = \left(1 - 0.5\dfrac{b}{R}\right)d_1$。

图 9 - 35b 为一对锥齿轮之间的作用力的方向。由图可知,小齿轮的 F_{r1} 及 F_{a1} 即为大齿轮的 F_{a2} 及 F_{r2},但方向相反。

(二)直齿锥齿轮轮齿表面的接触疲劳强度计算

在锥齿轮强度计算中,通常把载荷视作沿齿宽上均匀分布,并设其合力作用于齿宽中点。如把直齿锥齿轮传动看作一对以 O_1 和 O_2 为中心,$R_{v1} = \dfrac{d_{m1}}{2\cos\delta_1}$ 和 $R_{v2} = \dfrac{d_{m2}}{2\cos\delta_2}$ 为节圆半径(图 9 - 35a),平均模数 m_m 为模数的直齿圆柱齿轮传动,这样,就可以采用与直齿圆柱齿轮相似的方法,导出直齿锥齿轮轮齿接触疲劳强度的验算公式为:

$$\sigma_H = \frac{335}{(R - 0.5b)}\sqrt{\frac{\sqrt{(i^2 + 1)^3 KT_1}}{ib}} \leqslant [\sigma_H] \text{ MPa} \quad (9-35)$$

设齿宽系数 $\psi_R = \dfrac{b}{R}$,则可得接触疲劳强度的设计公式为:

$$R = 48\sqrt{i^2 + 1}\sqrt[3]{\frac{KT_1}{(1 - 0.5\psi_R)^2 i\psi_R [\sigma_H]^2}} \text{ mm} \quad (9-36)$$

式中 $[\sigma_H]$ 为许用接触应力;K 为载荷系数,其数值与直齿圆柱齿轮相同。齿宽不应太大,否则受力不均匀,一般对切削加工齿取 $\psi_R = 0.25 \sim 0.3$。其他各参数的符号及单位同前。

式(9-35)及式(9-36)只适用于钢齿轮,当材料不同时,公式中的系数的变换同直齿圆柱齿轮。

按式(9-36)求出锥距 R 之后,需选择齿数 z_1 及 z_2,并按下式确定大端模数,最后应选取标准模数。

$$d_1 = mz_1 = 2R\sin\delta_1, \text{ 且 } \cot\delta_1 = i$$

故
$$m = \frac{2R\sin\delta_1}{z_1} = \frac{2R}{z_1\sqrt{1+i^2}} \qquad (9-37)$$

或
$$\frac{d_1}{d_{m1}} = \frac{R}{R-0.5b} = \frac{m}{m_m}$$

故
$$m = \frac{m_m}{1-0.5b/R}$$

（三）直齿锥齿轮轮齿的弯曲疲劳强度计算

直齿锥齿轮的弯曲疲劳强度计算公式为：

$$\sigma_F = \frac{2KT_1Y_F}{bd_{m1}m_m} = \frac{2KT_1Y_F}{bm_m^2 z_1} \leqslant [\sigma_F]\ \text{MPa} \qquad (9-38)$$

以 $b = \psi_R \cdot R$ 代入式(9-38)，便可得到弯曲疲劳强度的设计公式为：

$$m_m = \sqrt[3]{\frac{4KT_1Y_F(1-0.5\psi_R)}{\psi_R z_1^2 [\sigma_F]\sqrt{i^2+1}}}\ \text{mm} \qquad (9-39)$$

式中的 Y_F 应按当量齿数 $z_v = \dfrac{z}{\cos\delta}$，由表 9-6 查得。

应用式(9-38)及式(9-39)时的注意事项与应用式(9-19)及式(9-20)时相同。

例题八 设计一圆盘给料机的开式直齿锥齿轮传动(轴交角 $\Sigma = 90°$)。已知小锥齿轮转速 $n_1 = 113.5$ r/min，传动比 $i = 3.24$，小齿轮轴转矩 $T_1 = 21 \times 10^4$ N·mm。

解 开式传动的主要失效形式是磨粒磨损和弯曲折断，目前只按弯曲疲劳强度进行计算。

1. 选择材料、确定许用弯曲应力 $[\sigma_F]$

小齿轮选用 45 钢、调质，齿面硬度为 240HBS。由表 9-7 可得许用弯曲应力

$$[\sigma_F]_1 = 140 + 0.2\text{HBS} = (140 + 0.2 \times 240)\ \text{MPa} = 188\ \text{MPa}$$

大齿轮选用 45 钢，正火，齿面硬度为 180HBS。由表 9-7 可得许用弯曲应力

$$[\sigma_F]_2 = 130 + 0.15\text{HBS} = (130 + 0.15 \times 180) \text{ MPa} = 157 \text{ MPa}$$

2. 确定载荷系数 K

考虑载荷有轻度冲击,取 $K = 1.45$。

3. 选择齿数和齿宽系数

取 $z_1 = 17$,则 $z_2 = iz_1 = 3.24 \times 17 = 55$。取齿宽系数 $\psi_R = \dfrac{b}{R} = 0.3$。

$\tan \delta_1 = \dfrac{1}{i} = \dfrac{1}{3.24} = 0.308\,641\,9$,则 $\delta_1 = 17°9'9''$。

4. 查齿形系数 Y_F,比较 $\dfrac{Y_F}{[\sigma_F]}$

当量齿数

$$z_{v1} = \frac{z_1}{\cos \delta_1} = \frac{17}{\cos 17°9'9''} = 18$$

$$z_{v2} = \frac{z_2}{\cos \delta_2} = \frac{55}{\cos 72°50'51''} = 186$$

查表 9-6 得 $Y_{F1} = 2.90$,$Y_{F2} = 2.12$,则

$$\frac{Y_{F1}}{[\sigma_F]_1} = \frac{2.9}{188} = 0.015$$

$$\frac{Y_{F2}}{[\sigma_F]_2} = \frac{2.12}{157} = 0.013$$

因 $\dfrac{Y_{F1}}{[\sigma_F]_1} > \dfrac{Y_{F2}}{[\sigma_F]_2}$,应验算小齿轮。

5. 计算平均模数 m_m

由式(9-39)知:

$$m_m = \sqrt[3]{\frac{4KT_1 Y_{F1}(1 - 0.5\psi_R)}{\psi_R z_1^2 [\sigma_F]_1 \ \sqrt{i^2 + 1}}} = \sqrt[3]{\frac{4 \times 1.45 \times 21 \times 10^4 \times (1 - 0.5 \times 0.3)}{0.3 \times 17^2 \times 188 \times \sqrt{3.24^2 + 1}}} \text{ mm}$$

$$= 2.65 \text{ mm}$$

6. 确定大端模数 m

由式(9-37)得:

$$m = \frac{m_m}{1 - 0.5b/R} = \frac{2.65}{1 - 0.5 \times 0.3} \text{ mm} = 3.12 \text{ mm}$$

考虑磨损,取大端模数 $m = 3.5$ mm。

7. 计算几何尺寸

分度圆直径

$$d_1 = mz_1 = 3.5 \times 17 \text{ mm} = 59.5 \text{ mm}$$

$$d_2 = mz_2 = 3.5 \times 55 \text{ mm} = 192.5 \text{ mm}$$

齿顶圆直径

$$d_{a1} = m(z_1 + 2\cos \delta_1) = 3.5 \times (17 + 2 \times \cos 17°9'9'') \text{ mm} = 66.18 \text{ mm}$$

$$d_{a2} = m(z_2 + 2\cos \delta_2) = 3.5 \times (55 + 2 \times \cos 72°50'51'') \text{ mm} = 194.56 \text{ mm}$$

齿根圆直径

$$d_{f1} = m(z_1 - 2.4\cos \delta_1) = 3.5 \times (17 - 2.4 \times \cos 17°9'9'') \text{ mm} = 51.47 \text{ mm}$$

$$d_{f2} = m(z_2 - 2.4\cos \delta_2) = 3.5 \times (55 - 2.4 \times \cos 72°50'51'') \text{ mm} = 190.02 \text{ mm}$$

锥距

$$R = \sqrt{\left(\frac{d_1}{2}\right)^2 + \left(\frac{d_2}{2}\right)^2} = \sqrt{\left(\frac{59.5}{2}\right)^2 + \left(\frac{192.5}{2}\right)^2} \text{ mm} = 100.74 \text{ mm}$$

齿顶角

$$\tan \theta_{a1} = \frac{2\sin \delta_1}{z_1} = \frac{2 \times \sin 17°9'9''}{17} = 0.034\ 696, \theta_{a1} = 1°59'14''$$

$$\theta_{a2} = \theta_{a1} = 1°59'14''$$

顶锥角

$$\delta_{a1} = \delta_1 + \theta_{a1} = 17°9'9'' + 1°59'14'' = 19°8'23''$$

$$\delta_{a2} = \delta_2 + \theta_{a2} = 72°50'51'' + 1°59'14'' = 74°50'5''$$

§9–16　齿轮的构造

　　直径不大的钢制齿轮,若齿根圆到键槽底部的距离 $e \leqslant (2 \sim 2.5)m_n$ 时,则齿轮和轴可制成一体称为齿轮轴(图 9 – 36)。尺寸稍大的小齿轮,齿轮与轴分别制造,但因尺寸不大,齿轮不必用轮辐(图 9 – 37a)。直径较大一些的齿轮,可用腹板(图 9 – 37b),有时在腹板上制出圆孔,以减轻重量,便于搬运。

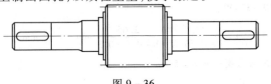

图 9 – 36

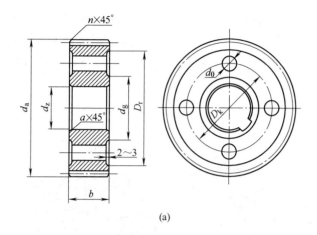

(a)

$$d_a \leqslant 200 \text{ mm}; \ d_g = 1.6 d_z; \ D_y = d_a - 10 m_n;$$

$$D_k = 0.5(D_y + d_g); \ d_0 = 0.2(D_y - d_g); \ n = 0.5 m_n$$

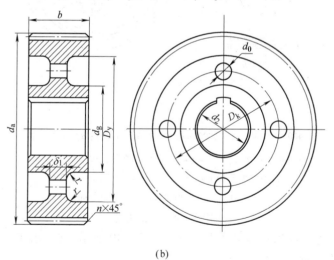

(b)

$$d_a \leqslant 500 \text{ mm}; \ d_g = 1.6 d_z; \ D_y = d_a - 10 m_n;$$

$$D_k = 0.5(D_y + d_g); \ d_0 = 0.25(D_y - d_g); \ \delta_f = 0.3b; \ n = 0.5 m_n; \ r = 5 \text{ mm}$$

图 9 - 37　锻造齿轮

对于顶圆直径 $d_a \leqslant 500 \sim 600$ mm 的齿轮,可以用锻造。当 $d_a > 500 \sim 600$ mm时,锻造很困难,这时可用铸造及轮辐结构(图 9 – 38)。有时将轮缘用优质钢料铸成,然后与铸铁轮心靠过盈连接起来。

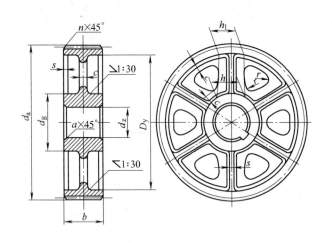

$d_a \approx 400 \sim 1\,000$ mm;$b \leqslant 200$ mm;$d_g = 1.6 d_z$(铸钢);$d_g = 1.7 d_z$(铸铁);

$D_y = d_a - 10 m_n$;$c = (1.2 \sim 2)\sqrt{d_z}$,但不得小于 10 mm;$s = 0.8\,c$,

但不得小于 10 mm;$e = 0.2 d_z$;$h = 0.8 d_z$;$h_1 = 0.8\,h$;

$n = 0.5 m_n$;r 为内接圆弧半径,$r \geqslant 15$ mm

图 9 – 38 铸造齿轮

锥齿轮的构造如图 9 – 39 及图 9 – 40 所示,其轮辐横截面常为 T 字形。

对于一般精度的齿轮,齿顶圆及齿轮轮毂端面(与轴肩或套筒接触处)表面粗糙度可取 $\overset{3.2}{\diagup}$;与轴配合的孔粗糙度可取 $\overset{1.6}{\diagup}$;齿面粗糙度可取 $\overset{1.6}{\diagup} \sim \overset{3.2}{\diagup}$(标注在分度圆直径处)。

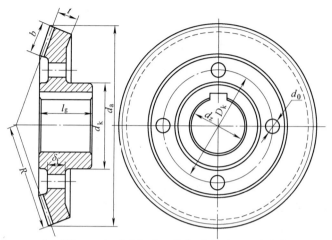

$d_a < 500 \text{ mm}$; $d_g = 1.6d_z$; $l_g \approx (1.0 \sim 1.2)d_z$; $\delta_f = 0.17R$;

$t = (0.1 \sim 0.2)R$; D_k 的尺寸按结构取

图 9-39　锻造锥齿轮

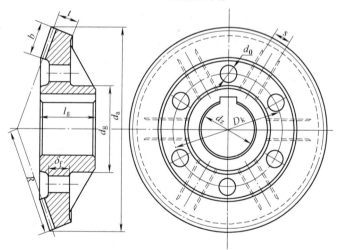

$d_a > 300 \text{ mm}$; $d_g = 1.6d_z$(铸钢); $d_g = 1.7d_z$(铸铁);

$l_g = (1.0 \sim 1.2)d_z$; $d_0 = \dfrac{D_k - d_g}{4}$; $\delta_f = 1.2\sqrt{d_z}$, 但不小于 10 mm;

$s = 0.8\delta_f$; $t = (0.1 \sim 0.2)R$; D_k 的尺寸按结构取

图 9-40　铸造锥齿轮

习　　题

9-1　齿轮传动的最基本要求是什么？齿廓的形状符合什么条件才能满足上述要求？

9-2　分度圆和节圆,压力角和啮合角有何区别？

9-3　一对渐开线标准齿轮正确啮合的条件是什么？

9-4　为什么要限制齿轮的最少齿数？对于 $\alpha = 20°$、正常齿制的标准直齿圆柱齿轮,最少齿数 z_{min} 是多少？

9-5　一对标准安装的外啮合标准直齿圆柱齿轮的参数为: $z_1 = 20, z_2 = 100, m = 2$ mm, $\alpha = 20°, h_a^* = 1, c^* = 0.25$。试计算传动比 i,两轮的分度圆直径及齿顶圆直径,中心距,齿距。

9-6　已知一对标准直齿圆柱齿轮传动的中心距 a 及传动比 i,则两齿轮的节圆直径 d_1、d_2 是多少？在标准安装的条件下,若齿轮的模数为 m,则两轮的齿数 z_1、z_2 是多少？

9-7　斜齿圆柱齿轮和直齿锥齿轮的当量齿数的含义是什么？它们与实际齿数有何关系？它们对强度计算及制造有何用处？

9-8　斜齿圆柱齿轮的端面模数 m_t 与法向模数 m_n 有何关系？其中哪一个模数是标准的？

9-9　已知一对斜齿圆柱齿轮的模数 $m_n = 2$ mm,齿数 $z_1 = 24, z_2 = 91$,要求中心距 $a = 120$ mm,试确定螺旋角 β。若小齿轮为左旋,则大齿轮应为左旋还是右旋？

9-10　已知一对直齿锥齿轮($\Sigma = 90°$)的参数:大端模数 $m = 3$ mm, $z_1 = 32, z_2 = 70, \psi_R = 0.3$,试计算分锥角 δ_1、δ_2,分度圆直径 d_1、d_2,齿顶圆直径 d_{a1}、d_{a2},锥距 R 及顶锥角 δ_a。

9-11　测得一直齿锥齿轮($\Sigma = 90°$)传动的 $z_1 = 18, z_2 = 54, d_{a1} \approx 59.7$ mm,试计算分锥角 δ_1、δ_2,大端模数 m,分度圆直径 d_1、d_2,锥距 R 及顶锥角 δ_a。

9-12　齿轮轮齿有哪几种失效形式？开式传动和闭式传动的失效形式是否相同？在设计及使用中应该怎样防止这些失效？

9-13　选择齿轮材料时,为什么软齿面齿轮的小齿轮比大齿轮的材料要好些或热处理硬度要高些？

9-14 下列两对齿轮中,哪一对齿轮的接触疲劳强度大? 哪一对齿轮的弯曲疲劳强度大? 为什么?

1) $z_1 = 20, z_2 = 40, m = 4$ mm$, \alpha = 20°$;

2) $z_1 = 40, z_2 = 80, m = 2$ mm$, \alpha = 20°$。

其他条件(传递的转矩 T_1、齿宽 b、材料及热处理硬度及工作条件)相同。

9-15 齿宽系数的大小对传动有何影响? 设计时如何选择?

9-16 在轮齿的弯曲强度计算中,齿形系数 Y_F 与什么因素有关?

9-17 试画出两级齿轮减速器中间轴上齿轮 2 及 3 所受各力(F_t、F_r、F_a)的方向。

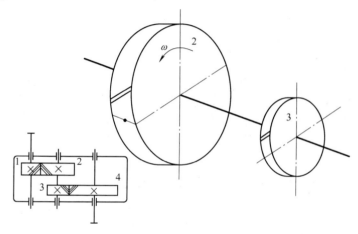

题 9-17 图

9-18 今有一单级直齿圆柱齿轮减速器(正常齿标准齿轮),其齿轮齿数 $z_1 = 20, z_2 = 80$,并测得齿顶圆直径 $d_{a1} = 110$ mm$, d_{a2} = 410$ mm,齿宽 $b = 60$ mm。小齿轮材料为 45 钢,齿面硬度为 220 HBS,大齿轮材料为 ZG310-570,其硬度为 180 HBS,齿轮精度为 8 级,齿轮相对轴承对称布置。现想把此减速器用于带式输送机上,所需的输出转速 $n_2 = 240$ r/min,单向转动,试求此减速器所能传递的最大功率。

9-19 图示圆盘给料机由电动机通过两级圆柱齿轮减速器和圆锥齿轮驱动。已知电动机功率 $P = 2.8$ kW,转速 $n_1 = 1\,430$ r/min,两级齿轮减速器的总传动比为 12.6,高速级传动比 $i_1 = 3.15$,给料机圆盘的转速 $n_4 = 35$ r/

min,试设计齿轮箱中高速级斜齿圆柱齿轮的主要尺寸。

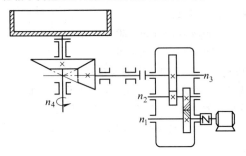

题 9 – 19 图

9 – 20　试设计 9 – 19 题中的开式直齿圆锥齿轮传动,数据同前,并计算大齿轮的几何尺寸。

9 – 21　已知带式输送机中的电动机功率 $P = 4.5$ kW,转速 $n_1 = 980$ r/min,带式输送机主动轮转速 $n_3 = 65$ r/min,且工作平稳,试设计此带式输送机的驱动装置中的 V 带 – 齿轮两级传动。

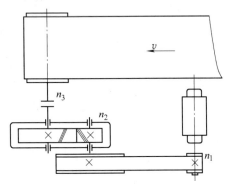

题 9 – 21 图

第十章 蜗杆传动

§10－1 概　　述

　　蜗杆传动(图10－1)常用于传递空间两交错轴(不平行又不相交)间的运动和功率,两轴的轴交角一般为90°。通常是蜗杆1为主动件,蜗轮2作主动件的情况很少。

　　蜗杆传动广泛地用于各种机械和仪器中,它具有下列优点:(1)一级传动就可以得到很大的传动比,在动力传动中,一般$i = 7 \sim 80$,在分度机构中可达500以上;(2)工作平稳无噪声;(3)可以自锁,这对于某些设备是很有意义的。缺点是:(1)传动效率低,自锁蜗杆传动的效率低于50%;(2)因效率低,发热大,故不适用于功率过大(一般不超过100 kW)长期连续工作处;(3)需要比较贵重的青铜制造蜗轮齿圈。

　　根据蜗杆的形状,蜗杆传动可分为圆柱蜗杆传动(图10－1)和环面蜗杆传动(旧称球面蜗杆传动,图

图10－1

10-2)两种。圆柱蜗杆由于制造简单,所以在机械传动中广泛应用。环面蜗杆传动的润滑条件较好,效率高,但制造较难,多用于大功率传动。本章只讨论阿基米得圆柱蜗杆传动。

(a)

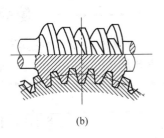

(b)

图 10-2

§10-2 圆柱蜗杆传动的几何参数及尺寸计算

(一) 几何参数

1. 模数 m 及压力角 α

通过蜗杆轴线并垂直于蜗轮轴线的平面称为中间平面(图10-3)。被中间平面所截的圆柱蜗杆的齿形和渐开线齿条相同,两侧边为直边,夹角 $2\alpha = 40°$。在中间平面内与蜗杆相啮合的蜗轮齿廓为渐开线,即在中间平面内蜗杆传动的啮合情况与齿条和齿轮传动的啮合一样。

蜗杆蜗轮的正确啮合条件是:蜗杆轴向模数 m_{x1} 及压力角 α_{x1} 应分别等于蜗轮端面模数 m_{t2} 及压力角 α_{t2},即

$$m_{x1} = m_{t2} = m$$

$$\alpha_{x1} = \alpha_{t2} = \alpha$$

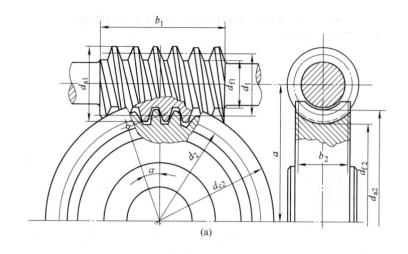

(a)

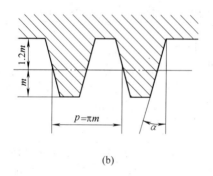

(b)

图 10 – 3

标准规定压力角 $\alpha = 20°$。模数 m 的标准值见表 10 – 1。

2. 蜗杆分度圆直径 d_1

当用滚刀加工蜗轮时,为了保证蜗杆与该蜗轮的正确啮合,所用蜗轮滚刀的齿形及直径必须与相啮合的蜗杆相同(只是为了保证传动啮合时的径向间隙,滚刀的齿顶高稍高些)。这样,每一种尺寸的蜗杆,就对应有一把蜗轮滚刀。因此,为了减少滚刀的规格数量,规定蜗杆分度圆直径 d_1 为标准值,且与模数 m 相搭配,其对应关系见表 10 – 1,这是与齿轮传动不同之处,齿轮的分度圆直径不是标准值。

表 10 - 1　模数 m 与分度圆直径 d_1 的搭配及 m^2d_1 值

m/mm	1	1.25		1.6		2		2.5	
d_1/mm	18	20	22.4	20	28	(18) 22.4	(28) 35.5	22.4	28
m^2d_1/mm^3	18	31.25	35	51.2	71.68	72 89.6	112 142	140	175

m/mm	2.5		3.15				4		
d_1/mm	(35.5)	45	(28)	35.5	(45)	56	(31.5) 40	(50)	71
m^2d_1/mm^3	221.9	281	277.8	352.2	446.5	556	504 640	800	1136

m/mm	5				6.3				8		
d_1/mm	(40)	50	(63)	90	(50)	63	(80)	112	(63)	80	(100)
m^2d_1/mm^3	1 000	1 250	1 575	2 250	1 985	2 500	3 175	4 445	4 032 5 376		6 400

m/mm	8	10		12.5	
d_1/mm	140	71 90	(112) 160	(90) 112	(140) 200
m^2d_1/mm^3	8 960	7 100 9 000	11 200 16 000	14 062 17 500	21 875 31 250

m/mm	16		20	
d_1/mm	(112) 140	(180) 250	(140) 160	(224) 315
m^2d_1/mm^3	28 672 35 840	46 080 64 000	56 000 64 000	896 000 126 000

注:括号中的数字尽可能不采用。

3. 蜗杆导程角 γ

设 z_1 为蜗杆头数, γ 为蜗杆导程角,则由图 10 - 4 可得:

$$\tan \gamma = \frac{z_1 \pi m}{\pi d_1} = \frac{z_1 m}{d_1} \qquad (10-1)$$

从上式可知,当模数 m 与分度圆直径 d_1 一定时,由于蜗杆头数 z_1 的不同,导程角 γ 亦不同。因此,对每一种 m 与 d_1 的搭配值,必须有 z_1 把蜗轮滚刀,这是与齿轮完全不同的。必要时可采用飞刀

（相当于只有一个刀刃的蜗轮滚刀）加工。

必须注意，对于轴交角为 90° 的蜗杆传动，蜗轮分度圆螺旋角 β 等于蜗杆分度圆柱的导程角 γ，且旋向相同，即同为右旋或左旋，常用为右旋。

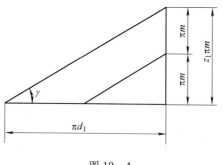

图 10 - 4

（二）几何尺寸计算

圆柱蜗杆传动的各部分几何尺寸计算公式列于表 10 - 2。

表 10 - 2 　蜗杆传动几何尺寸的计算公式

名　称	代　号	公　式
齿顶高	h_a	$h_a = m$
齿根高	h_f	$h_f = 1.2m$
齿高	h	$h = 2.2m$
蜗杆分度圆直径	d_1	按表 10 - 1 选取，与 m 搭配
蜗杆齿顶圆直径	d_{a1}	$d_{a1} = d_1 + 2m$
蜗杆齿根圆直径	d_{f1}	$d_{f1} = d_1 - 2.4m$
蜗杆齿距	p	$p = \pi m$
压力角	α	$\alpha = 20°$
蜗杆导程角	γ	$\tan \gamma = \dfrac{z_1 m}{d_1}$（亦即蜗轮分度圆上轮齿的螺旋角）
蜗轮分度圆直径	d_2	$d_2 = z_2 m$
蜗轮齿顶圆直径	d_{a2}	$d_{a2} = d_2 + 2m$
蜗轮齿根圆直径	d_{f2}	$d_{f2} = d_2 - 2.4m$
蜗杆传动中心距	a	$a = \dfrac{d_1 + d_2}{2}$

注:其他尺寸计算参见图 10 -6 及其计算公式。

§10-3 蜗杆传动的运动学及效率

(一) 蜗杆传动的运动学

1. 传动比

蜗轮节圆(分度圆)上的圆周速度 v_2 等于蜗杆中间平面上齿条的直线运动速度 v_{a1}。

$$v_2 = \frac{\pi d_2 n_2}{60} = \frac{\pi m z_2 n_2}{60}$$

$$v_{a1} = \frac{\pi m z_1 n_1}{60}$$

式中 n_2 为蜗轮转速；n_1 为蜗杆转速(r/min)。

由 $v_2 = v_{a1}$ 得

$$i = \frac{n_1}{n_2} = \frac{z_2}{z_1} \qquad (10-2)$$

由式(10-2)可知,由于蜗杆头数 z_1 很少(一般 $z_1 = 1,2,4,6$),因而蜗杆传动可以得到很大的传动比。必须注意,蜗杆传动的传动比 $i = \frac{n_1}{n_2} = \frac{z_2}{z_1} \neq \frac{d_2}{d_1}$,因 $d_1 = \frac{z_1 m}{\tan \gamma}$。

2. 滑动速度

蜗轮与蜗杆在节点的相对速度称为滑动速度。由图10-5所示可得

$$v_s = \frac{v_1}{\cos \gamma} = \frac{\pi d_1 n_1}{60\,000 \cdot \cos \gamma} \quad \text{m/s} \qquad (10-3)$$

式中 d_1 为蜗杆的节圆直径(mm)；n_1 为蜗杆转速(r/min)。

滑动速度的大小,对传动啮合处的润滑情况及磨损、胶合有着很大的影响。一般,常用的 $v_s \leqslant 12$ m/s。

（二）蜗杆传动的效率

蜗杆传动的总效率 η 包括：考虑啮合摩擦损失的效率 η_1；考虑轴承摩擦损失及搅油损失的效率 η_2。即

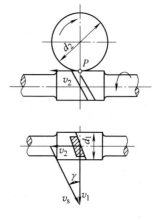

$$\eta = \eta_1 \eta_2 \quad （10-4）$$

1. 啮合损失效率 η_1

蜗轮与蜗杆间的滑动情况与螺旋副的滑动情况相似。因而，当蜗杆主动时，η_1 可由下式求得：

图 10 – 5

$$\eta_1 = \frac{\tan \gamma}{\tan(\gamma + \rho')} \quad （10-5）$$

式中 ρ' 为当量摩擦角，它与蜗轮、蜗杆的材料，表面情况及滑动速度等有关。一般对于钢蜗杆和铜蜗轮在油池中工作时，可取 $\rho' \approx 2° \sim 3°$；对于开式传动的铸铁蜗轮，可取 $\rho' = 5° \sim 7°$。

由式（10 5）可知，和螺旋副一样，蜗杆的效率随导程角 γ 的增加而增高，但过大的导程角将引起制造上的困难，所以实用上导程角 γ 不超过 $30°$。

2. 轴承及搅油损失效率 η_2

用滚动轴承时，取 $\eta_2 = 0.98 \sim 0.99$；用滑动轴承时，取 $\eta_2 = 0.97 \sim 0.98$。

由于轴承及搅油损失很小，一般可略去不计。在初步计算时，蜗杆传动的效率可近似地取下列数值：

当　$z_1 = 1$ 时，$\eta = 0.7 \sim 0.75$；
　　$z_1 = 2$ 时，$\eta = 0.75 \sim 0.82$；
　　$z_1 = 4$ 时，$\eta = 0.85 \sim 0.92$。

§10-4 蜗杆、蜗轮的材料及结构

（一）蜗杆的材料及结构

大多数蜗杆均用碳素钢或合金钢制成,并进行热处理。对于高速重载传动,为了消除淬火后蜗杆的变形,提高承载能力,一般须经过磨削、研磨或抛光。对于低速传动,且功率不大时,蜗杆可进行调质或正火处理。常用的材料为 45、35SiMn、42SiMn、40Cr 钢(齿面淬火到硬度为 45~50HRC);20Cr、20CrMnTi 钢(渗碳淬火到硬度为 56~62HRC);45、40Cr 钢(调质处理到硬度为 250~350HBS)。

蜗杆一般和轴作成一体,只有当蜗杆直径很大,且与轴所用的材料不同时,才分别制造,然后再套装在一起。蜗杆切齿部分的长度称为齿宽,用 b_1 表示(图 10-3a),可取为:

当 $z_1 = 1$、2 时,$b_1 \geq (11 + 0.06z_2)m$;

$z_1 = 4$ 时,$b_1 \geq (12.5 + 0.09z_2)m$.

（二）蜗轮的材料及结构

常用的蜗轮(齿圈)材料是铸造锡青铜及铸造铝青铜。锡青铜的耐磨性、抗胶合性能及切削性能均好,但价格贵、强度较低,一般用于滑动速度 $v_s \geq 3$ m/s 的重要传动,常用的是锡青铜 10-1(ZCuSn10P1)及锡青铜 5-5-5(ZCuSn5Pb5Zn5);铝青铜强度较高、价廉,但抗胶合性能差,一般用于滑动速度 $v_s \leq 6 \sim 10$ m/s 的传动,常用的是铝青铜 10-3(ZCuAl10Fe3)及铝青铜 10-3-2(ZCuAl10Fe3Mn2)。对于速度很低($v_s \leq 2$ m/s)而尺寸较大的蜗轮,可采用灰铸铁 HT150、HT200 等。

对于尺寸较大的蜗轮为了节约有色金属,常采用青铜的轮冠、铸铁的轮心、其联接方法有两种:

1. 轮箍结构(图 10 -6)

轮冠与轮心间为过盈配合连接(一般用 $D_1 \dfrac{\text{H7}}{\text{r6}}$)。为了工作可靠,在一边再装 3 个螺钉,(螺钉直径 $d \approx 1.4m$,m 为模数;长度 $l \approx 3d$),螺钉拧入后应将钉头割去。为了易于钻孔,应将螺钉孔中心线偏向铸铁一边约 2 ~ 3mm。

蜗轮齿宽 b_2 可取为:

当 $z_1 = 1$、2 时,$b_2 \leqslant 0.75d_{a1}$;

$z_1 = 4$ 时,$b_2 \leqslant 0.67d_{a1}$。

蜗轮的顶圆(外圆)直径 d_{e2} 可取为:

当 $z_1 = 1$,$d_{e2} \leqslant d_{a2} + 2m$;

$z_1 = 2$,$d_{e2} \leqslant d_{a2} + 1.5m$;

$z_1 = 4$,$d_{e2} \leqslant d_{a2} + m$。

蜗轮齿宽角 θ(图 10 -6)可取为

$$\theta = 2\arcsin\left(\frac{b_2}{d_1}\right) = 90° \sim 110°$$

上述结构尺寸亦可由结构设计定出。

2. 螺栓连接结构(图 10 -7)

轮冠与轮心用铰制孔用螺栓连接(螺栓杆与孔略带过盈的配合),工作可靠,但制造费用较大。

例题一 某技术革新需一传递小功率的蜗杆传动,现找到一单头右旋蜗杆,利用角度尺与蜗杆轴面齿形紧贴,判定为阿基米得蜗杆,压力角 $\alpha = 20°$。经测量其齿顶圆直径 $d_{a1} = 32.95$ mm,再沿齿顶量 2 个齿的齿

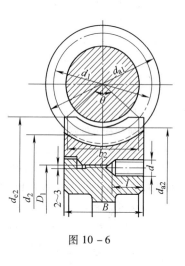

图 10 -6

图 10 -7

顶圆齿距的平均值 $p_{am1} = 2p = 15.71$ mm。要求传动比 $i = 30$,试计算所配制蜗轮的主要尺寸。

解 1. 确定蜗杆的模数 m

$$2p = 2\pi m = p_{am1} = 15.71 \text{ mm}$$

则

$$m = \frac{15.71}{2\pi} \text{ mm} = 2.50 \text{ mm}$$

由表 10-1 判定其模数 $m = 2.5$ mm。

2. 确定蜗杆分度圆直径 d_1

由表 10-2 知,$d_{a1} = d_1 + 2m$,则

$$d_1 = d_{a1} - 2m = (32.95 - 2 \times 2.5) \text{ mm} = 27.95 \text{ mm}$$

根据蜗杆模数 $m = 2.5$ mm,查表 10-1 取蜗杆分度圆直径 $d_1 = 28$ mm。

3. 计算中心距 a

因 $z_1 = 1$,则 $z_2 = iz_1 = 30 \times 1 = 30$,其中心距

$$a = \frac{d_1 + d_2}{2} = \frac{28 + 30 \times 2.5}{2} \text{ mm} = 51.5 \text{ mm}$$

4. 计算蜗轮主要尺寸

分度圆直径 $d_2 = z_2 m = 30 \times 2.5$ mm $= 75$ mm

齿顶圆直径 $d_{a2} = d_2 + 2m = (75 + 2 \times 2.5)$ mm $= 80$ mm

顶圆直径 $d_{e2} \le d_{a2} + 2m = (80 + 2 \times 2.5)$ mm $= 85$ mm

蜗轮齿宽 $b_2 \le 0.75 d_{a1} = 0.75 \times 32.95$ mm $= 24.71$ mm,取 $b_2 = 25$ mm

蜗轮螺旋角   先计算蜗杆导程角,由式 10-1 知:

$$\tan \gamma = \frac{z_1 m}{d_1} = \frac{1 \times 2.5}{28} = 0.089\ 285$$

得 $\gamma = 5°06'08''$,旋向均为右旋。

§10-5   蜗杆传动的强度计算

(一) 蜗杆传动的作用力分析

通常蜗杆传动中都是蜗杆主动,如图 10-8 所示,当蜗杆沿箭头所示的方向旋转时,作用在蜗杆螺旋面上的法向力可以分解为三个相互垂直的分力:

（1）蜗杆上的圆周力（其大小等于蜗轮上的轴向力 F_{a2}）

$$F_{t1} = F_{a2} = \frac{2T_1}{d_1} \quad (10-6)$$

（2）蜗杆上的轴向力（其大小等于蜗轮上的圆周力 F_{t2}）

$$F_{a1} = F_{t2} = \frac{2T_2}{d_2} \quad (10-7)$$

（3）蜗杆上的径向力（其大小等于蜗轮上的径向力 F_{r2}）

$$F_{r1} = F_{r2} = F_{t2}\tan\alpha \quad (10-8)$$

式中 T_1 及 T_2 为蜗杆及蜗轮上的转矩

$$T_2 = i\eta T_1 = 9\,550\,\frac{P_1\eta}{n_2} \times 10^3 \text{ N} \cdot \text{mm}$$

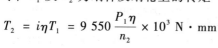

图 10-8

P_1 为蜗杆传递的功率；η 为蜗杆传动效率。

蜗杆或蜗轮上的作用力的方向与螺旋线的方向、蜗杆或蜗轮的转动方向等有关，在分析时应特别注意。具体方法是以右手代表右旋蜗杆（左手代表左旋蜗杆），四指代表蜗杆旋转方向，则拇指的指向代表蜗杆轴向力的方向，而蜗轮的转向与拇指所指的方向相反。如图所示，作用在主动件蜗杆上的圆周力 F_{t1} 与其转向相反（F_{t1} 是阻力）；而作用在蜗轮上的圆周力 F_{t2} 与蜗轮的转向相同（F_{t2} 是驱动力）。

蜗杆强度及刚度的验算和轴一样，其计算方法可参阅第十二章。

（二）蜗轮轮齿表面的接触强度计算

蜗杆传动的失效形式与齿轮传动相同。由于蜗杆传动的效率低、发热量大，相对滑动速度也大，容易发生胶合和磨损。但胶合和磨损还缺少可靠的计算方法，因此目前仍按接触疲劳强度及弯曲疲劳强度进行计算。

蜗杆传动中,由于蜗杆材料强度较蜗轮高得多,因而在强度计算中只计算蜗轮的轮齿强度。

蜗轮轮齿表面接触强度计算仍以式(9-14)为基础。前已述及,蜗杆蜗轮在中间平面内的啮合情况和一齿条与一具有螺旋角 γ 的斜齿圆柱齿轮的啮合情况极为相似。如以蜗轮、蜗杆的相应参数代入式(9-14),便可得蜗轮轮齿表面接触强度的验算公式:

$$\sigma_H = \frac{510}{d_2} \sqrt{\frac{KT_2}{d_1}} \leqslant [\sigma_H] \text{ MPa} \qquad (10-9)$$

上式用于钢蜗杆对青铜或铸铁蜗轮(指轮冠)。以 $d_2 = z_2 m$ 代入上式,整理后可得设计公式:

$$m^2 d_1 = \left(\frac{510}{z_2 [\sigma_H]}\right)^2 K T_2 \text{ mm}^3 \qquad (10-10)$$

在式(10-9)及式(10-10)中,T_2 为作用在蜗轮上的转矩(N·mm);K 为载荷系数;$[\sigma_H]$ 为蜗轮轮齿的许用接触应力(MPa)。

设计时,按式(10-10)算出 $m^2 d_1$ 值后,再由表10-1可查得合适的 m 及相应的 d_1 值。

1. 蜗杆头数 z_1 及蜗轮齿数 z_2 的选择

根据传动比大小,由表10-3选取蜗杆头数 z_1,再由 $z_2 = i z_1$ 求得蜗轮齿数 z_2。z_2 不应小于26~28,以免发生根切,但也不宜大于82,否则会使蜗轮尺寸过大。

表10-3 根据传动比 i 推荐采用的蜗杆头数 z_1

传动比 i 的范围	蜗杆头数 z_1(大约的)
29~82	1
14~30	2
7~15	4
≈5	6

2. 载荷系数

同齿轮传动一样,载荷系数 K 也是考虑载荷集中及动载荷对蜗轮轮齿强度的影响。若工作载荷平稳,可取 $K = 1 \sim 1.2$;若工作载荷变化较大,可取 $K = 1.1 \sim 1.3$;蜗轮圆周速度小时取小值,反之取大值。严重冲击时,取 $K = 1.5$。

许用接触应力 $[\sigma_H]$ 的数值列于表 10 - 4 及表 10 - 5。

表 10 - 4　铸锡青铜蜗轮的许用接触应力 $[\sigma_H]$　　MPa

蜗轮材料	毛坯铸造方法	滑动速度 $v_s / (\text{m/s})$	蜗杆表面硬度	
			≤350HBS	>45HRC
ZCuSn10P1	砂　模	≤12	180	200
	金属模	≤25	200	220
ZCuSn5Pb5Zn5	砂　模	≤10	110	125
	金属模	≤12	135	150

表 10 - 5　铸铝青铜及铸铁蜗轮的许用接触应力 $[\sigma_H]$　　MPa

蜗轮材料	蜗杆材料	滑动速度 $v_s / (\text{m/s})$						
		0.5	1	2	3	4	6	8
ZCuAl9Fe3 ZCuAl10Fe3Mn2	淬火钢[①]	250	230	210	180	160	120	90
HT150,HT200	渗碳钢	130	115	90	—	—	—	—
HT150	调质钢	110	90	70	—	—	—	—

① 蜗杆未经淬火,$[\sigma_H]$ 应降低 20%。

(三) 蜗轮轮齿的弯曲强度计算

由于蜗轮轮齿的形状复杂,很难求出轮齿的危险截面和实际弯曲应力,因而可近似地将蜗轮看作一斜齿圆柱齿轮,再按圆柱齿轮弯曲强度公式,即 $\sigma_F = \dfrac{K F_{t2} Y_F}{b m_n}$ 来计算。以 $m_n = m \cos \gamma$ 及 $\theta =$

$90° \sim 110°$ 时, $b \approx 0.9d_1$ (见图 10 - 6)代入上式,化简后可得轮齿弯曲强度的验算公式:

$$\sigma_F = \frac{2.2KT_2Y_F}{m^2d_1z_2\cos\gamma} \leqslant [\sigma_F] \text{ MPa} \qquad (10-11)$$

略去导程角 γ 的影响,则设计公式为

$$m^2d_1 = \frac{2.2KT_2Y_F}{z_2[\sigma_F]} \text{ mm}^3 \qquad (10-12)$$

式中 $[\sigma_F]$ 为轮齿的许用弯曲应力(MPa),其值列于表 10 - 6; Y_F 为蜗轮的齿形系数,按蜗轮齿数 z_2 查表 10 - 7。其他符号同接触强度计算中的符号。

表 10 - 6 蜗轮轮齿的许用弯曲应力 $[\sigma_F]$ MPa

蜗 轮 材 料	毛坯铸造方法	单向传动 $[\sigma_F]_0$	双向传动 $[\sigma_F]_{-1}$
ZCuSn10P1	砂 模	51	32
	金属模	70	40
ZCuSn5Pb5Zn5	砂 模	33	24
	金属模	40	29
ZCuAl10Fe3	砂 模	82	64
	金属模	90	80
ZCuAl10Fe3Mn2	砂 模	—	—
	金属模	100	90
HT150	砂模	40	25
HT200	砂模	48	30

表 10 - 7 蜗轮的齿形系数 Y_F

z_2	26	28	30	32	35	37	40
Y_F	2.51	2.48	2.44	2.41	2.36	2.34	2.32
z_2	45	50	60	80	100	150	300
Y_F	2.27	2.24	2.20	2.14	2.10	2.07	2.04

§10-6 蜗杆传动的热平衡计算

蜗杆传动由于摩擦损失大,效率较低,因而发热量就很大。若热量不能散逸,将使润滑油的粘度降低,润滑油从啮合齿间被挤出,进而导致胶合。因此对连续工作的闭式蜗杆传动进行热平衡计算是十分必要的。

在单位时间内,蜗杆传动由于摩擦损耗产生的热量

$$Q_1 = 1\,000P_1(1 - \eta)\ \text{W}$$

式中 P_1 为蜗杆传递的功率(kW); η 为蜗杆传动的总效率。

以热传导方式从箱体外壁散逸到周围空气中去的热量

$$Q_2 = h_t A(t - t_0)\ \text{W}$$

式中 h_t 为表面传热系数,可取 $h_t = (8 \sim 17)\ \text{W}/(\text{m}^2 \cdot \text{℃})$,当周围空气流通良好时取大值; A 为散热面积(m^2),指内壁被油飞溅到而外壁又为周围空气所冷却的箱体表面积; t 为箱体内的油温(℃),一般限制在 $60 \sim 70$℃,最高不超过 80℃; t_0 为周围环境温度。

如果发热量等于散热量,则温升

$$\Delta t = t - t_0 = \frac{1\,000P_1(1 - \eta)}{h_t \cdot A}\ \text{℃} \qquad (10-13)$$

一般温升 Δt 不应大于 $50 \sim 60$℃。

在连续传动中,如果发热量大于散热量时(即 $\Delta t > 50 \sim 60$℃),则可以采用下列方法改善:

(1)增加散热面积 A 在箱壳外铸出散热片(图 10-9),散热片表面积按总表面积的 50% 计算。

(2)提高表面传热系数 h_t 在蜗杆上装置风扇(图 10-9),这时表面传热系数 $h_t \approx 20 \sim 28\ \text{W}/(\text{m}^2 \cdot \text{℃})$,或在减速器油池中装置蛇形冷却水管(图 10-10)。此外箱壳外面不涂漆,并保持表面清洁也有助于散热。

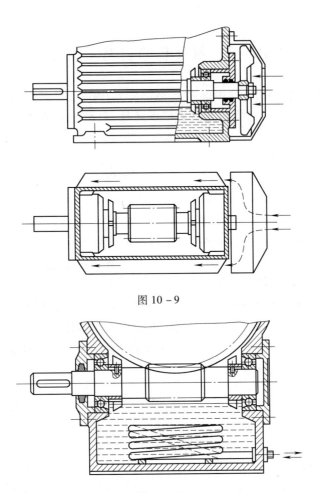

图 10 – 9

图 10 – 10

为了提高蜗杆传动的效率、减少磨损及防止产生胶合,蜗杆传动的润滑十分重要。常采用粘度大的矿物油进行润滑,润滑油中往往加入各种添加剂,如用硫化鲸鱼油制成的油性极压添加剂可提高传动的抗胶合能力。但是用青铜制造的蜗轮不能采用抗胶合能力强的活性润滑油,以免腐蚀青铜。闭式蜗杆传动一般采用浸入油池或喷油润滑;开式蜗杆传动采用粘度较高的齿轮油或润滑脂润滑。

例题二 已知一单级蜗杆减速器的输入轴传递功率 $P_1 = 2.8$ kW,转速 $n_1 = 960$ r/min,传动比 $i = 20$,蜗杆减速器的工作情况为单向传动,工作载荷稳定,长期连续运转,试设计此蜗杆减速器。

解 1. 蜗轮轮齿表面接触强度计算

(1) 选择材料及确定许用接触应力 $[\sigma_H]$ 蜗杆用 45 钢,表面淬火硬度 >45HRC;蜗轮用 ZCuSn10P1 铸锡青铜,砂模铸造。由表 10 - 4 查得 $[\sigma_H] = 200$ MPa。

(2) 选择蜗杆头数 z_1 及蜗轮齿数 z_2 根据传动比 $i = 20$,由表 10 - 3 取 $z_1 = 2$,则蜗轮齿数 $z_2 = iz_1 = 20 \times 2 = 40$。

(3) 确定作用在蜗轮上的转矩 T_2 因 $z_1 = 2$,故初步取 $\eta = 0.80$,则

$$T_2 = 955 \times \frac{P_1 \eta}{n_2} \times 10^4 = 955 \times \frac{2.8 \times 0.8}{960/20} \times 10^4 \text{ N} \cdot \text{mm}$$

$$= 44.56 \times 10^4 \text{ N} \cdot \text{mm}$$

(4) 确定载荷系数 K 因工作载荷稳定,且速度较低,故取 $K = 1.1$。

(5) 计算模数 m 及确定蜗杆分度圆直径 d_1 由式(10 - 10)得

$$m^2 d_1 = \left(\frac{510}{z_2 [\sigma_H]} \right)^2 KT_2 = \left(\frac{510}{40 \times 200} \right)^2 \times 1.1 \times 44.56 \times 10^4 \text{ mm}^3$$

$$= 1\ 992 \text{ mm}^3$$

由表 10 - 1 查得接近的 $m^2 d_1 = 2\ 250$ mm³,则标准模数 $m = 5$ mm,$d_1 = 90$ mm。

(6) 验算效率 η 先由式(10 - 1)计算蜗杆导程角

$$\tan \gamma = \frac{z_1 m}{d_1} = \frac{2 \times 5}{90} = 0.111\ 111$$

$$\gamma = 6°20'25''$$

因蜗杆副是在油池中工作,故取当量摩擦角 $\rho' \approx 2°$,则

$$\eta = \frac{\tan \gamma}{\tan (\gamma + \rho')} = \frac{\tan 6°20'25''}{\tan (6°20'25'' + 2°)} = 0.76$$

比假设的 $\eta = 0.80$ 略小,偏于安全。

(7) 确定其他尺寸

蜗杆分度圆直径 $d_1 = 90$ mm

蜗杆齿顶圆直径 $d_{a1} = d_1 + 2m = (90 + 2 \times 5)$ mm = 100 mm

蜗轮分度圆直径 $d_2 = z_2 m = 40 \times 5$ mm = 200 mm

蜗轮齿顶圆直径 $\quad d_{a2} = d_2 + 2m = (200 + 2 \times 5)$ mm $= 210$ mm

中心距 $\qquad a = \dfrac{d_1 + d_2}{2} = \dfrac{90 + 200}{2}$ mm $= 145$ mm

2. 蜗轮轮齿的弯曲强度计算

(1)确定许用弯曲应力　由表 10-6 查得 $[\sigma_F]_0 = 51$ MPa

(2)确定齿形系数 Y_F　$z_2 = 40$，由表 10-7 查得 $Y_F = 2.32$。

(3)验算弯曲应力　由式(10-11)得

$$\sigma_F = \frac{2.2 K T_2 Y_F}{m^2 d_1 z_2 \cos \gamma} = \frac{2.2 \times 1.1 \times 44.56 \times 10^4 \times 2.32}{2\,250 \times 40 \times \cos 6°20'25''} \text{ MPa}$$

$$= 27.9 \text{ MPa} < 51 \text{ MPa}$$

验算结果合用。

3. 散热计算

由式(10-13)可求出所需散热面积：

$$A = \frac{1\,000 P_1 (1 - \eta)}{h_t \Delta t} \text{ m}^2$$

已知 $P_1 = 2.8$ kW，传动效率 $\eta = 0.76$，设减速器通风条件良好，取表面传热系数 $h_t = 16$ W/(m² · ℃)，环境温度 $t_0 = 30$ ℃，箱体内许用油温 $t = 65$ ℃，则温升 $\Delta t = 65 - 30 = 35$ ℃，将有关数据代入上式得：

$$A = \frac{1\,000 \times 2.8 \times (1 - 0.76)}{16 \times 35} \text{ m}^2 = 1.2 \text{ m}^2$$

减速器结构初步确定后，应计算散热面积是否满足要求。若不满足要求应采取其他散热措施，如设置散热片或在蜗杆轴端装风扇。

例题三　一起重量 $G = 5\,000$ N 的手动蜗杆传动起重装置，起重卷筒的计算直径 $D = 180$ mm，作用于蜗杆手柄上的起重转矩 $T_1 = 20\,000$ N · mm。已知蜗杆为单头蜗杆($z_1 = 1$)，模数 $m = 5$ mm，蜗杆分度圆直径 $d_1 = 50$ mm，传动总效率 $\eta \approx 0.4$。试确定所需蜗轮的齿数 z_2 及传动的中心距 a。

解　作用于蜗轮上的转矩

$$T_2 = G \frac{D}{2} = 5\,000 \times \frac{180}{2} \text{ N} \cdot \text{mm} = 450\,000 \text{ N} \cdot \text{mm}$$

因 $T_2 = i T_1 \eta$，而传动比 $i = \dfrac{z_2}{z_1} = z_2$，则 $T_2 = z_2 T_1 \eta$，由此可得蜗轮所需齿数

$$z_2 = \frac{T_2}{T_1 \eta} = \frac{450\,000}{20\,000 \times 0.4} = 56.2$$

取 $z_2 = 56$，则中心距

$$a = \frac{d_1 + d_2}{2} = \frac{50 + 56 \times 5}{2} \, \text{mm} = 165 \, \text{mm}$$

例题四 设例题一的蜗杆、蜗轮用于开式传动，所配的蜗轮为铸造锡青铜 ZCuSn10P1，砂模铸造，估计蜗杆为 45 钢、调质，表面硬度为 240HBS，单向传动，载荷平稳。试估算该蜗杆传动能传递的转矩 T_2。

解 开式传动，可按弯曲强度计算该传动能传递的转矩 T_2。将式(10 - 11)移项得：

$$T_2 = \frac{m^2 d_1 z_2 \cos \gamma [\sigma_F]}{2.2 K Y_F} \, \text{N} \cdot \text{mm}$$

因蜗轮材料为 ZCuSn10P1，砂模铸造，单向传动，由表 10 - 6 查得许用弯曲应力 $[\sigma_F] = 51$ MPa。蜗轮齿数 $z_2 = 30$，查表 10 - 7 得齿形系数 $Y_F = 2.44$。已知 $d_1 = 28$ mm，导程角 $\gamma = 5°06'08''$，载荷平稳，取载荷系数 $K = 1.1$。将有关数据代入上式，得

$$T_2 = \frac{2.5^2 \times 28 \times 30 \cos 5°06'08'' \times 51}{2.2 \times 1.1 \times 2.44} \, \text{N} \cdot \text{mm} = 45 \, 165 \, \text{N} \cdot \text{mm}$$

习　题

10 - 1 试说明蜗杆传动的特点及其应用范围(与齿轮传动比较)。

10 - 2 蜗杆传动的啮合效率受哪些因素的影响？

10 - 3 蜗杆传动的传动比等于什么？为什么蜗杆传动可得到大的传动比？

10 - 4 蜗杆传动中，为什么要规定 d_1 与 m 对应的标准值？

10 - 5 有一标准蜗杆传动，已知模数 $m = 6.3$ mm，传动比 $i = 25$，蜗杆分度圆直径 $d_1 = 63$ mm，头数 $z_1 = 2$，试计算该蜗杆传动的主要几何尺寸及蜗轮的螺旋角 β。

10 - 6 蜗杆传动的主要失效形式有哪几种？

10 - 7 为什么蜗杆传动常用青铜蜗轮而

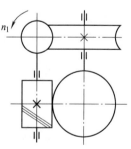

题 10 - 10 图

不采用钢制蜗轮?

10-8　蜗轮的结构形式有哪几种?适用于哪些场合?

10-9　为什么对连续工作的蜗杆传动不仅要进行强度计算,而且还要进行热平衡计算?

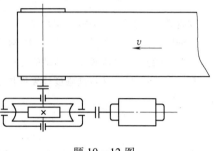

题 10-12 图

10-10　在图示的蜗杆传动中,已知蜗杆轴的转向及螺旋方向,如何确定蜗轮的转向及螺旋方向?在图上标出蜗杆及蜗轮上作用力的方向。

10-11　已知题 10-10 蜗杆传动的数据:蜗杆传递功率 $P_1 = 2.8$ kW,转速 $n_1 = 960$ r/min,蜗杆头数 $z_1 = 2$,分度圆直径 $d_1 = 90$ mm,蜗轮分度圆直径 $d_2 = 200$ mm,齿数 $z_2 = 40$,传动效率 $\eta \approx 0.76$。试计算作用力 F_t、F_a 及 F_r 的大小。

10-12　设计图示带式输送机的圆柱蜗杆传动。已知传递的功率 $P_1 = 8$ kW,蜗杆转速 $n_1 = 960$ r/min,传动比 $i = 18$,由电动机驱动,载荷稳定,长期工作。

第十一章 轮系、减速器 和无级变速传动

┌─────────── **重点学习内容** ───────────┐

　　1. 定轴轮系和周转轮系的传动比计算；

　　2. 减速器的型式及润滑。

└──────────────────────────────────┘

§11–1　定　轴　轮　系

　　由两个互相啮合的齿轮所组成的齿轮机构是齿轮传动中最简单的形式。有时为了得到大传动比传动和换向传动等原因，在工作中常采用由一系列互相啮合的齿轮将主动轴与从动轴连接起来的传动。这种多齿轮的传动装置称为轮系。

　　轮系通常分为定轴轮系和行星轮系（原称周转轮系）两种。如果轮系中所有齿轮轴线均为固定，这种轮系便称为定轴轮系（图11–1，图11–2）。如轮系中有某些齿轮（最少应有一个齿轮）的轴线并不固定，而绕其他的固定轴线回转，则这种轮系便称为行星轮系（图11–6）。在这一节中我们只讨论定轴轮系。

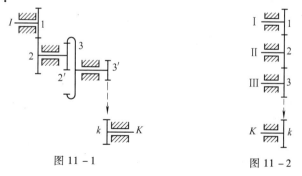

图 11–1　　　　　　　　　　　　图 11–2

（一）定轴轮系的传动比

在图 11 - 1 所示的定轴轮系中,除第一主动轴与最末从动轴外,各中间轴上都同时装了两个齿轮,一个是由前一轴接收运动的从动轮,而另一个是把运动传给后一轴的主动轮,这是一种最常用的轮系。

设各轮的齿数为 z_1、z_2、$z_{2'}$、z_3、$\cdots$、z_k;轮 1 的转速为 n_1,轮 2 和 2′的转速为 n_2,轮 3 和 3′的转速为 n_3,余类推。则每一对互相啮合的齿轮的传动比为

$$i_{12} = \frac{n_1}{n_2} = \frac{z_2}{z_1}$$

$$i_{2'3} = \frac{n_2}{n_3} = \frac{z_3}{z_{2'}}$$

$$\cdots\cdots$$

$$i_{(k-1)'k} = \frac{n_{(k-1)'}}{n_k} = \frac{z_k}{z_{(k-1)'}}$$

将以上各式连乘之,得

$$i_{12} \cdot i_{2'3} \cdot \cdots \cdot i_{(k-1)'k} = \frac{n_1}{n_2} \cdot \frac{n_2}{n_3} \cdot \cdots \cdot \frac{n_{(k-1)'}}{n_k} = \frac{n_1}{n_k}$$

$$= \frac{z_2 \cdot z_3 \cdot \cdots \cdot z_k}{z_1 \cdot z_{2'} \cdot \cdots \cdot z_{(k-1)'}}$$

轮系的总传动比为

$$i_{1k} = \frac{n_1}{n_k} = i_{12} \cdot i_{2'3} \cdot \cdots \cdot i_{(k-1)'k} = \frac{z_2 \cdot z_3 \cdot \cdots \cdot z_k}{z_1 \cdot z_{2'} \cdot \cdots \cdot z_{(k-1)'}}$$

$$(11 - 1)$$

上式表明:轮系的总传动比等于组成该轮系的各对齿轮的传动比的连乘积,其值等于所有从动轮齿数的连乘积与所有主动轮齿数连乘积之比。

现在来研究传动比的符号,通常规定若最末从动轮与第一个主动轮的回转方向相同时,传动比取为正号;若两轮回转方向相反

时,则取为负号。在一对齿轮所组成的传动中,若这对齿轮为内啮合,两轮回转方向相同,传动比取为正值;若为外啮合,两轮回转方向相反,传动比取为负值。因为一对齿轮传动时,齿轮的回转方向极易看出,所以在这种情况下,一般都不加写符号。

轮系总传动比的符号可以这样来决定:设该轮系中有 m 对外啮合,那么从第一主动轮到最末从动轮,其回转方向应经过 m 次改变,因此,轮系总传动比的符号可用 $(-1)^m$ 来决定,即

$$i_{1k} = \frac{n_1}{n_k} = (-1)^m \frac{z_2 \cdot z_3 \cdot \cdots \cdot z_k}{z_1 \cdot z_{2'} \cdot \cdots \cdot z_{(k-1)'}} \qquad (11-2)$$

在某些定轴轮系中,常采用中间轮,即所有各轴上只有一个齿轮,其中间各轮同时与前一轮和后一轮相啮合,如图 11-2 所示。因此中间轮具有既是主动轮同时又是从动轮的性质,故这种轮系的传动比可由式(11-2)导出为

$$i_{1k} = \frac{n_1}{n_k} = (-1)^m \frac{z_k}{z_1} \qquad (11-3)$$

由式(11-3)可知,中间轮只能改变传动比的符号(即传动的回转方向),并不影响传动比的大小,这种中间轮称为惰轮。

上述方法只适用于平行轴的轮系。一般叫采用画箭头的方法来表示各轮的转向。对于带有锥齿轮或蜗杆蜗轮的轮系,因为齿轮等的轴线不是平行的,齿轮等的转动方向不存在相同或相反,因此,只能用画箭头的方法表示。由于定轴轮系中齿轮等的对数,一般不超过 5 对,故用此法方便。

例题一 设图 11-1 是由 3 对齿轮组成的定轴轮系。齿轮的齿数分别为: $z_1 = 18$、$z_2 = 30$、$z_{2'} = 17$、$z_3 = 92$、$z_{3'} = 17$、$z_4 = 42$。试计算该轮系的传动比及轮 z_4 的转向。

解 齿轮 1、2′ 及 3′ 为主动轮,2、3 及 4 为从动轮,其中 2′—3 为内啮合齿轮,则 $m = 2$。由式(11-2)可得轮系的传动比

$$i_{14} = \frac{n_1}{n_4} = (-1)^2 \frac{z_2 \cdot z_3 \cdot z_4}{z_1 \cdot z_{2'} \cdot z_{3'}} = \frac{30 \times 92 \times 42}{18 \times 17 \times 17} = 22.284$$

i_{14} 为正值,故从动轮 4 的转向与主动轮 1 的转向相同。

（二）定轴轮系的应用

定轴轮系的用途为：

1. 可获得大的传动比

当两轴之间需要较大的传动比时，如仅用一对齿轮来传动，则两轮的齿数必然相差很大，结果使小齿轮极易磨损；同时不是大齿轮太大就是小齿轮太小。如采用轮系则可克服上述缺点。

2. 可连接相距较远的两轴

当两轴相距较远而传动比不大时，如果仅用一对齿轮相连，则两轮尺寸一定过大（如图 11-3 中虚线所示）。如用惰轮将两轴连接起来（图中实线所示），就可减小各轮本身的尺寸和传动所占的空间。

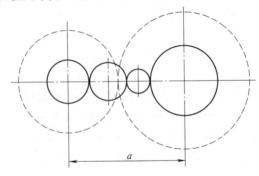

图 11-3

3. 可获得多种传动比的传动

当主动轴转速不变而要求从动轴有几种不同的转速时，可用适当排列的轮系来实现。在图 11-4 所示的三轴变速器中，滑动齿轮组 a 和 b 由花键连于轴 I 和轴 III 上。轴 I 与轴 II 之间有三种可能的啮合：1—2′、1′—2″及 1″—2‴；轴 II 与轴 III 之间也有三种可能的啮合：2‴—3、2″—3′及 2—3″；因此轴 I 与轴 III 之间总共可以得到 9 种不同的传动比。

4. 可改变从动轴的转向

当主动轴回转方向不变而要求从动轴既能正转也能反转时，

也可用适当排列的轮系来实现。如图 11 – 5 所示的车床的换向轮,借手柄 a 的旋转可使一个中间轮 2 或两个中间轮 2 和 3 参与啮合,因此轴 1 的回转方向可以和轴 4 的回转方向相同或相反。

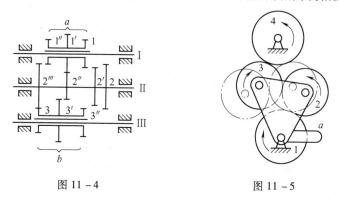

图 11 – 4   图 11 – 5

*§ 11 – 2   行星轮系的传动比

如前所述,如果轮系中最少有一个齿轮的几何轴线绕位置固定的另一齿轮的几何轴线回转,则这种轮系便称为行星轮系。

行星轮系可分为差动轮系和简单行星轮系两种。如图 11 – 6a 所示的轮系中,齿轮 1 和 3 以及构件 H 各绕固定的几何轴线 O_1、O_3(与 O_1 重合)及 O_H(也与 O_1 重合)回转;齿轮 2 活套在构件 H 的小轴上。当构件 H 回转时,齿轮 2 一方面绕自己的几何轴线 O_2 回转(自转);同时又随构件 H 绕固定的几何轴线 O_H 回转(公转),这就是一个行星轮系。行星轮系中绕固定几何轴线回转的齿轮称为太阳轮(图 11 – 6a 中的齿轮 1 和 3);而具有运动几何轴线的齿轮称为行星轮(图 11 – 6a 中的齿轮 2);支持行星轮的构件 H 称为行星架。行星架和太阳轮又称为行星轮系的基本构件。基本构件的几何轴线必须互相重合,否则便不能传动。

行星轮系传动比的计算方法不同于定轴轮系,但它们之间又具有内在联系。如果我们对图 11 – 6a 所示的行星轮系加上一个

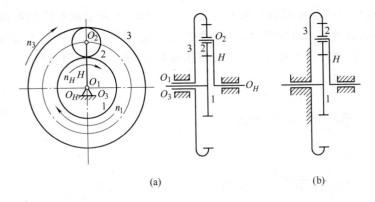

(a)
(b)

图 11-6

大小为 n_H 而方向与 n_H 相反的公共转速时,齿轮 1 和 3 的转速分别变为 $n_1^H = n_1 - n_H$ 和 $n_3^H = n_3 - n_H$,而行星架 H 的转速变为 $n_H^H = n_H - n_H = 0$,即行星架 H 变为固定不动了,这样便把行星轮系转化成为定轴轮系了。我们把加上公共转速($-n_H$)后得到的定轴轮系称为行星轮系的转化机构。转化机构中各构件的转速为 n_1^H、n_3^H 和 n_H^H,右上角标 H 表示是对于转臂 H 的相对转速。在行星轮系中,轮 1 和轮 3 的相对转速为 $n_1 - n_3$,在转化机构中,它们的相对转速为 $n_1^H - n_3^H = (n_1 - n_H) - (n_3 - n_H) = n_1 - n_3$。由此可见,加上公共转速($-n_H$)后,原机构各构件的相对运动并不改变。于是我们可以应用求定轴轮系传动比的方法于转化机构。即得

$$i_{13}^H = \frac{n_1^H}{n_3^H} = \frac{n_1 - n_H}{n_3 - n_H} = (-1)^1 \frac{z_3}{z_1} = -\frac{z_3}{z_1}$$

将上式整理后得

$$n_1 = n_H \left(1 + \frac{z_3}{z_1} \right) - n_3 \frac{z_3}{z_1}$$

上式表明,如果知道了行星轮系中任意两个构件的运动(例如 n_3 和 n_H),则第三个构件的运动(例如 n_1)便可求出。从而齿轮 1 和 3 之间(或轮 1 和 H 之间)的传动比 $\dfrac{n_1}{n_3}$(或 $\dfrac{n_1}{n_H}$)便完全确定了。这种

凡需要已知两个构件的运动才能确定其他构件运动的行星轮系称为差动轮系。

如图 11 – 6b 所示,若齿轮 3 固定不动,则

$$i_{13}^H = \frac{n_1^H}{n_3^H} = \frac{n_1 - n_H}{n_3 - n_H} = \frac{n_1 - n_H}{0 - n_H} = -\frac{z_3}{z_1}$$

将上式整理后得

$$n_1 = n_H\left(1 + \frac{z_3}{z_1}\right)$$

上式表明,只要知道转臂 H 的转速 n_H,则轮 1 的转速 n_1 便完全确定了。这种有一个太阳轮固定的轮系称为简单行星轮系(原称行星轮系)。简单行星轮系可以用很少的齿轮得到很大的传动比。

将上述所论推广到一般的情况。设行星轮系中的两个太阳轮分别为 1 和 k,行星架为 H。由于行星轮系的转化机构是定轴轮系,所以转化机构的传动比的计算公式仍与式(11 – 2)相同,即

$$i_{1k}^H = \frac{n_1^H}{n_k^H} = (-1)^m \frac{z_2 \cdot z_3 \cdots \cdots z_k}{z_1 \cdot z_{2'} \cdots \cdots z_{(k-1)'}} \qquad (11 - 4)$$

对于差动轮系,若已知的两个构件转速方向相反,则代入公式时一个用正值而另一个用负值。上式也适用于锥齿轮所组成的行星轮系,不过 1、k 两轮和行星架的轴线必须互相平行,且其转化机构传动比 i_{1k}^H 的正负号必须用画箭头的方法来确定。

例题二 在图 11 – 7 所示的差动轮系中,各轮的齿数为:$z_1 = 15$,$z_2 = 25$,$z_{2'} = 20$,$z_3 = 60$。已 知 $n_1 = 200$ r/min,$n_3 = 50$ r/min,转向如图上箭头所示。求行星架 H 的转速 n_H。

解 设转速 n_1 为正,因 n_3 的转向与 n_1 相反,故转速 n_3 为负,则

$$i_{13}^H = \frac{n_1 - n_H}{n_3 - n_H} = (-1)^1 \frac{z_2 \cdot z_3}{z_1 \cdot z_{2'}}$$

从而

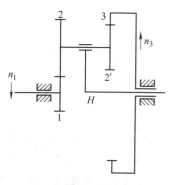

图 11 – 7

$$\frac{200 - n_H}{-50 - n_H} = -\frac{25 \times 60}{15 \times 20}$$

解得

$$n_H = -8.33 \text{ r/min}$$

负号表示 n_H 的转向与 n_1 相反,而与 n_3 相同。

例题三 在图 11-8 所示的手动葫芦中,已知各轮齿数: $z_1 = 12$, $z_2 = 28$, $z_{2'} = 14$, $z_3 = 54$。求手动链轮 S 和起重链轮 H 的传动比 i_{SH}。

解 当手动链轮 S 转动时,齿轮 1 推动齿轮 2,使齿轮 2′在固定的内齿轮 3 内滚动,从而带动起重链轮 H。由于双联齿轮 2—2′绕轴线 O_2 自转和绕轴线 O_H 公转,故是行星轮。齿轮 3 为固定太阳轮,齿轮 1 为活动太阳轮,H 为行星架,它们和行星轮 2—2′组成一个简单行星轮系。

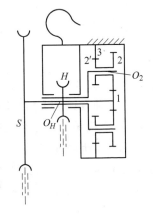

图 11-8

由式(11-4)计算转化机构的传动比

$$i_{13}^H = (-1)^1 \frac{z_2 \cdot z_3}{z_1 \cdot z_{2'}} = -\frac{28 \times 54}{12 \times 14} = -9$$

因

$$i_{13}^H = \frac{n_1 - n_H}{n_3 - n_H} = \frac{n_1 - n_H}{0 - n_H} = -i_{1H} + 1$$

故

$$i_{1H} = i_{SH} = 1 - i_{13}^H = 1 - (-9) = 10$$

即手动链轮 S 转 10 转,起重链轮转 1 转。

§11-3 减 速 器

减速器是由置于刚性的封闭箱体中的一对或几对相啮合的齿轮或蜗杆蜗轮所组成。它在机器中常为一独立部件,用来减低转速,以适应机器的要求。在个别情况下,也可能遇到用来增加转速的增速器,例如由低转速水轮机到发电机间的传动。由于减速器应用很广泛,所以它的主要参数已标准化了,并由专门工厂进行生产。在设计中应尽量选用标准减速器,如硬齿面(>350HBS)圆柱齿轮单级、二级、三级减速器 ZDY、ZLY、ZSY 及中硬齿面(小齿轮齿面调质硬度为 306 ~ 332HBS,大齿轮齿面调质硬度为 283 ~ 314HBS)圆柱齿轮减速器 ZDZ、ZLZ、ZSZ 等。一般可根据传动比 i、输入转速 n_1、功率 P,参考设计手册等资料选用。当选不到合适的标准减速器时,方自行设计。

(一) 减速器的型式

按齿轮的类型来分,减速器可以有圆柱齿轮减速器、圆锥齿轮减速器、蜗杆减速器、圆锥 – 圆柱齿轮减速器及蜗杆 – 圆柱齿轮减速器等。按齿轮的对数来分,可以有单级的、两级的和三级的减速器等。

单级圆柱齿轮减速器(图 11 –9a)一般传动比 $i = 1 \sim 8$。如果传动比大于 10,则大小齿轮直径相差很大,减速器的结构尺寸和重量也相应增大(图 11 –9b),这时可改用两级减速器(图 11 – 9c)。

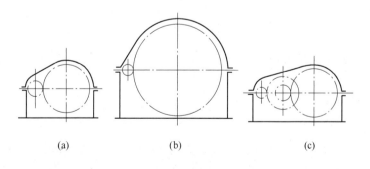

(a)   (b)   (c)

图 11 –9

图 11 –10 所示为两级圆柱齿轮减速器的传动布置简图。

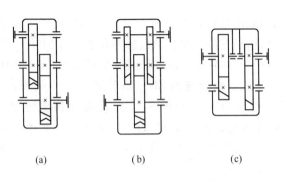

| (a) | (b) | (c) |

图 11 – 10

图 11 – 10a 所示为展开式的两级减速器,它的缺点是齿轮相对两轴承的位置不对称,当轴弯曲变形时,会引起载荷沿齿宽分布不均匀的现象。当齿面硬度高且载荷变化时,由于不易跑合,故载荷集中现象更为严重,所以宜用于载荷较平稳的场合。

图 11 – 10b 所示为高速级分流式减速器,其受载荷最大的低速级齿轮的位置与两轴承对称,所以这种减速器宜用于变载荷的场合。

图 11 – 10c 所示为同轴线式减速器。由于它的输入轴与输出轴在同一轴线上,所以减速器的长度较小。其主要缺点是中间轴很长,由于中间轴的变形,使载荷沿齿宽分布不均匀。

(二) 减速器的结构及润滑

减速器主要由齿轮(或蜗杆蜗轮)、轴、轴承及箱体四部分组成(参看图 11 – 11 单级圆柱齿轮减速器)。关于齿轮、轴及轴承的结构可参阅有关章节,此处不再赘述。

箱体是传动的基座。箱体上安装轴承的孔应镗制得很精确,以保证齿轮轴线相互位置的正确性。箱体本身也须有足够的刚性,以免箱体在内力及外力作用下产生过大的变形。为了增加减速器的刚性及其散热面积,箱体上常加有外肋。

为了便于安装,箱体通常做成剖分式,箱盖与底座的剖分面应

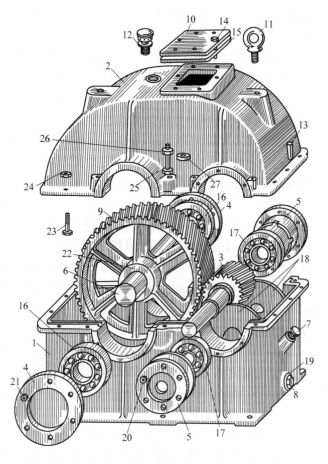

1—箱体；2—箱盖；3—小齿轮轴；4、5—轴承盖；6—大齿轮轴；
7—油面指示器；8—油塞；9—斜齿轮；10—窥视孔盖；11—吊环螺钉；12—通气器；
13—定位销；14—M8 螺钉；15—压制纸垫；16、17—角接触球轴承；18—挡油圈；
19—耐油橡胶制的垫片；20、21—M12 螺钉；22—平键；23—M20 螺栓；
24—M20 螺母；25—M30 螺栓；26—M30 螺母；27—弹簧垫圈

图 11－11

与齿轮轴线平面相重合。

箱体通常用灰铸铁（HT 150、HT 200）制成，用铸钢（ZG 200－

400)铸造的较少。单件或小批生产时可用焊接箱体,这样可节省工时并减轻重量。

箱盖与底座用螺栓连成一个整体,并用两个圆锥销来精确固定箱盖与底座的相互位置。螺栓的位置应尽可能靠近轴承处,并需要设置凸肩,以保证螺栓头及螺母有合适的支承面。排列螺栓时,应考虑使用扳手时所需的活动空间。

窥视孔是为检查齿轮啮合情况及向箱内注油而设置的,平时窥视孔用盖盖住。底座下部设有一放油孔,平时用油塞封闭。为了能随时检查箱内油面的高低,应在底座上设置油尺或油面指示器。

减速器工作时温度的升高,会使箱内空气膨胀,将油自剖分面处挤出。为此,在箱盖上设有通气器,以使空气自由逸出。

吊环是用来提升箱盖的,而整个减速器的提升则是用底座旁的吊钩。为了便于揭开箱盖,常在箱盖凸缘上制有两个螺纹孔,拆卸箱盖时用螺钉拧入,即可顶起箱盖。

在中小型减速器中常采用滚动轴承,其优点为:(1)润滑比较简单,可以用润滑脂,也可以用润滑轮齿的润滑油;(2)效率高,发热量少;(3)径向间隙小,能维持齿轮的正常啮合等。

减速器中齿轮、蜗轮和轴承的润滑是非常重要的问题。润滑的目的在于减少磨损、减少摩擦损失及发热,以保证减速器正常工作。

当齿轮的圆周速度和传递的功率不大时,减速器的齿轮、蜗轮可用浸油润滑。减速器的滚动轴承可以用润滑脂润滑,也可以靠飞溅到箱盖壁上的润滑油经特制的油槽汇集而流到轴承中。但齿轮的圆周速度不应低于 2.5 m/s,才能保证把润滑油溅到箱盖壁上。

§11-4 各种机械传动的比较

当传递的功率和传动比一定时,在大多数情况下各种不同型式的传动都可以采用,但是在经济性方面可能有很大的差别。因此,如何来确定最合理的方案,常常是一个复杂而又困难的问题。由于目前系统的资料尚不多,故在设计时往往需要拟定几个方案进行分析比较,最后才能确定出在工作性能、效率、外廓尺寸、重量和工艺性等方面较为合理的方案。表 11-1 给出了各种传动型式的基本特性的比较,供选用时参考。

表 11-1　各种传动型式的基本特性

传动型式	带传动	齿轮传动	蜗杆传动	链传动
主要优点	中心距变化范围大,结构简单,传动平稳,能缓和冲击振动,能起安全装置作用	外廓尺寸小,传动比准确,效率高,寿命长	外廓尺寸小,传动比准确而且可以很大,传动平稳无噪声,可制成自锁传动	中心距变化范围较大,载荷变化范围大,平均传动比准确
主要缺点	外廓尺寸大,轴上压力较大(约为初拉力的 2~3 倍),传动比不准确,寿命较短	要求制造精度高,高速传动、制造精度不高时有噪声,不能缓和冲击	效率低,中速及高速传动需用高级青铜,要求制造精确	瞬时传动比不准确,在冲击振动载荷下寿命较低
效率	0.92 ~ 0.98,带轮小、速度高时,效率较低,V 带效率亦较低,平均可取 0.95	闭式传动为 0.94 ~ 0.99,开式传动为 0.92 ~ 0.96。精度低的齿轮传动及锥齿轮传动效率较低	0.72 ~ 0.96。导程角小、润滑不良、滑动速度小时,效率均低,自锁传动效率小于 0.5	0.96 ~ 0.98

传动型式	带传动	齿轮传动	蜗杆传动	链传动
功率范围/kW	一般在 75 以下,V 带可达 400	从极小到几万	一般在 50 以下,亦有达 200	一般在 100 以下,亦有达 5 000
速度范围/(m/s)	一般带速小于 25～30,特殊的可达 50,甚至达 100	一般圆周速度在 25 以下,最高可达 150	一般滑动速度小于 15,个别情况可达 35	一般链速小于 15,有达 40 的
传动比	平带小于 5,V 带小于 7,特殊情况可达 15	常用 5 以下,圆柱齿轮可达 10,甚至更大,锥齿轮不超过 7.5	一般 10～30,可达 1 000	一般小于 7,个别情况可达 15

习　　题

11-1　定轴轮系中,输入轴与输出轴之间的传动比如何确定? 与主动齿轮、从动齿轮的齿数有何关系? 如何判定输出轴的转向?

11-2　如图所示的行星轮系,已知系杆 H 的角速度 ω_H 及各轮的齿数 z_1、z_2、$z_{2'}$ 及 z_3(或半径 r_1、r_2、$r_{2'}$ 及 r_3),试求齿轮 3 的角速度 ω_3。

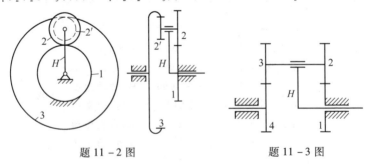

题 11-2 图　　　　　　　　题 11-3 图

11 - 3　如图示的行星轮系,已知各轮的齿数:$z_1 = 98$,$z_2 = 100$,$z_3 = 102$,$z_4 = 100$,试求轮系的传动比。

11 - 4　齿轮减速器主要由哪些部分组成? 窥视孔、通气器有什么功用? 设计时是否可省略?

11 - 5　齿轮传动、蜗杆传动润滑的目的是什么? 一般有哪些润滑方法?

第十二章　轴

§12 – 1　概　　述

　　轴是组成机器的一个重要零件,它用来支承旋转的机械零件(如带轮、齿轮等)、传递运动和动力。根据轴所起的作用与所承受的载荷,可分为心轴、转轴及传动轴等。

　　1. 心轴

　　只承受弯矩、不承受转矩的轴称为心轴。心轴可以是转动的,如与滑轮用键相连的心轴(图 12 – 1a);心轴也可以是不转的,如与滑轮动配合的心轴(图 12 – 1b)。

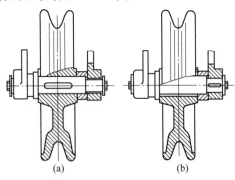

(a)　　　　　　　　　　(b)

图 12 – 1

2. 转轴

工作时既承受弯矩又承受转矩的轴称为转轴,如齿轮减速器中的轴,转轴是机器中最常见的轴。

3. 传动轴

工作时主要承受转矩作用的轴称为传动轴,如汽车变速箱到后桥传动装置的传动轴。

根据几何轴线的形状,又可将轴分为直轴与曲轴。曲轴常用于往复式机械中(图12-2),是内燃机、空气压缩机及活塞泵等机器的专用零件。

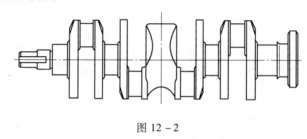

图 12-2

§12-2 轴的结构和材料

(一)轴的结构

轴的结构是由许多因素决定的,如:作用在轴上载荷的大小及其分布情况,轴上零件的布局及其沿轴向和径向的固定方法,轴承的类型、尺寸和布置情况,轴的加工及装配方法等。这些因素有的是已知的,有的则需要在设计计算过程中确定,所以轴没有标准的结构形式,每一轴必须经过计算与结构设计才能确定。

轴沿轴向的尺寸及形状是由轴上各零件的相互距离、尺寸和安装情况,轴的制造情况及轴上载荷(弯矩、转矩、轴向力)分布情况等决定的。轴的外形多是阶梯形的圆柱体,如图12-3所示。

轴和旋转零件的配合部分称为轴头。轴头为圆柱形或圆锥形,但以圆柱形居多。轴和轴承配合的部分称为轴颈(图 12 - 3)。
和滑动轴承配合的轴颈可以用圆柱形、圆锥形(图 12 - 4)。常用
的轴颈是圆柱形的。和滚动轴承配合的轴颈长度较小,多数是圆
柱形的(图 12 - 5)。轴颈直径的基本尺寸要与轴承的孔径一致。
轴的直径变化所形成的阶梯处称为轴肩或轴环(图 12 - 3a,b,c),
起轴上零件的轴向定位作用。轴头和轴颈的直径应圆整到标准
值。

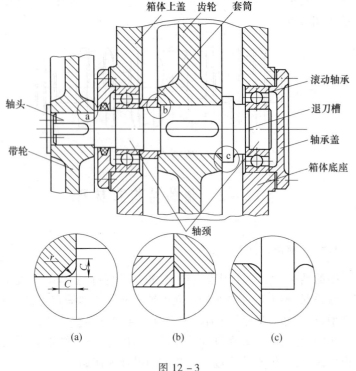

图 12 - 3

　　为了便于零件的装拆,轴端应有 45°倒角,装拆零件所经过的
各段轴直径都要小于零件的孔径(图 12 - 3)。因此,轴的直径一
般是从两端向中间逐段增大,形成阶梯轴。

为了降低轴上不同直径衔接处的应力集中,提高轴的抗疲劳能力,相邻轴径的变化不宜过大,定位轴肩和轴环(图 12 - 3a、c)的高度要适当,轴径变化处的过渡圆角应尽可能大。为了保证轴上零件能紧靠轴肩定位,轴上圆角半径 r 应小于零件孔的倒角 C(图 12 - 3a)。

轴各段长度由其上零件的轴向尺寸决定。为了保证传动零件的轴向定位,一般轴头长度应稍短于装在上面的轮毂的轴向长度(图 12 - 3)。

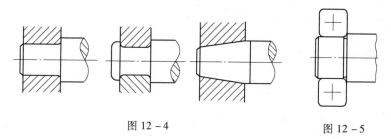

图 12 - 4   图 12 - 5

为了保证轴上零件的正常工作,其轴向和周向都必须固定。

零件的周向固定可采用平键(图 12 - 3)、花键、紧定螺钉(图 12 - 6c)、销(图 12 - 6b)及过盈配合连接等,后三种连接还具有轴向定位作用,其中紧定螺钉及销只用于传力不大处。

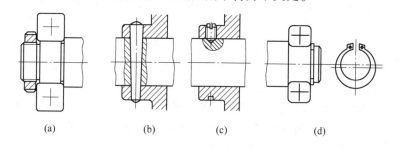

(a)   (b)   (c)   (d)

图 12 - 6

零件的轴向固定方法很多。如图 12 - 3 中的齿轮,其右端由轴环、左端由套筒定位;右端滚动轴承由轴肩及轴承盖定位,左端滚动轴承由套筒及轴承盖定位。轴环、轴肩及套筒结构简单可靠，能承受较大的轴向载荷。

此外，零件的轴向固定还可采用圆螺母及止动垫圈（图 12－6a）、轴用弹性挡圈（图 12－6d）。圆螺母可承受大的轴向载荷，但切螺纹处有较大的应力集中，会降低轴的抗疲劳强度，故多应用于固定轴端的零件。轴用弹性挡圈只适用于受轴向载荷不大的零件。轴端

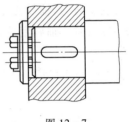

图 12－7

零件还常采用螺钉及挡圈（图 12－7）的固定方法。轴头也可以是圆锥面。

（二）轴的材料

轴的材料主要采用碳素钢和合金钢。

1. 碳素钢

对较重要的轴或承受载荷较大的轴，常选用 35、45、50 等优质中碳钢，因其具有较高的强度、塑性和韧性，其中 45 钢用得最为广泛。为了改善其力学性能，应进行正火或调质处理。不重要或承受载荷较小的轴，则可选用 Q235、Q255 或 Q275 等普通碳素钢。

2. 合金钢

合金钢具有较高的力学性能，但价格较贵，多用于有特殊要求的轴。常用的有 20Cr、20CrMnTi、40Cr、35SiMn、35CrMo 等。应该注意，选用钢的种类及热处理对钢的弹性模量的影响很小。因此，如采用合金钢或用热处理提高轴的刚度，并无实效。此外，合金钢对应力集中的敏感性高，故采用合金钢时，轴的结构要避免或减小应力集中，并减小其表面粗糙度。

轴的毛坯一般用圆钢或锻件。对形状复杂的轴可采用铸钢或球墨铸铁。例如用球墨铸铁制造曲轴、凸轮轴，具有成本低、吸振性能好、对应力集中的敏感性较低等优点。

表 12 - 1 列出轴的常用材料及其主要力学性能。

表 12 - 1　轴的常用材料及其主要力学性能

材料及热处理	毛坯直径/mm	硬度	抗拉强度 σ_B	屈服强度 σ_S	弯曲疲劳极限 σ_{-1}	应用说明
			/MPa			
Q235			375 ~ 460	235	200	用于不重要或载荷不大的轴
Q275	任意	190HBS	490 ~ 610	275	240	用于不很重要的轴
35,正火	≤100	≤187HBS	530	315	250	有好的塑性和适当的强度,可做一般的转轴
45,正火	≤100	≤241HBS	600	355	275	用于较重要的轴,应用广泛
45,调质	≤200	217 ~ 255HBS	700	500	300	
40Cr,调质	25		980	780	500	用于载荷较大,而无很大冲击的轴
	≤100	241 ~ 286HBS	750	550	350	
	> 100 ~ 300	241 ~ 269HBS	700	550	340	
35SiMn,调质(42SiMn)	≤100	229 ~ 286HBS	800	520	400	性能接近40Cr,用于中小型轴
	> 100 ~ 300	217 ~ 269HBS	750	450	350	
40MnB,调质	25		1 000	800	485	性能接近于40Cr,用于重要的轴
	≤200	241 ~ 286HBS	750	500	335	
30CrMo,调质	≤100	207 ~ 269HBS	985	835	390	用于重载荷的轴
20Cr,渗碳淬火回火	15	表面	835	540	375	用于要求强度、韧性及耐磨性均较高的轴
	≤60	56 ~ 62HRC	650	400	280	

§12-3 轴 的 计 算

轴的工作能力主要取决于它的强度和刚度,因此设计轴时,应按强度或刚度计算。高速轴还要校核其振动稳定性。

(一) 轴的强度计算

强度计算时,首先应绘制轴的计算简图,即根据机器的结构确定轴的长度和轴上零件的位置,并附有载荷的简图。绘制简图时,通常可把轴视为铰链支承的梁,然后运用材料力学中的公式进行计算。很多情况下,只知由轴传递的转矩,而支承点间距离及轴上载荷作用点和支承点的距离均未知,因此弯矩尚属未知。此外,只有当轴的结构形式肯定以后,才能知道应力集中源(键槽、轴肩、轴槽等)的位置。所以,轴的强度计算过程是当弯矩值未知时,先按转矩进行初步计算,根据所得直径进行结构设计,定出轴的尺寸,然后,再按当量弯矩进行计算。

1. 按扭转强度计算

当轴只传递转矩,不承受弯矩,或承受很小的弯矩,或当弯矩值未知时,可以按转矩作初步计算。圆截面轴受转矩后,在截面中出现扭转切应力,其强度条件为

$$\tau_T = \frac{T}{W_T} = \frac{T}{\frac{\pi}{16}d^3} = \frac{T}{0.2d^3} \leqslant [\tau_T]$$

故按扭转强度计算的公式为

$$d = \sqrt[3]{\frac{T}{0.2[\tau_T]}} = \sqrt[3]{\frac{9.55 \times 10^6 P}{0.2[\tau_T]n}} = C\sqrt[3]{\frac{P}{n}} \text{ mm}$$

$$(12-1)$$

式中 T 为转矩(N·mm); P 为传递的功率(kW); n 为转速(r/min); $[\tau_T]$ 为材料的许用扭转切应力(MPa); d 为轴的直径

（mm）;C 值见表 12-2。

表 12-2　常用轴材料的 C 值

材　　料	Q235,20	35	45	40Cr,35SiMn 等
C	160~135	135~118	118~107	107~98

若该截面只有一个键槽,可将计算出的轴颈适当增大 3%,有两个键槽时,应增大 7%。最后需将轴径圆整。一般将初步计算得到的轴径作为轴端最小直径,并进行结构设计。

例题一　已知小齿轮轴传递的功率 $P = 10$ kW,转速 $n = 120$ r/min,试估算此齿轮轴径。

解　1. 选择轴的材料

用 45 钢,正火,由表 12-2 查得 $C = 118 \sim 107$。

2. 估算齿轮轴径

$$d = C \sqrt[3]{\frac{P}{n}} = (107 \sim 118) \times \sqrt[3]{\frac{10}{120}} \text{ mm}$$

$$\approx 46 \sim 51 \text{ mm}$$

取 $d = 50$ mm。

2. 按弯矩、转矩合成强度计算

当轴承位置以及作用在轴上的载荷性质、大小、方向和作用点已知时,无需按扭转强度作初步计算,只按弯矩、转矩合成强度计算。

若轴上载荷作用在不同的平面中,应该将所有的载荷分解到选定的相互垂直的两坐标平面中,然后决定支承点反力,绘出每一平面中的弯矩图,随后再应用分析法或图解法,绘出合成弯矩图。

绘出转矩图后,应用公式 $M' = \sqrt{M^2 + (\alpha T)^2}$ 便可以求出相应截面的当量弯矩。式中 α 是将扭转切应力转换成与弯曲应力变化特性相同的扭转切应力时的折合系数。α 的数值如下:当扭转切应力为静应力时,取 $\alpha = \dfrac{[\sigma_{-1b}]}{[\sigma_{+1b}]} \approx 0.3$;扭转切应力为脉动循环变应力时,取 $\alpha = \dfrac{[\sigma_{-1b}]}{[\sigma_{0b}]} \approx 0.6$,扭转切应力为对称循环变应力

时,取 $\alpha = \dfrac{[\sigma_{-1b}]}{[\sigma_{-1b}]} = 1$。若转矩的变化规律不清楚,一般按脉动循环处理。式中 $[\sigma_{-1b}]$、$[\sigma_{0b}]$、$[\sigma_{+1b}]$ 分别为材料在对称循环、脉动循环及静应力状态下的许用弯曲应力,其值列于表 12-3 中。

表 12-3　轴的许用弯曲应力

材　料	抗拉强度 σ_B /MPa	许用弯曲应力/MPa		
		静应力或近于静应力 $[\sigma_{+1b}]$	脉动循环应力 $[\sigma_{0b}]$	对称循环应力 $[\sigma_{-1b}]$
碳素钢	400	130	70	40
	500	170	75	45
	600	200	95	55
	700	230	110	65
合金钢	800	270	130	75
	900	300	140	80
	1 000	330	150	90
	1 200	360	170	110
铸　钢	400	100	50	30
	500	200	70	40

已知当量弯矩后,可根据强度条件 $\dfrac{M'}{W} \leqslant [\sigma_{-1b}]$ 计算出相应截面的直径,式中 W 为轴相应截面的抗弯截面系数。

现以蜗杆轴为例说明按当量弯矩计算的步骤。图 12-8a 所示为蜗杆轴的受力简图。

蜗杆的轴向力 F_a 使蜗杆轴受弯曲(图 12-8b)。然后,再以轴颈轴向固定的位置及方法来判定轴受压缩或拉伸,图中轴上 CD

部分受压缩。与 F_a 在同一平面上的径向力 F_r 使轴受弯曲（图 12-8c）。蜗杆的圆周力 F_t 在与 F_a 垂直的平面中，使轴受弯曲（图 12-8d），且使 AC 部分受扭转（图 12-8e）。

根据作用于不同平面中的弯矩图，可决定合成弯矩图。对任一截面 x 的合成弯矩为

$$M = \sqrt{(M_{ax} + M_{rx})^2 + M_{tx}^2}$$

当量弯矩为

$$M' = \sqrt{M^2 + (\alpha T)^2} \qquad (12-2)$$

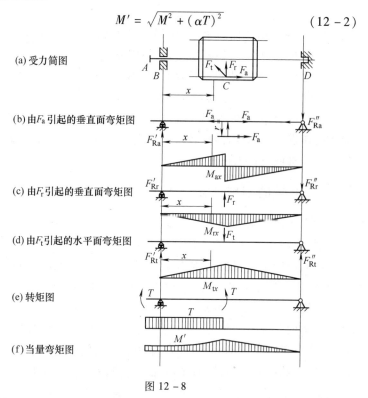

图 12-8

作当量弯矩图（图 12-8f）。由强度条件计算这一截面的直径：

$$d = \sqrt[3]{\frac{M'}{0.1[\sigma_{-1b}]}} \qquad (12-3)$$

利用式(12-3)可以确定 *AC* 段各截面的直径,但在 *CD* 段还作用着轴向力 F_a,它所引起的正应力较弯曲应力数值要小得多,因此,轴 *CD* 段的直径仍可用同一公式计算。

最后,考虑轴上零件的装拆、固定、定位以及轴的加工等问题,确定轴的结构。

计算心轴时,因 $T=0$,故计算截面的直径为

$$d = \sqrt[3]{\frac{M}{0.1[\sigma_b]}} \qquad (12-4)$$

式中 $[\sigma_b]$ 为许用弯曲应力,对于转动的心轴取 $[\sigma_{-1b}]$,对于不转动的心轴按应力变化的特性取 $[\sigma_{0b}]$ 或 $[\sigma_{+1b}]$。

按弯矩、转矩合成强度计算轴时,对于影响轴强度的许多重要因素,如应力集中、尺寸因素等都只在许用应力中考虑。

对于一般用途的轴,按上述方法设计计算即可。对于重要的轴还要作进一步精确计算,校核危险截面的安全系数,如有需要可参阅有关机械设计书籍。

(二) 轴的刚度计算

轴受弯矩作用会产生弯曲变形,即在任一截面的轴心线会出现挠度,而轴在支承点处会出现倾角;如果轴的弯曲变形太大,即轴的弯曲刚度不够,就会影响旋转零件的正常工作,例如电机转子的挠度过大,会改变转子与定子间的间隙而影响电机的性能,机床主轴的挠度太大,会影响加工精度,而轴在支承点处的倾角过大,会使轴承的受载不均匀,造成过度磨损及发热。当轴受转矩作用时,会产生扭转变形,如果轴上装齿轮处的扭转角过大,则会使齿轮啮合处偏载。它们对轴的振动也有影响,所以在必要时,应该进行刚度计算。

轴的弯曲刚度计算是决定任一截面处轴心线的挠度及支承点处的倾角。

挠度条件为: $\qquad y \leqslant [y] \qquad (12-5)$

式中 y 为所求轴上某一截面的挠度(mm),可由材料力学中相应公式算出。$[y]$ 为许用挠度,在普通机械制造业中轴的许用挠度 $[y]$ 不超过两支点间距离 l 的 $0.000\,2 \sim 0.000\,3$ 倍;安装齿轮处的许用挠度 $[y]$ 不超过 $0.01 \sim 0.03$ 倍的齿轮模数;感应电动机轴的许用挠度 $[y]$ 不超过 0.1 倍定子与转子间的气隙。

倾角条件为: $\qquad\qquad \theta \leqslant [\theta] \qquad\qquad$ (12 – 6)

式中 θ 为所求轴某一截面处的倾角(rad);$[\theta]$ 为许用倾角,轴在支承处的许用最大倾角一般不应超过 0.001 rad。

轴的挠度主要和作用在它上面载荷的数值及作用点的位置有关,为了减小挠度,应该将安装在轴上的零件尽可能靠近轴承。

轴的扭转刚度计算是决定轴的扭转角,对等直径轴的扭转角为

$$\varphi = \frac{Tl}{GI_p}\ \text{rad} = \frac{584Tl}{Gd^4}\ (°)$$

$$\varphi/l = \frac{584T}{Gd^4}\ (°)/\text{m} \qquad\qquad (12 – 7)$$

扭转变形的刚度条件为:

$$\varphi \leqslant [\varphi] \qquad\qquad (12 – 8)$$

式中 I_p 为轴截面的极惯矩(mm^4);d 为轴直径(mm);G 为材料的切变模量(MPa);T 为轴长 l mm 一段内所传递的转矩(N·mm)。对一般传动许用扭转角 $[\varphi] = (0.5 \sim 1)(°)/\text{m}$,精确传动 $[\varphi] = (0.25 \sim 0.35)(°)/\text{m}$。重要的传动 $[\varphi] < 0.25(°)/\text{m}$。实际计算时,应根据具体机械正常工作时所观测到的数值。

例题二 已知一斜齿圆柱齿轮减速器输出轴的简图如图 12 – 9a 所示。轴上大齿轮节圆直径 $d = 348$ mm,螺旋角 $\beta = 12°15'$,啮合角 $\alpha = 20°$,齿轮轮毂宽 $B = 130$ mm。输出端装联轴器,半联轴器轮毂宽 100 mm。支承点与半联轴器端部的距离 $a = 180$ mm,支承点与齿轮中点间的距离 $b = 110$ mm,$c = 180$ mm。在稳定工作时,轴传递的额定转矩 $T = 1.83 \times 10^6$ N·mm,轴的材料用 35 钢,正火,$\sigma_B = 530$ MPa。试设计此轴。

解 今已知轴的跨距及载荷作用点的距离,故只按弯矩、转矩合成强度

进行计算。

1. 按弯矩、转矩合成强度计算轴的计算简图如图 12 - 9b 所示。

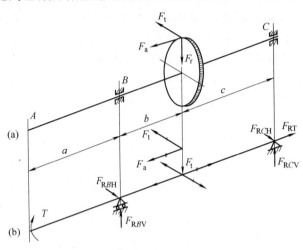

图 12 - 9

（1）决定作用在轴上的载荷

圆周力

$$F_t = \frac{2T}{d} = \frac{2 \times 1.83 \times 10^6}{348} \text{ N} = \frac{3.66 \times 10^6}{348} \text{ N} = 10\,500 \text{ N}$$

径向力

$$F_r = \frac{F_t}{\cos \beta} \tan \alpha = \frac{10\,500}{\cos 12°15'} \tan 20° \text{ N} = \frac{10\,500}{0.977\,2} \times 0.364 \text{ N} = 3\,900 \text{ N}$$

轴向力

$$F_a = F_t \tan \beta = 10\,500 \tan 12°15' = 10\,500 \times 0.217\,1 = 2\,280 \text{ N}$$

（2）决定支点反作用力及弯曲力矩

水平面中的计算简图如图 12 - 10a 所示。

支承反力

$$F_{RBH} = \frac{F_t c}{b + c} = \frac{10\,500 \times 180}{110 + 180} \text{ N} = 6\,520 \text{ N}$$

$$F_{RCH} = \frac{F_t b}{b + c} = \frac{10\,500 \times 110}{110 + 180} \text{ N} = 3\,980 \text{ N}$$

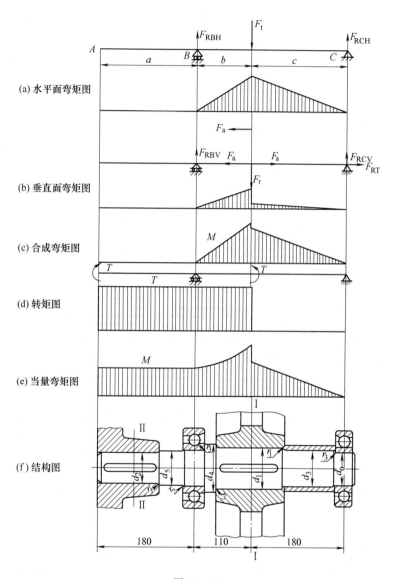

(a) 水平面弯矩图

(b) 垂直面弯矩图

(c) 合成弯矩图

(d) 转矩图

(e) 当量弯矩图

(f) 结构图

图 12 - 10

截面 I - I 的弯曲力矩

$$M_{\mathrm{IH}} = F_{RBH} b = 6\ 520 \times 110 \ \mathrm{N \cdot mm}$$
$$= 717\ 000 \ \mathrm{N \cdot mm}$$

垂直面中的计算简图如图 12 - 10b 所示。

支承反力

$$F_{RBV} = \frac{F_a \dfrac{d}{2} + F_r c}{b + c} = \frac{2\ 280 \times \dfrac{348}{2} + 3\ 900 \times 180}{110 + 180} \ \mathrm{N}$$

$$= 3\ 790 \ \mathrm{N}$$

$$F_{RCV} = \frac{F_r b - F_a \times \dfrac{d}{2}}{b + c} = \frac{3\ 900 \times 110 - 2\ 280 \times \dfrac{348}{2}}{110 + 180} \ \mathrm{N}$$

$$= 111 \ \mathrm{N}$$

截面 I - I 的弯曲力矩

$$M'_{\mathrm{IH}} = F_{RBV} \cdot b = 3\ 790 \times 110 \ \mathrm{N \cdot mm} = 416\ 900 \ \mathrm{N \cdot mm}$$
$$M''_{\mathrm{IH}} = F_{RCV} \cdot c = 111 \times 180 \ \mathrm{N \cdot mm} = 19\ 980 \ \mathrm{N \cdot mm}$$

合成弯矩(图 17 - 10c)

$$M'_{\mathrm{WI}} = \sqrt{M_{\mathrm{IV}}^2 + M_{\mathrm{IH}}'^2} = \sqrt{717\ 000^2 + 416\ 900^2} \ \mathrm{N \cdot mm} = 8.294 \times 10^5 \ \mathrm{N \cdot mm}$$

$$M''_{\mathrm{WI}} = \sqrt{M_{\mathrm{IV}}^2 + M_{\mathrm{IH}}''^2} = \sqrt{717\ 000^2 + 19\ 980^2} \ \mathrm{N \cdot mm} = 7.173 \times 10^5 \ \mathrm{N \cdot mm}$$

轴上的转矩(图 12 - 10d)

$$T = 1.83 \times 10^6 \ \mathrm{N \cdot mm}$$

画出轴的当量弯矩图,如图 12 - 10e 所示。从图中可以判断截面 I - I 弯矩值最大,而截面 II - II 承受纯扭,故决定直径时,应该根据此两截面进行计算。

(3)计算截面 I - I、II - II 的直径

已知轴的材料为 35 钢,正火,其 $\sigma_B = 530 \ \mathrm{MPa}$;查表 12 - 3 得 $[\sigma_{-1b}] = 48 \ \mathrm{MPa}$,$[\sigma_{0b}] = 82 \ \mathrm{MPa}$。则

$$\alpha = \frac{[\sigma_{-1b}]}{[\sigma_{0b}]} = \frac{48}{82} \approx 0.60$$

轴截面 I - I 处的当量弯矩

$$M'_{I} = \sqrt{M_{\mathrm{WI}}'^2 + (\alpha T)^2} = \sqrt{829\ 400^2 + (0.60 \times 1\ 830\ 000)^2} \ \mathrm{N \cdot mm}$$

$$= 1.376 \times 10^6 \ \mathrm{N \cdot mm}$$

轴截面Ⅱ-Ⅱ处的当量弯矩

$$M'_{\text{Ⅱ}} = \sqrt{(\alpha T)^2} = \alpha T = 0.60 \times 1\ 830\ 000\ \text{N} \cdot \text{mm} = 1\ 098\ 000\ \text{N} \cdot \text{mm}$$

故轴截面Ⅰ-Ⅰ处的直径

$$d_1 = \sqrt[3]{\frac{M'_{\text{Ⅰ}}}{0.1[\sigma_{-1b}]}} = \sqrt[3]{\frac{1\ 376\ 000}{0.1 \times 48}}\ \text{mm} = 65.93\ \text{mm}$$

因为在截面Ⅰ-Ⅰ处有键槽,所以轴的直径要增加3%,并考虑结构要求取 $d_1 = 75$ mm。

轴截面Ⅱ-Ⅱ处的直径

$$d_2 = \sqrt[3]{\frac{M'_{\text{Ⅱ}}}{0.1[\sigma_{-1b}]}} = \sqrt[3]{\frac{1\ 098\ 000}{0.1 \times 48}}\ \text{mm} = \sqrt[3]{228\ 750}\ \text{mm} = 61.16\ \text{mm}$$

因为在截面Ⅱ-Ⅱ处有键槽,所以轴的直径也要略加大,根据标准取 $d_2 = 65$ mm。

2. 轴的结构设计

根据计算所得直径及所选角接触球轴承,决定轴的具体结构(图12-10f)。根据轴承的固定条件,取与轴承配合的轴径 $d_0 = 70$ mm,且两支点取相同直径的轴承;轴与齿轮轮毂配合面直径 $d_1 = 75$ mm;齿轮与支点 C 轴承间的直径取为 $d_3 = 74$ mm;齿轮与支点 B 轴承间取一凸肩,用作齿轮的轴向定位及承受轴向载荷,故取轴径 $d_4 = 80$ mm;两轴承均须在轴上固定;取与联轴器配合面间轴径 $d_5 = 68$ mm;轴与联轴器的配合面直径 $d_2 = 65$ mm;取圆角半径 $r_1 = 0.5$ mm,$r_2 = 0.5$ mm,$r_3 = 1$ mm(由于与轴配合的轴承圆角半径为1.5 mm)。

习　题

12-1　心轴与转轴有何区别?试列举应用的实例。

12-2　设计轴时应考虑哪些主要问题?

12-3　轴的常用材料有哪些?应如何选用。

12-4　轴的结构和尺寸与哪些因素有关?

12-5　轴上零件的周向固定及轴向固定常用方式有哪些?各适用在何处?

12-6　设计轴时,从轴的结构工艺性考虑应注意哪些问题?

12 - 7　轴的强度计算中,应用公式 $M' = \sqrt{M^2 + (\alpha T)^2}$,式中折合系数 α 考虑什么问题? 其大小怎样确定?

12 - 8　已知一传动轴传递的功率为 24 kW,转速 $n = 850$ r/min,如果轴上的扭转切应力不允许超过 40 MPa,求该轴的直径。

12 - 9　已知一传动轴直径 $d = 30$ mm,转速 $n = 1\ 700$ r/min,如果轴上的扭转切应力不允许超过 45 MPa,求该轴所能传递的功率。

12 - 10　已知图示直齿圆柱齿轮减速器,功率由带轮 1 输入,经减速器由联轴器 4 输出。试指出小齿轮轴、大齿轮轴上受弯矩及受扭矩的部分。

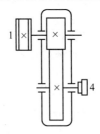

题 12 - 10 图

12 - 11　试对图中轴的结构有编号数处不合理的地方作简要说明,并画出改进后轴的结构图。

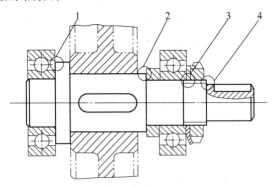

题 12 - 11 图

12 - 12　试核算图示轴与直齿圆柱齿轮配合处的强度。已知传递的功率 $P = 4$ kW,转速 $n = 720$ r/min,齿轮的圆周力 $F_t = 530$ N,径向力 $F_r = 193$ N,齿轮分度圆直径 $d = 200$ mm,装齿轮处轴径 $d_0 = 30$ mm,支承间距 $l =$

100 mm,轴的材料为 45 钢调质。

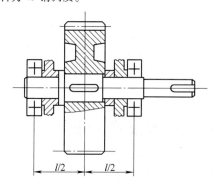

题 12 - 12 图

*12 - 13 已知锥齿轮传动中 $z_1 = 18$，$z_2 = 30$，$m = 5$ mm，齿宽 $b = 25$ mm。小齿轮轴传递功率 $P_1 = 4$ kW，转速 $n_1 = 720$ r/min，轴的材料为 45 钢，正火，其主要尺寸如图示，试校核此轴的尺寸。

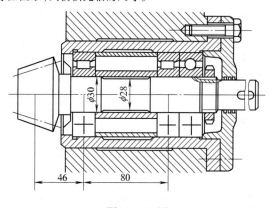

题 12 - 13 图

第十三章 轴 承

§13−1 概 述

轴承是支持心轴或转轴的部件。有时也作为支承轴上的转动零件。

根据承受载荷的方向不同,轴承可分为:向心轴承——承受与轴的轴线方向相垂直的载荷;推力轴承——承受与轴的轴线方向相一致的载荷。

根据相对运动表面的摩擦性质,轴承又可分为滑动轴承和滚动轴承。

根据摩擦面间存在润滑剂的情况,滑动轴承中摩擦可分为:

(1) 干摩擦——两摩擦面间无润滑剂而直接接触的摩擦,摩擦性质取决于相配对材料的性质(图 13−1a)。例如:钢对铜干的或清洁表面的摩擦系数约为 0.30~0.35。

(2) 边界摩擦——两摩擦面由吸附着的很薄的边界膜隔开的摩擦。摩擦性质取决于边界膜和表面的吸附性质(图 13−1b),摩擦系数约为 0.01~0.1。

(3) 液体摩擦——两摩擦面完全由液体隔开的摩擦。摩擦性质主要取决于润滑油的粘度(图 13−1c),摩擦系数很小,一般为

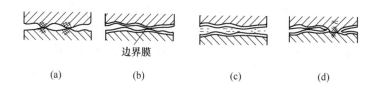

			边界膜			
(a)		(b)		(c)		(d)

图 13 - 1

0.001 ~ 0.01。

（4）混合摩擦——两摩擦面间的摩擦状态介于边界摩擦和液体摩擦之间（图 13 - 1d）。

干摩擦、边界摩擦、混合摩擦通称为非全液体摩擦。显然，液体摩擦可以避免摩擦表面的磨损。

§13 - 2 滑动轴承的结构

滑动轴承通常由轴承体、轴瓦及轴承衬、润滑及密封装置等部分组成。但在简单的轴承中，可以不用轴瓦、轴承衬及密封装置。现就向心滑动轴承和推力滑动轴承的结构分述如下：

（一）向心滑动轴承

1. 整体式

最简单的整体式向心滑动轴承为直接在机器壳体上钻出或镗出孔，孔中可安装套筒形的轴瓦（图 13 - 2）。在要求不高的机器上，孔中不装轴瓦，例如手动铰车上的轴承。

典型的整体式滑动轴承由轴承体、轴瓦组成。通常用螺栓将轴承固定在机架上。当轴承与机架的固定面和轴承孔的中心线垂直

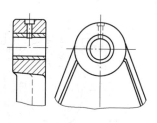

图 13 - 2

时，则称为凸缘轴承（图 13 - 3），当轴承与机架的固定面和轴承孔

中心线平行时,则称为普通轴承(图13-4)。

整体式向心滑动轴承无法调节轴颈和轴承孔间的间隙,当轴瓦磨损后必须更换。此外,在安装轴时,必须作轴向位移,很不方便,因而它适用在低速、轻载及间歇运转处,如绞车、手动起重机上的轴承。

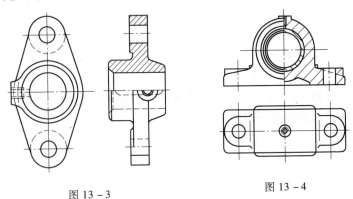

图13-3   图13-4

2. 剖分式

典型的剖分式向心滑动轴承如图13-5所示,它由轴承座1、轴承盖2、剖分式轴瓦4、轴承盖螺栓3所组成。轴承盖上的孔5是安装油杯及注入润滑油用的。通常用螺栓将轴承与机架连在一

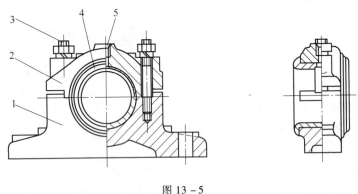

图13-5

起。轴承体和轴瓦的剖分面应该和外载荷的方向尽可能相互垂直,通常是水平的,也有倾斜的。轴承盖与轴承座的剖分面做成阶梯形,这样在安装时便容易对准及减轻轴承盖螺栓受横向载荷。

由于轴承盖和轴承座剖分面间留有不大的间隙,间隙中垫入很薄的垫片,这样,当轴瓦工作面发生磨损后,取去部分轴瓦剖分面间所放置的垫片,拧紧螺栓 3,并对轴瓦工作面进行修刮后,就可以调节轴颈和轴承孔间的间隙。采用剖分式轴承在装拆时轴不需要作轴向位移,故较方便。

3. 自动调心式

当轴颈的长度较大,由于轴的倾斜易使轴瓦边缘产生严重的磨损。因此,当轴承的宽径比 $\phi = \dfrac{b}{d} = 1.5 \sim 1.75$ 时,多用自动调心式轴承。它具有可动的轴瓦,即在轴瓦的外部中间做成凸出的球面(图 13-6),装在轴承盖和轴承座间的凹球面上,随着轴在支承处的倾角变化,轴瓦也具有相应的倾角,从而使轴颈与轴瓦保持良好接触,避免轴承边缘产生严重的磨损。

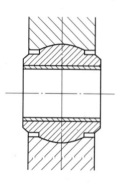

图 13-6

(二)推力滑动轴承

推力滑动轴承用来承受轴向载荷,且能防止轴的轴向位移。

通常推力滑动轴承具有环状的支承面,其最简单的构造为环状单向推力轴承(图 13-7)。轴颈端部和推力片接触,推力片一般制成自动调心的,并用销钉定位以防止其旋转。这种推力滑动轴承主要用作低速垂直轴的支承。当轴向载荷很大时,为了增加支承面,可采用多环推力轴承(图 13-8)。

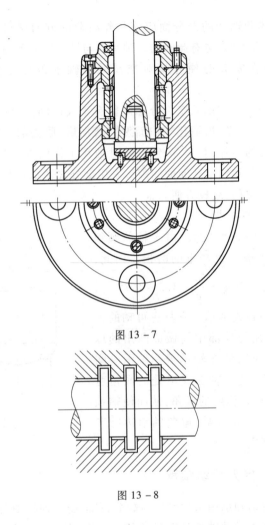

图 13－7

图 13－8

§13－3　滑动轴承的材料

　　轴承盖及轴承座一般均用灰铸铁制造,只是在特别重载及冲击很大的情况下,才用铸钢制造。

　　轴瓦或轴承衬直接和钢轴颈接触,由于轴较轴瓦贵,故轴颈部分应该比轴瓦耐磨,另根据机器运转的经验,当轴颈部分硬度高时,轴承工作较可靠。故选用轴瓦及轴承衬的材料时,应该综合考虑轴瓦及轴承衬的工作能力准则,即轴颈材料与轴瓦或轴承衬材料间具有小的摩擦系数、高的耐磨性及抗胶合性、足够的持久强度及可塑性等。

常用的轴瓦及轴承衬材料有金属与非金属两大类。

（一）金属

使用最广泛的、具有耐磨性的金属是青铜及轴承合金(巴氏合金),其次是粉末冶金。

轴承合金又称白合金,主要是锡、铅、锑及其他金属的合金。由于其耐磨性好、塑性高、跑合性能好、导热性好、抗胶合性能好、与油的吸附性好,故适用于重载、高速及中速的情况下。轴承合金的强度较小,价格较贵,使用时必须浇铸在青铜、钢带、铸钢或铸铁的轴瓦上,形成较薄的涂层(0.1~2 mm 厚)。

青铜主要是铜与锡、铅或铝的合金。铜与锡的合金称锡青铜,铜与铅的合金称铅青铜。青铜比轴承合金硬、耐磨性好、机械强度较高、跑合性较差,适用于重载及中速的情况下。

此外还用灰铸铁或减磨铸铁,它们适用于轻载及低速的情况下。但是采用时必须注意:轴颈的硬度要高于铸铁轴瓦的硬度。

粉末冶金是用铁粉和石墨粉或铜粉和石墨粉调匀后,直接压制成轴瓦,然后在高温下焙烧,即成为多孔性的陶瓷结构形状的金属。若将其浸在润滑油中,使烧结微孔中充满润滑油,便成了含油轴承。工作时,由于轴颈转动的抽吸作用及轴瓦发热油的膨胀作用,油被挤入摩擦表面间进行润滑。在不运转时,部分油又吸入微孔中,故在很长时间内,不必添加润滑油而能很好地工作。由于其韧性较小,只适用于平稳的无冲击载荷及中小速度的情况下。

表 13-1 列出了常用金属轴瓦及轴承衬材料的性能。

表 13－1　常用金属轴瓦及轴承衬材料的性能

材料名称	材料牌号	$[p]/$ MPa 不大于		$[pv]/$ (MPa · m/s) 不大于	材料硬度/HBS		最高工作温度/℃	轴颈硬度 不低于
					金属型	砂型		
5－5－5 锡青铜	ZCuSn5Pb5Zn5	8		15	65	60	250	45 HRC
10－1 锡青铜	ZCuSn10P1	15		15	90	80	250	45 HRC
10－3 铝青铜	ZCuAl10Fe3	15(30)		12(60)			300	45 HRC
10－3－2 铝青铜	ZCuAl10Fe3Mn2	20		15				
锡锑轴承合金	ZSnSb11Cu6	平稳	25	20	27		110	150 HBS
		冲击	20	15				
铅锑轴承合金	ZPbSb16Sn16Cu2	15		10(50)	30		120	150 HBS
酚醛塑料		40		0.18～0.5			120	
聚四氟乙烯 (PTFE)	·	3.5		0.04($v=$ 0.05 m/s) 0.06($v=$ 0.05 m/s) <0.09($v=$ 5 m/s)			250	

注:表中$[pv]$值为非全液体摩擦下的许用值,(　)内为极限值。

（二）非金属

常用的非金属材料有酚醛塑料(由棉织物、石棉等填料经酚醛树脂粘结而成)、尼龙、聚四氟乙烯、硬木、橡胶等。

塑料轴承衬有较大的抗压强度和耐磨性,摩擦系数小,因此使用日益广泛,但导热性差,故可以用水润滑,常用在辗轧机及水压机上。

橡胶轴承衬是用硬化橡胶制成的。由于橡胶弹性大,因而可以在轴有振动、倾斜时和有磨料性的灰尘或泥沙中工作,它也用水润滑,常用在离心泵、水轮机上。

§13-4　润滑剂和润滑装置

润滑剂的作用是减少摩擦损失、减轻工作表面的磨损、冷却和吸振等,因此,应该尽可能地使润滑剂充满摩擦面间。

常用的润滑剂是液体的,称为润滑油;其次是半固体的,在常温下呈油膏状,称为润滑脂。

润滑油是最主要的润滑剂。润滑油最重要的物理性能是粘度。粘度表征液体流动的内摩擦性能。它是液体流动时内摩擦阻力的量度。润滑油的粘度愈大,内摩擦阻力愈大,润滑油的流动性愈差,因此,在压力作用下,油不易被挤出,易形成油膜,承载能力强,但摩擦系数大、效率较低。粘度随温度的升高而降低。

润滑油的另一物理性能是油性。油性是指润滑油在金属表面上的吸附能力。在非全液体润滑时,润滑油的油性对防止金属磨损起着主要作用。

我国的法定计量单位规定,动力粘度 η 的单位为 Pa·s（$1\text{ Pa·s} = 1\ \dfrac{N}{m^2}\cdot s$）。工业上采用运动粘度,它等于动力粘度 η 与液体密度 ρ 的比值,即 $\nu = \dfrac{\eta}{\rho}$,它的单位为 m^2/s。实用上,这个

单位太大,通常以 cm^2/s 为单位,$1\ cm^2/s$ 称为 1 St(斯),St 的百分之一称为 cSt(厘斯)。

我国石油产品是用运动粘度(单位:cSt)标定的。润滑油牌号及运动粘度值可参阅机械设计手册。

选择润滑油的品种时,以粘度为主要指标,原则上是当转速高、载荷小时,可选粘度较低的油;反之,当转速低、载荷大时,则选粘度较高的油。具体选择可参考表 13 - 2。

表 13 - 2　滑动轴承润滑油牌号的选择

(非全液体润滑,工作温度 <60 ℃)

轴颈圆周速度 /[v/(m/s)]	平均压强 $p<3$ MPa	轴颈圆周速度 /[v/(m/s)]	平均压强 $p=3\sim7.5$ MPa
<0.1	L - AN68、100、150	<0.1	L - AN150
0.1~0.3	L - AN68、100	0.1~0.3	L - AN100、150
0.3~2.5	L - AN46、68	0.3~0.6	L - AN100
2.5~5.0	L - AN32、46	0.6~1.2	L - AN68、100
5.0~9.0	L - AN15、22、32	1.2~2.0	L - AN68
>9.0	L - AN7、10、15		

注:1. 表中润滑油是以 40 ℃时运动粘度为基础的牌号;

2. L - AN×××表示全损耗系统用油(旧标准称为机械油),数字×××表示 40 ℃时该油运动粘度的概略平均值。

润滑脂是用矿物油、各种稠化剂(如钙、钠、锂、铝等金属皂)和水调制成的。金属皂是碱金属与各种脂肪酸反应形成的。根据金属皂不同分别称为钙基、钠基、锂基、铝基润滑脂。通常用针入度(稠度)、滴点及耐水性来衡量润滑脂的特性。针入度系指用一特制锥形针在 5 s 内刺入润滑脂内的深度,借以衡量其稠密程度。它标志着润滑脂内阻力的大小和受力后流动性的强弱。滴点系指温度升高时,润滑脂第一滴掉下时的温度,借以衡量其耐热性。耐水性系指润滑脂与水接触时,其特性的保持程度。

润滑脂多用在低速及重载或摆动的轴承中。钙基润滑脂耐水性好,宜用于温度为 60 ~ 80 ℃处。钠基润滑脂对水较敏感,不能用于和水直接接触或潮湿处,宜用于温度为 100 ~ 150 ℃处。高温时,宜选用钙钠基润滑脂或锂基润滑脂。滑动轴承润滑脂的选择见表 13 - 3。

表 13 - 3 滑动轴承润滑脂的选择

轴承压强 p/MPa	轴颈圆周速度 $/[v/(m/s)]$	最高工作温度/℃	选用润滑脂牌号
≤1	≤1	75	3 号钙基脂
1 ~ 6.5	0.5 ~ 5	55	2 号钙基脂
≥6.5	≤0.5	75	3 号钙基脂
≤6.5	0.5 ~ 5	120	2 号钠基脂
>6.5	≤0.5	110	1 号钙钠基脂
1 ~ 6.5	≤1	100	2 号锂基脂
>6.5	≤0.5	60	2 号压延机脂

固体润滑剂有石墨、二硫化钼(MoS_2)和聚四氟乙烯(PTFE)等多种品种。一般在低速重载条件下,或在高温介质中使用。气体润滑剂常用空气,多用于高速及不能用润滑油或润滑脂处。

润滑剂的供应要在轴承工作时间隙最大的一边,同时在轴瓦上制出油槽(图 13 - 9),便于润滑剂均匀分布在工作面上。

润滑方法有分散润滑和集中润滑两种。在分散润滑中润滑装置主要有:

(1)油孔 每隔适当时间,用油壶将油自轴承孔浇入,这是最简单的供油方法。它只能得到间歇润滑,不能调节也不可靠。适用于低速、轻载及不重要的轴承中。

(2)芯捻或线纱油杯(图 13 - 10) 它是装在轴承润滑孔上的油杯,其中有一管子内装有用毛线或棉线做成的芯捻(油绳),芯捻的一端浸在杯中的油内,另一端在管子内和轴颈不接触。这样,利用毛细管作用,把油吸到摩擦面上。这种装置能使润滑油连续而又均匀供应,但是不易调节供油量,在机器停车时仍供应润滑油,不适用于高速轴承。

(a) 周向油槽

(b) 轴向油槽　　　　　　　　　(c) 斜向油槽

图 13 – 9

　　（3）针阀滴油杯（图 13 – 11）　它的结构特点是有一针阀,油经过针阀流到摩擦表面上,靠手柄的卧倒或竖立以控制针阀的启闭,从而调节供油量或停止供油。它使用可靠,可以观察油的进给情况,但要保持均匀供油,必须经常加以观察和调节。

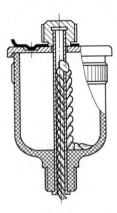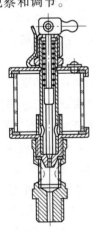

图 13 – 10　　　　　　　　　　图 13 – 11

（4）油环（图13-12） 在轴颈上有自由悬挂的油环，它的下半部分浸在贮油槽内。当轴旋转时，油环也随着运转，因而能将油带到轴颈上去。这种润滑装置只能用于水平位置、连续运转和工作稳定的轴承，并且轴的圆周速度不小于 0.5 m/s。它制造简单，不需经常观察使用情况，同时，油是循环的，故耗油省。

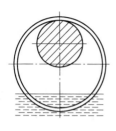

图 13-12

（5）飞溅润滑 利用密封壳体中转速较快的零件浸入油池适当的深度，使油飞溅，直接落到摩擦表面上，或在轴承座上制有油槽，以便聚集飞溅的油流入摩擦面，这种润滑适用于速度中等的机器中。

（6）压力润滑 用出油量小的油泵将润滑油通过油管在压力下输入摩擦表面。也可以利用特殊喷嘴将油喷射成油流、或利用喷雾器将油流喷成油雾以润滑摩擦表面。它能保证连续充分的供油。

润滑脂主要是用于压力润滑。润滑时将润滑脂压注给摩擦表面，其供油装置主要用旋盖油杯（图13-13a）和压注油嘴（图13-13b）。旋盖油杯内充满润滑脂，旋转杯盖可将润滑脂挤压到摩擦表面上。压注油嘴必须定期地用油枪压注入润滑脂。这些装置不能控制供脂量。

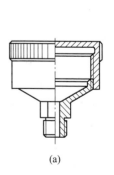

(a)

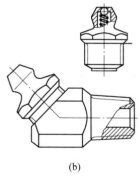

(b)

图 13-13

§13-5 非全液体摩擦滑动轴承的计算

目前,非全液体摩擦滑动轴承采用磨损的条件性计算作为设计依据,即在按强度及结构要求定出主要尺寸以后,进行轴承工作面上的压强及压强和速度乘积的验算。

(一) 向心轴承

1. 轴承压强的验算

限制轴承的压强可以保证其润滑,减少磨损。轴承投影面上的压强的验算式为

$$p = \frac{F}{bd} \leqslant [p] \qquad (13-1)$$

式中 F 为轴承所承受的最大计算径向载荷(N); d 为轴颈的直径(mm); b 为轴瓦的宽度(mm); p 与 $[p]$ 为计算压强值及许用压强值(MPa)。许用压强的数值列于表 13-1 中。

2. 轴承压强和速度乘积的验算

若取轴承的摩擦系数是固定的数值,则压强和速度乘积可表示轴承中产生的热量。为了保证轴承运转时不产生过多的热量,以控制温升,保证完好的边界膜和防止粘着磨损,需要进行压强和速度乘积的验算,其验算式如下:

$$pv = \frac{F}{bd} \frac{\pi dn}{1\,000 \times 60} = \frac{Fn}{19\,100b} \leqslant [pv] \qquad (13-2)$$

式中 F 为轴承所承受的最大计算径向载荷(N); d 为轴颈的直径(mm); b 为轴瓦的宽度(mm); n 为轴颈的转速(r/min); pv 与 $[pv]$ 为压强和速度乘积的计算值与许用值,其许用数值列于表 13-1 中。

(二) 推力滑动轴承

非全液体摩擦推力滑动轴承多为环状或多环的。验算时,假

设轴承压力是均匀分布在支承面上的(图 13 - 14)。

1. 轴承压强的验算

轴承压强 p 的验算式为

$$p = \frac{F}{z \frac{\pi}{4}(d^2 - d_0^2)\varphi} \leqslant [p] \qquad (13 - 3)$$

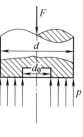

图 13 - 14

式中 F 为轴承所承受的最大计算轴向载荷
(N); z 为支承面的数目,对环状推力轴承为 1;
d 为环状支承面的外径(mm); d_0 为环状支承
面的内径(mm); φ 为考虑油槽使支承面减小的系数,其值为 0.9
~0.95; p 与 $[p]$ 为计算压强值及许用压强值(MPa),环状推力轴
承的 $[p]$ 值列于表 13 - 4 中,对多环推力轴承,取表 13 - 4 中数值
的 50% 。

2. 轴承压强和速度乘积的验算

轴承压强 p 和速度 v_m 乘积的验算式为

$$pv_m \leqslant [pv] \qquad (13 - 4)$$

式中 v_m 为环形支承面平均半径处的圆周速度(m/s); pv_m 与 $[pv]$
为压强和速度乘积的计算值和许用值(MPa · m/s),其许用值列于
表 13 - 4 中。

表 13 - 4　推力滑动轴承的 $[p]$、$[pv]$ 值

材　　料	$[p]/(MPa)$ 不大于	$[pv]/(MPa · m/s)$ 不大于
软钢对铸铁	2 ~ 2.5	
软钢对青铜	4 ~ 6	
软钢对轴承合金	5 ~ 6	2 ~ 4
淬火钢对青铜	7.5 ~ 8	
淬火钢对轴承合金	8 ~ 9	

例题一 试按非全液体摩擦设计铸件清理滚筒上的一对滑动轴承。已知滚筒装载量（包括自重）为 20 000 N，转速为 30 r/min，两端轴颈的直径为 120 mm。

解 1. 决定滑动轴承上的径向载荷 F

$$F = \frac{20\ 000}{2}\ \text{N} = 10\ 000\ \text{N}$$

2. 选取宽径比 $\frac{b}{d} = 1.25$，则

$$b = 1.25 \times 120\ \text{mm}$$
$$= 150\ \text{mm}$$

3. 验算压强 p

$$p = \frac{F}{bd} = \frac{10\ 000}{120 \times 150}\ \text{MPa}$$
$$= 0.56\ \text{MPa}$$

4. 验算压强与速度乘积 pv

$$pv = \frac{Fn}{19\ 100b}$$
$$= \frac{10\ 000 \times 30}{19\ 100 \times 150}\ \text{MPa} \cdot \text{m/s}$$
$$= 0.105\ \text{MPa} \cdot \text{m/s}$$

选用 ZCuSn5Pb5Zn5 作为轴瓦材料，由表 13 – 1 查得：$[p] \leqslant 8$ MPa，$[pv] \leqslant$ 15 MPa·m/s，可以满足要求。

轴颈圆周速度 $v = \frac{\pi \times 30 \times 120}{60\ 000}$ m/s = 0.19 m/s，$p = 0.56$ MPa，由表 13 – 3，选用 3 号钙基脂润滑。

§13 – 6 滚动轴承的结构

滚动轴承由外圈 1、内圈 2、滚动体 3 和保持架 4 组成（图 13 – 15）。外圈的内面和内圈的外面都制有凹槽滚道，保持架将滚动体彼此隔开，使其沿滚道均匀分布。内圈和轴颈配合，外圈和轴承座或机座配合。通常是内圈随轴颈旋转，外圈不转，也可以是外圈旋

转而内圈不转。

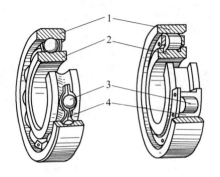

图 13 – 15

滚动轴承的内外圈与滚动体的材料应具有高的硬度和接触疲劳强度,良好的耐磨性和冲击韧性,通常用含铬轴承钢制造,经热处理后硬度应不低于 60 ~ 65 HRC,工作表面要求磨削抛光。保持架多用低碳钢板冲压制成,也有用铜合金或塑料的。

根据滚动体的形状(图 13 – 16),滚动轴承分为球轴承及滚子轴承。滚子轴承又分为圆柱滚子轴承、圆锥滚子轴承、球面滚子轴承和滚针轴承等。

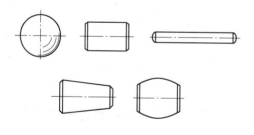

图 13 – 16

图 13 – 17 为常用滚动轴承类型的结构。数字表示滚动轴承代号(GB/T 272—93),括号内数字为 GB 272—88 的滚动轴承代号,以便对照。

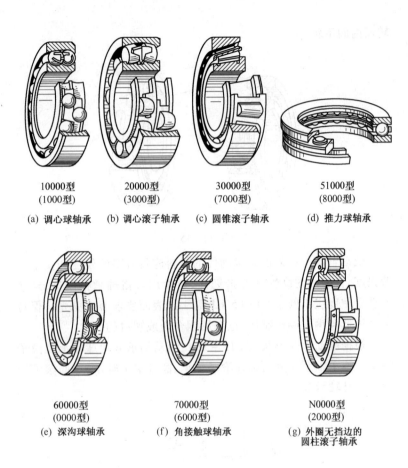

10000型 (1000型)	20000型 (3000型)	30000型 (7000型)	51000型 (8000型)
(a) 调心球轴承	(b) 调心滚子轴承	(c) 圆锥滚子轴承	(d) 推力球轴承

60000型 (0000型)	70000型 (6000型)	N0000型 (2000型)
(e) 深沟球轴承	(f) 角接触球轴承	(g) 外圈无挡边的 圆柱滚子轴承

图 13 – 17

§13 – 7   滚动轴承的代号

　　滚动轴承的类型很多,而各类轴承又有不同的结构、尺寸、公差等级和技术要求,为了便于生产和选用,国家标准 GB/T 272—93《滚动轴承　代号方法》规定了滚动轴承代号的表示方法。

　　滚动轴承代号由基本代号、前置代号和后置代号组成,如表

13 - 5 所示。

表 13 - 5　轴承代号

前置代号	基本代号				后置代号			
		尺寸系列代号			1 内部结构代号	2 密封与防尘代号	3	… :
成套轴承分部件代号	类型代号	宽(高)度系列代号	直径系列代号	内径代号				
	五	四	三	二　一				

1. 基本代号

基本代号表示轴承的基本类型、结构和尺寸,是轴承代号的基础。它由类型代号、尺寸系列代号及内径代号组成,一般用 5 个数字(或字母加 4 个数字)表示。

(1)内径代号　右起第一、二两位数字表示轴承的内径代号。轴承内径 d 从 20 mm 到 480 mm(22 mm、28 mm、32 mm 除外)时,内径代号乘以 5 即为轴承内径尺寸。内径 d 为 10 mm、12 mm、15 mm 及 17 mm 的代号相应为 00、01、02 及 03。内径大于、等于 500 mm 以及 22 mm、28 mm、32 mm 的轴承,用公称内径毫米数直接表示,但在与尺寸系列代号之间用"/"分开。如 230/500 表示内径 d = 500 mm 的调心滚子轴承。

(2)尺寸系列代号　它由直径系列代号和宽(高)度系列代号组成(向心轴承用宽度系列代号;推力轴承用高度系列代号)。

右起第三位数字表示直径系列代号。为了适应不同工作条件的需要,同一内径的轴承可使用不同直径的滚动体,因而轴承的外径和宽度也随着不同(图 13 - 18)。常用的代号为 1、2、3 等。

右起第四位数字表示宽度系列代号。它表示同一内径和外径的轴承可以有不同的宽度。常用的代号为 0、1、2、3 等。宽度系列代号为 0 时表示正常宽度系列,常可略去不写。但对圆锥滚子轴承则应标出。宽度系列与直径系列有一定的对应关系。如常用的

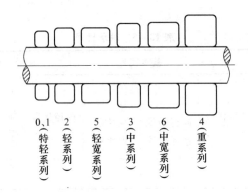

图 13－18　轴承直径系列代号

01、02、03、11、12、13 等。

（3）类型代号　右起第五位为轴承类型代号,用数字或字母表示,见表 13－6。

表 13－6　滚动轴承类型代号

代号	轴 承 类 型	旧代号
0	双列角接触球轴承	
1	调心球轴承	1
2	调心滚子轴承及推力调心滚子轴承	3、9
3	圆锥滚子轴承	7
4	双列深沟球轴承	
5	推力球轴承	8
6	深沟球轴承	0
7	角接触球轴承	6
8	推力圆柱滚子轴承	9
N	圆柱滚子轴承（双列或多列用 NN 表示）	2
NA	滚针轴承	4

注:表中代号后或前加字母或数字,则表示该类轴承中的不同结构。

2. 前置代号

前置代号表示成套轴承分部件,用字母表示。例如:不带可分离内圈或外圈的轴承,前置代号为 R;无内圈圆柱滚子轴承,其外圈与保持架及滚子是不分离的,故轴承代号为 RNU0000。常用的几类滚动轴承,一般无前置代号。

3. 后置代号

后置代号表示轴承内部结构、密封与防尘、保持架及其材料、轴承材料及公差等级等,用字母(或加数字)表示。例如:角接触球轴承 7000 C 型,表示该型轴承公称接触角 $\alpha = 15°$;7000 AC 型表示公称接触角 $\alpha = 25°$;7000 B 型表示公称接触角 $\alpha = 40°$。字母与类型代号之间应空半个字距(代号中有“/”的除外)。公差等级代号为/P0、/P6、/P6x、/P5、/P4、/P2 等。/P2 级精度最高(相当于旧标准的 B 级精度),/P0 级最低(相当于旧标准的 G 级精度)。若公差等级符合标准规定的 0 级,代号中可省略。如 6203 表示公差等级为标准规定的 0 级;6203/P5 表示公差等级符合标准规定的 5 级。

滚动轴承类型很多,实际应用时,轴承代号可查阅 GB/T 272—93。

例题二 说明轴承代号 6208、30310、7312AC/P4、51103/P6。

解

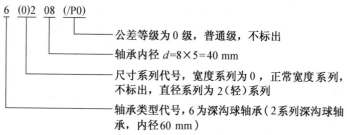

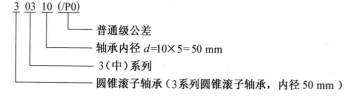

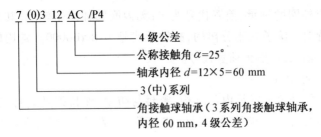

7 (0)3 12 AC /P4

— 4 级公差
— 公称接触角 α=25°
— 轴承内径 d=12×5=60 mm
— 3(中)系列
— 角接触球轴承(3 系列角接触球轴承,
  内径 60 mm,4 级公差)

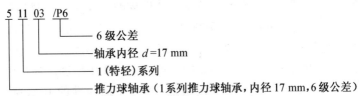

5 11 03 /P6

— 6 级公差
— 轴承内径 d=17 mm
— 1(特轻)系列
— 推力球轴承(1 系列推力球轴承,内径 17 mm,6 级公差)

§13−8 滚动轴承的主要类型及其选择

(一)滚动轴承的主要类型及特点

(1)调心球轴承(图 13−19) 这种轴承主要承受径向载荷,也可以同时承受不大的轴向载荷。由于外圈的滚道是以轴承中心为心的球面,故能自动调心,它允许内外圈轴线的偏斜可达 2°~3°。它适用于多支点和挠曲较大的轴上,以及不能保证精确对中的支承处。

(2)调心滚子轴承(图 13−20) 这种轴承能承受特别大的径向载荷,也可以同时受承不大的轴向载荷,它的承载能力比相同尺寸的调心球轴承大一倍,能自动调心,允许内外圈轴线的偏斜达 0.5°~2°。它常用于重型机械上。

(3)圆锥滚子轴承(图 13−21) 这种轴承能承受径向载荷和单方向轴向载荷的联合作用,主要特点是内外圈可分离,便于装拆、调整间隙,因为滚子与套圈

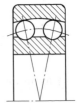

图 13−19

系线接触,所以承载能力大,但不宜单独用来承受轴向载荷。它通常成对使用,适用于中转速及低转速。

图 13 - 20

图 13 - 21

（4）推力球轴承　图 13 - 22a 所示的推力球轴承(51000 型)只能承受单向的轴向载荷,而且载荷作用线必须与轴线相重合,不允许有角偏差。它的套圈与滚动体是分离的,一个套圈与轴紧配合,另一套圈与轴有 0.2 ~ 0.3 mm 的间隙。图 13 - 22b 所示为双向推力球轴承(52000 型),它能承受双向的轴向载荷,其中间套圈必须与轴颈紧配合。它适用于低转速和中转速的场合。

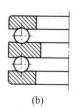

(a)

(b)

图 13 - 22

（5）深沟球轴承(图 13 - 23)　这种轴承主要承受径向载荷,也可以同时承受不太大的轴向载荷,当转速很高而轴向载荷不大时,可代替推力轴承,但是承受冲击载荷的能力差。它适用于刚性较大和转速高的轴上。

（6）角接触球轴承(图 13 - 24)　这种轴承中垂直于轴承轴心线的平面与轴承外圈传给滚动体的合力作用线之间的夹角 α 称为接触角(公称接触角)。接触角愈大,轴承承受轴向载荷的能力就愈大。常用的接触角有 15°、25°、40° 等。它能承受径向载荷和单方向的轴向载荷的联合作用,也可承受纯轴向载荷。它的游隙可以调整。这类轴承应成对使用,适用于中转速及高转速处。

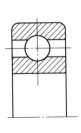

图 13 – 23

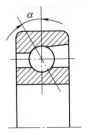

图 13 – 24

　(7) 圆柱滚子轴承(图 13 – 25)　这种轴承的内圈或外圈和滚子及保持架装成一体,故便于内、外圈分开装配,并允许内、外圈有少量轴向位移。它只能承受径向载荷,不能承受轴向载荷,比同尺寸的球轴承具有承受较大径向载荷的能力。它对轴的挠曲很敏感,适用于刚性大的轴上。

　(8) 滚针轴承(图 13 – 26)　这种轴承只能承受径向载荷,由于没有保持架,滚针数目多,在内径及所能承受的径向载荷相同的条件下,与其他类型轴承比较,其外径最小。它主要用在径向尺寸受限制及作摆动运动的机件中。

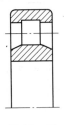

图 13 – 25

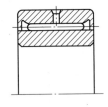

图 13 – 26

(二) 滚动轴承的类型选择

　选择滚动轴承的类型时,要明确它的工作载荷的大小、性质、方向、转速高低及其他要求。当转速较高,载荷平稳且不大时,宜选用深沟球轴承(60000 型);载荷较大且有冲击时,宜选用滚子轴承(30000 型、N0000 型)。径向载荷和轴向载荷都比较大时,若转速不高,可选用圆锥滚子轴承(30000 型);若转速较高时,宜选用角接触球轴承(如 7000 C 型、7000 AC 型或 7000 B 型);当轴向载荷比径向载荷大得多时,宜将两种类型轴承组合使用,如将 51000型(单向推力球轴承)或 52000 型(双向推力球轴承)与 6000 型或N0000 型组合,前者承受轴向载荷,后者承受径向载荷,尺寸较紧凑。在满足使用要求的前提下,优先选用价格低廉的深沟球轴承。

§13-9 滚动轴承的失效形式及选择计算

(一)失效形式

在安装、维护、润滑正常的情况下,滚动轴承工作过程中,滚动体和内圈(或外圈)不断地转动,滚动体与滚道接触表面产生变应力。由于载荷的反复作用,首先在表面下一定深度处产生疲劳裂纹,继而扩展到接触表面,形成疲劳点蚀,致使轴承不能正常工作,因此,主要的失效形式为疲劳点蚀。

当转速很低或间歇摆动时,在静载荷或冲击载荷作用下,滚动体或套圈接触处将出现不均匀的塑性凹坑,使轴承的摩擦力矩、振动、噪声增加,以致轴承不能正常工作。

此外,由于使用维护和保养不当或密封润滑不良等,也会引起轴承早期磨损、胶合、内外套圈和保持架破损等失效。

滚动轴承的尺寸,主要根据所承受的载荷大小、方向、性质及使用期限而定。一般情况下,可根据轴径以及机器对轴承的要求进行选择,然后针对其主要失效形式进行必要的计算。对于转动的滚动轴承,通常用额定动载荷表示抗疲劳点蚀的承载能力,计算它的寿命;对于不转动、摆动或转速很低的轴承,用额定静载荷,控制过大的接触应力,防止滚动体与内外圈滚道接触处产生过大的塑性变形,避免出现凹坑。

(二)轴承寿命计算

单个滚动轴承中任一元件的材料出现疲劳点蚀前,一个套圈相对另一个套圈的转数或一定转数下的工作小时数称为单个轴承寿命。大量的轴承疲劳寿命试验表明,轴承最短寿命与最长寿命可相差几十倍,因此对一个轴承来说,很难预知其确切的寿命。为了兼顾轴承工作可靠性及经济性,必须对试验结果进行科学的处理,为此引入基本额定寿命及额定动载荷的概念。基本额定寿命是指一批相同的轴承,在相同的运转条件下,其中 90% 的轴承在疲劳点蚀前所运转的总转数[单位:10^6 r(转)]或在一定转速下所能运转的总工作时数。对一个轴承来说,达到基本额定寿命的可靠度为 90%,相应的失效概率为 10%。标准规定用 L_{10} 表示基本额定寿命。

轴承抵抗疲劳点蚀的承载能力可用基本额定动载荷表示。标准中规定:将基本额定寿命为一百万转时,轴承所能承受的最大载荷取为基本额定动载荷,用 C 表示。即在基本额定动载荷作用下,轴承可以工作 10^6 转而不发生疲劳失效,其可靠度为 90%。基本额定动载荷大,轴承抗疲劳点蚀的承载能力较强。基本额定动载荷对向心轴承指径向载荷;对角接触轴承指载荷的径向分量;对推力轴承指中心轴向载荷。各类轴承的基本额定动载荷 C 可由标准中列出的公式计算。各轴承厂根据轴承的结构、尺寸、公差等级和材料在产品目录中给出相应的基本额定动载荷 C 值。附录Ⅱ的表Ⅱ - 10 ~ 表Ⅱ - 14 摘录了部分数值。

滚动轴承的载荷与寿命的曲线方程为

$$P^{\varepsilon} L_{10} = 常数 \qquad (13 - 5)$$

式中 P 为当量动载荷(N);L_{10} 为基本额定寿命(10^6 r);ε 为寿命指数,球轴承 $\varepsilon = 3$,滚子轴承 $\varepsilon = 10/3$。

由基本额定动载荷 C 的定义可知,当轴承寿命 $L_{10} = 1$(10^6 r)

时,轴承所受的载荷 $P = C$,由式(13-5)得,$C^{\varepsilon} \times 1 = $ 常数,则 $P^{\varepsilon} L_{10} = C^{\varepsilon} \times 1$,由此可得

$$L_{10} = \left(\frac{C}{P}\right)^{\varepsilon} \times 10^{6} \text{ r} \qquad (13-6)$$

实际使用时,轴承寿命以小时数 L_{h10} 表示较为直观方便。若已知轴承工作转速为 $n(\text{r}/\text{min})$,则

$$L_{h10} = \frac{10^{6}}{60n}\left(\frac{C}{P}\right)^{\varepsilon} = \frac{16\ 667}{n}\left(\frac{C}{P}\right)^{\varepsilon} \text{ h} \qquad (13-7)$$

当轴承预期寿命 L_{h10} 确定之后,则可由式(13-7)求得轴承所需的额定动载荷 C',再从手册查得合适的轴承,使其基本额定动载荷 $C \geqslant C'$,即可满足使用要求。

滚动轴承的基本额定动载荷是在一定条件下确定的。这些条件为:轴承内圈转动,寿命为 10^{6} r,向心轴承和角接触轴承受稳定的纯径向载荷,推力轴承受稳定的纯轴向载荷;当作用在轴承上实际载荷与上述条件不同时,必须将实际载荷换算为和上述条件相同的载荷后,才能和基本额定动载荷相互比较进行计算。换算后的载荷是一假定的载荷称为当量动载荷。在当量动载荷作用下,轴承的寿命与实际载荷作用下的寿命相同。

1. 当量动载荷的计算

滚动轴承当量动载荷

$$P = XF_{r} + YF_{a} \qquad (13-8\text{a})$$

式中 F_{r}、F_{a} 分别为径向载荷及轴向载荷(N);X、Y 为径向载荷系数及轴向载荷系数,可分别按 $\dfrac{F_{a}}{F_{r}} \leqslant e$ 或 $\dfrac{F_{a}}{F_{r}} > e$ 两种情况由表13-7查得,e 称为轴向载荷影响系数(或判别系数),表示轴向载荷对轴承寿命的影响,其值与 $\dfrac{F_{a}}{C_{0}}$ 的大小有关(C_{0} 为轴承的额定静载荷,可由有关标准中查得)。

考虑轴承实际工作时可能受到冲击及振动的影响,故实际计算时,轴承的当量动载荷应为

$$P = f_P(XF_r + YF_a) \qquad (13-8\mathrm{b})$$

式中 f_P 为载荷系数,由表 13-8 查得。

表 13-7　滚动轴承的径向载荷系数 X 及轴向载荷系数 Y

轴承类型		相对轴向载荷 $\dfrac{F_a}{C_0}$	e	$\dfrac{F_a}{F_r} \leqslant e$		$\dfrac{F_a}{F_r} > e$	
				X	Y	X	Y
深沟球轴承 60000 (0000)		0.025	0.22	1	0	0.56	2.0
		0.040	0.24				1.8
		0.070	0.27				1.6
		0.130	0.31				1.4
		0.250	0.37				1.2
		0.50	0.44				1.0
角接触球轴承	70000C (36000) $\alpha = 15°$	0.015	0.38	1	0	0.44	1.47
		0.029	0.40				1.40
		0.058	0.43				1.30
		0.087	0.46				1.23
		0.12	0.47				1.19
		0.17	0.50				1.12
		0.29	0.55				1.02
		0.44	0.56				1.00
		0.58	0.56				1.00
	70000AC (46000) $\alpha = 25°$	—	0.68	1	0	0.41	0.87
	70000B (66000) $\alpha = 40°$	—	1.14	1	0	0.35	0.57
调心球轴承 10000(1000)		—	(e)	1	(Y_1)	0.65	(Y_2)

轴承类型	相对轴向载荷 $\dfrac{F_a}{C_0}$	e	$\dfrac{F_a}{F_r} \leqslant e$		$\dfrac{F_a}{F_r} > e$	
			X	Y	X	Y
圆锥滚子轴承 30000(7000)	—	(e)	1	0	0.4	(Y)

注:1. 实用时,X、Y、e 等值应按国标 GB 6341—1995 查取;

2. 表中括号内的系数 Y、Y_1、Y_2 及 e 值应查轴承手册;

3. 表中未列出的 F_a/C_0 值可用插值法求出相应的 e、X、Y 值。

表 13-8 载荷系数 f_P

工作情况	平稳运转或轻微冲击时	中等冲击时	剧烈冲击时
f_P	1.0 ~ 1.2	1.2 ~ 1.8	1.8 ~ 3.0

2. 角接触轴承轴向载荷的计算

角接触向心轴承的外圈滚道和滚动体接触处存在着接触角 α,当它承受径向载荷 F_r 时,作用在承载区内各滚动体上的法向力可分解为径向分力 F_{ri} 和轴向分力 F_{si}(图 13-27),各滚动体上所受轴向分力的和即为轴承的内部轴向力 F_s,它有使滚动体与外圈接触处分离的趋势。因此,在计算这类轴承的轴向力时,必须计及由径向力 F_r 引起的内部轴向力 F_s(表 13-9)。

表 13-9 内部轴向力 F_s 的计算公式

30000 (7000)	70000C $\alpha = 15°$	70000AC $\alpha = 25°$	70000B $\alpha = 40°$
$F_s = F_r/(2Y)$[1]	$F_s = e$[2]F_r	$F_s = 0.68 F_r$	$F_s = 1.14 F_r$

注:① Y 是指 $F_a/F_r > e$ 的 Y 值;

② e 值由表 13-7 查出。

图 13-27 中两轴承外圈窄边相对,F_a 为轴向力,若它们工作时承受的径向力 F_{r1}、F_{r2} 不同,设 $F_{r1} > F_{r2}$ 则 $F_{s1} > F_{s2}$,由 F_{r2} 产生的

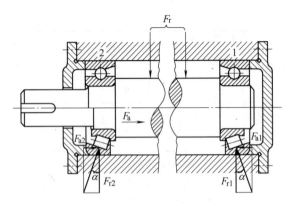

图 13 - 27

内部轴向力 F_{s2} 对轴承 1 是一外力,它和外加轴向力 F_a 同方向,故轴承 1 上的轴向载荷 F_{a1} 应取以下两值中较大者:

$$F_{a1} = F_{s2} + F_a \left.\vphantom{\begin{array}{c}1\\1\end{array}}\right\}$$
$$F_{a1} = F_{s1}$$

对轴承 2,由于外加轴向力 F_a 与 F_{s1} 反向,故轴承 2 上的轴向载荷 F_{a2} 应取以下两值中较大者:

$$F_{a2} = F_{s1} - F_a \left.\vphantom{\begin{array}{c}1\\1\end{array}}\right\}$$
$$F_{a2} = F_{s2}$$

3. 推力球轴承的当量动载荷

推力球轴承不能承受径向力,故当量动载荷

$$P = f_P F_a$$

按式(13 - 8b)计算轴承的当量动载荷后,就可以按式(13 - 7)计算轴承所需的额定动载荷。

轴承的设计寿命通常取为机器中修或大修年限。实际上达到设计寿命时,只有少数轴承需要更换,多数仍能正常工作。轴承的预期寿命一般约为 5 000 ~ 20 000 h,间断、短期工作时取小值,连续长期工作取大值。不经常使用的取 500 h,短期或间断使用的如手动机械、农业机械取 4 000 ~ 8 000 h,升降机、吊车用的取 8 000

~12 000 h,机器每天工作 8 小时的取 12 000~18 000 h,每天连续工作 24 小时的取 50 000~60 000h。

（三）轴承静载荷计算

当轴承套圈间相对转速为零、低速或摆动时,作用在轴承上的载荷称静载荷。为了限制静载荷和冲击载荷作用下出现过大的接触应力,导致永久性的变形,需进行静载荷计算。标准中规定:使受载最大的滚动体与滚道接触中心处引起的接触应力达到一定值 (4 000~4 600 MPa)的载荷,称为基本额定静载荷,用 C_0 表示,作为轴承静强度的界限。C_0 可由轴承手册查出。附录 Ⅱ 的表 Ⅱ - 10~表 Ⅱ - 14 摘录了部分数值。

当轴承同时承受径向载荷 F_r 和轴向载荷 F_a 时,应当按当量静载荷 P_0 进行计算。向心轴承和角接触轴承所取的径向当量静载荷 P_{0r} 为一假定的径向载荷,而推力轴承所取的轴向当量静载荷 P_{0a} 为一假定的轴向载荷。在当量静载荷作用下,在最大载荷滚动体与滚道接触中心处,引起与实际载荷条件下相同的接触应力。

当轴承同时承受径向载荷 F_r 及轴向载荷 F_a 时,其径向当量静载荷取下列两式计算值中的较大者.

$$\left.\begin{array}{l} P_{0r} = X_0 F_r + Y_0 F_a \\ P_{0r} = F_r \end{array}\right\} \qquad (13-9)$$

对于 $\alpha = 90°$ 的推力球轴承,只能承受轴向载荷,其当量静载荷为

$$P_{0a} = F_a \qquad (13-10)$$

式中 X_0 为径向载荷系数,Y_0 为轴向载荷系数,可由轴承手册查出。

滚动轴承静载荷的校核公式为

$$P_{0r} \le C_{0r}$$

或 $$P_{0a} \le C_{0a} \qquad (13-11)$$

例题三 一深沟球轴承 6210,承受的径向载荷 F_r = 3 000 N,轴向载荷 F_a = 870 N,试求其径向当量动载荷。

解 由附录Ⅱ中的表Ⅱ-10查得6210轴承的额定静载荷 $C_0 = 23.20$ kN。

$$\frac{F_a}{C_0} = \frac{870}{23\ 200} = 0.037$$

由表13-7查得 $e = 0.236$。

$$\frac{F_a}{F_r} = \frac{870}{3\ 000} = 0.29 > e$$

由表13-7查得 $X = 0.56, Y = 1.85$,故径向当量动载荷

$$P_r = XF_r + YF_a = (0.56 \times 3\ 000 + 1.85 \times 870)\ \text{N} = 3\ 290\ \text{N}$$

例题四 试为一鼓风机选一轴承类型及尺寸。已知轴颈直径 $d = 35$ mm,转速 $n = 2\ 900$ r/min,轴承承受径向载荷 $F_r = 1\ 800$ N,轴向载荷 $F_a = 450$ N,使用时间 8 000 h。

解 (1)选择轴承类型及型号 由于转速较高,轴向载荷比径向载荷小很多,故选用深沟球轴承。又已知 $d = 35$ mm,初选6207轴承,由附录Ⅱ中的表Ⅱ-10查得 $C = 25\ 500$ N, $C_0 = 15\ 200$ N。

(2)计算当量动载荷

$$\frac{F_a}{C_0} = \frac{450}{15\ 200} = 0.029$$

由表13-7查得 $e = 0.225$。

$$\frac{F_a}{F_r} = \frac{450}{1\ 800} = 0.25 > e$$

由表13-7查得 $X = 0.56, Y = 1.95$。故

$$P = XF_r + YF_a = (0.56 \times 1\ 800 + 1.95 \times 450)\ \text{N} = 1\ 886\ \text{N}$$

(3)计算必需的额定动载荷

由表13-8查得 $f_P = 1.2$,则

$$C = P\sqrt[3]{\frac{nL_h}{16\ 667}}f_P = 1\ 886 \times \sqrt[3]{\frac{2\ 900 \times 8\ 000}{16\ 667}} \times 1.2\ \text{N}$$

$$= 25\ 270\ \text{N} < 25\ 500\ \text{N}$$

故所选择的6207轴承满足要求。

§13-10 滚动轴承组合设计

轴一般由两个或两个以上的轴承支承,即轴承均为成组使用。

要保证轴承的可靠工作,除了合理地选择轴承类型和尺寸外,还应该正确地设计轴承组合。设计轴承组合时,要考虑下列各方面的问题。

(一) 轴承的固定

安装轴承时,应该保证径向及轴向与相配合零件相对固定,并且要避免热变形及安装不正确所产生的附加载荷。对长的轴可以将一个支点上的轴承轴向固定,另一支点上的轴承能沿轴向游动(图 13 - 28a)。为了当轴受温度影响而变形时,沿轴向能自由伸缩,最好采用圆柱滚子轴承及深沟球轴承。对短的轴,或运转时温度不高,可以采用简单的轴向固定(图 13 - 28b),这种结构是使一个轴承在单方向轴向固定,而另一轴承沿另一方向固定。向心轴承的外圈和轴承盖端面间应有 0.2 ~ 0.3 mm 的轴向间隙,以避免工作后温升而导致滚动体楔紧,但角接触轴承过大的间隙反会使工作不正常,故要进行轴向调整。

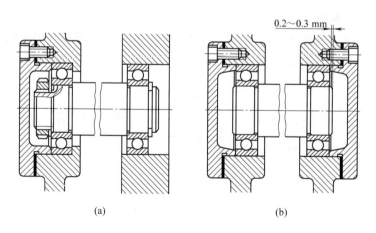

0.2~0.3 mm

(a)   (b)

图 13 - 28

轴承必须在轴和轴承座上固定,这样,使轴承能承受轴向载荷,同时,也可以防止套圈沿配合面在动载荷下转动。因为周期性的转动会使配合面损坏。

内圈在轴上的轴向固定常用下列几种方法(图13-29):

(1)用轴肩固定(图13-29a) 若轴沿相反方向不能移动,而外圈在机座或轴承盖处抵住,则内圈不需要附加的轴向固定。

(2)用装在轴端的压板固定(图13-29b) 这种方法用于轴颈直径较大处,它能承受中等载荷。

(3)用圆螺母和止动垫圈固定(图13-29c) 这种方法用于大载荷且转速很高处。

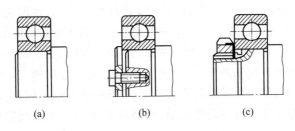

(a) (b) (c)

图13-29

外圈的轴向固定常用下列方法:

(1)用轴承座上的凸肩固定(图13-30a) 这种方法用于防止单方向的移动,并能承受一定的轴向载荷,但工艺性差,一般不用。

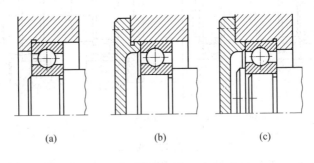

(a) (b) (c)

图13-30

(2)用轴承盖端部压紧固定(图13-30b) 这种方法简单、

可靠,最常用。轴承的游隙靠两端端盖与座孔端部的垫片厚度来调整。

(3)用轴承盖和轴承座的凸肩来固定(图13-30c) 这种方法能防止双方向的轴向移动。必须注意,另一端轴承为游动端,其外圈的轴向均不需固定,见图13-28a。否则会出现干涉,但圆柱滚子轴承例外。此法工艺性较差。

(二)轴承的润滑和密封

滚动轴承润滑的主要作用为降低摩擦阻力和减少磨损、吸振、冷却、防止工作表面锈蚀,此外,还能减小工作时的噪声。

滚动轴承中使用的润滑剂主要为润滑脂和润滑油。润滑脂用在温度低于100 ℃、圆周速度不大于4~5 m/s处。润滑脂只能充满轴承内自由空间的1/3~1/2。润滑油用在温度较高(可达120~150 ℃)、圆周速度较大处。轴承载荷愈大、温度愈高,此时就应采用粘度较大的润滑油;反之,轴承载荷愈小,温度愈低和转速高时,就可以用粘度小的润滑油。用油浴润滑时,只能使最下部的滚动体浸到中心为止。

密封的作用为保护轴承不受外界灰尘、水分等的侵入和防止润滑剂的流出,以减少润滑剂的损耗。常用的密封装置为:(1)接触式的密封装置——靠毛毡圈(图13-31a)或密封圈(图13-31b)与轴的紧密接触来保证密封,多用于低速及中速。(2)非接触式的密封装置——这种装置又分圈形缝隙式装置(图13-31c)和迷宫装置(图13-31d)。前者是靠轴和轴承盖间细小的圈形缝隙来密封,为了防止杂质的侵入,圈形缝隙内应注满润滑脂。后者是由旋转的与固定的密封零件间的曲折的小隙缝组成,使用时,应该在隙缝内注满润滑脂。使用非接触式密封装置,对轴的圆周速度可不受限制。实际上,特别是在重载的工作条件下,常将几种密封装置联合使用,如图13-31e所示即为毛毡圈与迷宫装置联合使用的装置,这样可取得更可靠的密封效果。

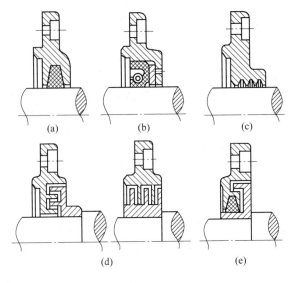

图 13 - 31

（三）轴承的配合与装拆

轴承内圈和轴的配合及外圈和轴承座的配合,应根据轴承的类型、尺寸、载荷的大小、方向和性质等决定。滚动轴承是标准组件,它与轴的配合按基孔制,与轴承座的配合按基轴制,在配合中不必标注。

转动的套圈(内圈或外圈)一般采用有过盈的配合,固定的套圈常采用有间隙或过盈不大的配合。通用机械中,轴承内圈与轴配合时,轴的公差采用 b5、j5、j6、n6、m6、k6、js5、js6 等;外圈与外壳孔配合时,孔的公差用 J6、J7、Js7、H7、G7、K7、M7 等。一般转速愈高、载荷愈大、振动愈大或工作温度愈高处应采用紧一些的配合,而经常拆卸的轴承或游动套圈则采用较松的配合,详细资料可参考滚动轴承手册。

轴承组合应保证轴承容易装拆,并且在装拆时不致损坏它们,同时也不致损坏其他零件。如图 13 - 32 所示的轴承组合,当轴肩大于轴承内圈的外径时(如图中双点画线所示),轴承的拆卸就很困难。又如图13-33所示的轴承组合,当衬套底部的孔径不够大(如图中虚线所示),则轴承外圈的拆卸就很困难。如设计时,将衬套底部的孔径增大(如图中实线所示),则外圈的拆卸就很方便了。

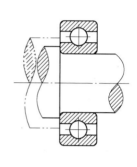 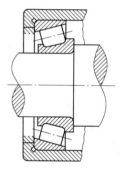

图 13-32   图 13-33

安装轴承时要用铜制的或铝制的管子垫在外圈或内圈上,利用油压机或螺旋压力机加压将轴承压到轴上,也可用锤击套管将轴承装入轴上一定位置(图13-34)。拆卸轴承必须用特殊的轴承拉子(图13-35)。必须注意使安装力或拆卸力不要通过滚动体传递。

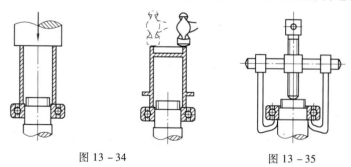

图 13-34   图 13-35

§13-11 滚动轴承和滑动轴承的比较

滚动轴承和滑动轴承各适合一定的工作条件,现将这两种轴承特点列表比较,见表 13 - 10。

表 13 - 10　滚动轴承和滑动轴承的比较

比较项目	滚动轴承	滑动轴承	
		非全液体摩擦	液体摩擦
起动时的摩擦阻力	很　小	较　大	
工作时的摩擦系数及一对轴承效率概值	$f' = 0.0015 \sim 0.008$ $\eta = 0.99 \sim 0.999$	$f' = 0.008 \sim 0.1$ $\eta = 0.95 \sim 0.97$	$f' = 0.001 \sim 0.008$ $\eta = 0.995 \sim 0.999$
工作速度	低速、中速	低速	中速、高速
承受冲击振动能力	较差	较好	好
外廓尺寸	径向大、轴向小	轴向大、径向小	
维护	对灰尘敏感、需密封,润滑简单,不需要经常照料,润滑剂消耗少	不需密封,但需润滑装置,且须经常照料,润滑剂消耗较多	
其他	不消耗有色金属,是标准件,类型和规格多	要消耗有色金属,可自行加工,可用剖分式,便于安装	

　　由上表的对比可知,当选择时,应根据工作条件来确定用哪一类轴承。例如振动冲击较严重的机器中,采用滑动轴承较合适,而在精度要求较高的机器中,则宜采用滚动轴承。

　　例题五　某工程机械传动装置中的轴承组合形式如图 13 - 27 所示,已求得轴向力 $F_a = 2\,000\,N$,径向力 $F_{r1} = 4\,000\,N$,$F_{r2} = 5\,000\,N$,转速 $n = 1\,500\,r/min$,有中等冲击,工作温度在 100 ℃ 以下,要求轴承使用寿命 $L_h = 5\,000\,h$,采用 30311 轴承,验算是否适用?

解 已知 30311 轴承,查手册得 $e = 0.35, Y = 1.7, C = 152\ 000$ N。

(1) 计算内部轴向力(表 13 – 9)

$$F_{s1} = \frac{F_{r1}}{2Y} = \frac{4\ 000}{2 \times 1.7} \text{ N} = 1\ 176 \text{ N}$$

$$F_{s2} = \frac{F_{r2}}{2Y} = \frac{5\ 000}{2 \times 1.7} \text{ N} = 1\ 470 \text{ N}$$

(2) 计算轴向力

轴承 1 的轴向力

$$F_{a1} = F_{s2} + F_a = (1\ 470 + 2\ 000) \text{ N} = 3\ 470 \text{ N}$$

$$F_{a1} = F_{s1} = 1\ 176 \text{ N}$$

取 $F_{a1} = 3\ 470$ N。

轴承 2 的轴向力

$$F_{a2} = F_{s2} = 1\ 470 \text{ N}$$

$$F_{a2} = F_{s1} - F_a = (1\ 176 - 2\ 000) \text{ N} = -824 \text{ N}$$

取 $F_{a2} = 1\ 470$ N。

(3) 计算当量动载荷

轴承 1

$$\frac{F_{a1}}{F_{r1}} = \frac{3\ 470}{4\ 000} = 0.868 > 0.35$$

由手册查得 $X = 0.4, Y = 1.7$,故

$$P_1 = XF_{r1} + YF_{a1} = (0.4 \times 4\ 000 + 7 \times 3\ 470) \text{ N} = 7\ 499 \text{ N}$$

轴承 2

$$\frac{F_{a2}}{F_{r2}} = \frac{1\ 470}{5\ 000} = 0.294 < 0.35$$

由表 13 – 7 查得 $X = 1, Y = 0$,故

$$P_2 = XF_{r2} + YF_{a2} = 5\ 000 \text{ N}$$

(4) 验算额定动载荷

$$C = P \sqrt[3.33]{\frac{nL_h}{16\ 667}} f_P$$

由表 13 – 8 查得 $f_P = 1.5$,则

$$C_1 = 7\ 499 \times \sqrt[3.33]{\frac{1\ 500 \times 5\ 000}{16\ 667}} \times 1.5 \text{ N}$$

$$= 70\ 445 \text{ N} < 152\ 000 \text{ N}$$

$$C_2 = 5\,000 \times \sqrt[3.33]{\frac{1\,500 \times 5\,000}{16\,667}} \times 1.5 \text{ N}$$

$$= 46\,970 \text{ N} < 152\,000 \text{ N}$$

轴承 1 及 2 采用 30311 均可满足要求。

习　题

13-1　剖分式滑动轴承由哪几部分组成?

13-2　轴瓦和轴承衬的作用各是什么? 试举两种常用的轴瓦材料。

13-3　试阐述润滑剂的粘度、油性、针入度及滴点的含义。

13-4　非全液体摩擦滑动轴承设计要进行哪几项校核? 试说明其理由, pv 值表示什么意义?

13-5　已知支承起重机卷筒的滑动轴承所承受的径向载荷 $F = 25\,000$ N, 轴的直径为 80 mm, 轴的转速 $n = 18.3$ r/min, 试设计此轴承。

13-6　校核机械零件抛光滚筒上的一对滑动轴承。已知装载量加滚筒自重为 15 000 N, 转速为 50 r/min, 两端轴颈的直径为 100 mm, 宽径比为 $b/d = 1.2$, 轴瓦用青铜 ZCuSn5Pb5Zn5, 用润滑脂润滑。

13-7　滚动轴承由哪些基本元件组成? 各元件的作用是什么? 试用结构简图说明。

13-8　试比较球轴承和滚子轴承的优缺点。

13-9　试画出深沟球轴承、角接触球轴承、圆锥滚子轴承、推力球轴承的结构简图。

13-10　试简要叙述滚动轴承的代号。6206、6306、6406、7207C、30207 各属哪一类轴承?

13-11　试说明滚动轴承主要的失效形式? 产生这些失效的原因如何? 设计和使用维护时应注意些什么问题?

13-12　试说明滚动轴承的额定寿命、额定动载荷、当量动载荷、额定静载荷的意义。

13-13　滚动轴承的额定寿命计算式 $L = \left(\dfrac{C}{P}\right)^{\varepsilon}$ 中的符号各代表什么, 它们的单位如何? 公式代表的物理意义是什么?

13-14　球轴承所承受的外载荷增加一倍, 寿命将降低多少? 滚子轴承的转速增加一倍,承受的载何将降低多少?

13-15 某机械传动装置中轴的两端各用一 6213 深沟球轴承,每一轴承各承受径向载荷 $F_r = 5\,500$ N,轴的转速 $n = 970$ r/min,工作平稳,常温下工作,试计算该轴承的寿命。

13-16 已知一传动轴上的深沟球轴承,承受的径向载荷 $F_r = 1\,200$ N,轴向载荷 $F_a = 300$ N,轴承转速 $n = 1\,460$ r/min,轴颈直径 $d = 40$ mm,要求使用寿命 $L_h = 8\,000$ h,载荷有轻微冲击,常温下工作,试选择轴承的型号尺寸。

13-17 试选择题 12-13 图示锥齿轮轴的圆柱滚子轴承(N0000 型)及深沟球轴承(60000 型)的型号。必须注意:图中的深沟球轴承只承受轴向载荷。

13-18 试比较滑动轴承和滚动轴承的特点和应用范围。

第十四章 联轴器、离合器和制动器

§14-1 概　　述

联轴器和离合器主要是用来连接两轴、传递运动和转矩的部件,它们也可以用于轴和其他零件(如齿轮、带轮等)的连接以及两个零件(如齿轮和齿轮)的相互连接。由联轴器连接的两根轴或传动件只有当机器停车时,经过拆卸后才能把它们分开;而用离合器连接,则在机器运转中就能方便地将它们分开或接合。此外,它们还可以用作安全装置,防止机器过载。

制动器是利用摩擦阻力矩来消耗机器运动部件的动能,以降低机器的速度或迫使其停止运转。

离合器和制动器要求工作灵敏,操作方便,工作时不产生严重的冲击载荷。离合器和制动器的操纵方式很多,除机械操纵外,现在已有用液压、气动操纵或电磁操纵,成为自动化机器中的重要组成部分。

联轴器分为刚性的和挠性的两大类。刚性联轴器由刚性传力件组成,适用于两轴严格对中并在工作时不发生相对位移的场合;挠性联轴器适用于两轴有偏移或在工作时有相对位移的场合。挠性联轴器又分为无弹性元件的、金属弹性元件的和非金属弹性元件的,后两种统称为弹性联轴器,它们具有吸收振动、缓和冲击的作用。

离合器主要分为牙嵌式和摩擦式两类。此外,在自动化机械中广泛应用电磁离合器和自动离合器,后者能够在特定的工作条件(如在一定的转速或一定的回转方向)下,自动地接合或分离。

联轴器、离合器和制动器都是通用性部件,而且大都已标准化。通常,首先按照机器的工作条件选择合适的类型,再按轴的直径、转矩及转速从标准中选定具体的型号尺寸。要求所选定的联轴器、离合器的孔径和轴径相配,其允许最大转矩和允许最大转速分别大于或等于计算转矩和工作转速,必要时还应对薄弱元件进行强度校核。对于制动器的型号尺寸应根据所需的制动力矩选取。

考虑机器起动时的惯性力及过载等影响,在选择和校核联轴器和离合器时,应以计算转矩 T_c 为根据,其值为

$$T_c = KT$$

式中 T 为额定转矩;K 为工作情况系数,它考虑了原动机和工作机的动载和过载因素,如表 14-1 所示。对于刚性联轴器、牙嵌式离合器应当选用较大的 K 值;对于安全联轴器或离合器选用较小的 K 值;对于弹性联轴器和摩擦离合器则可选用中间值。

表 14-1 工作情况系数 K

原 动 机	工 作 机		
	转矩变化小	转矩变化中等,冲击载荷中等	转矩变化大,冲击载荷大
电动机、汽轮机	1.3 ~ 1.5	1.7 ~ 1.9	2.3 ~ 3.1
多缸内燃机	1.5 ~ 1.7	1.9 ~ 2.1	2.5 ~ 3.3
单、双缸内燃机	1.8 ~ 2.4	2.2 ~ 2.8	2.8 ~ 4.0

联轴器、离合器和制动器的种类很多。本章仅介绍几种基本的有代表性的结构,至于其他类型,可参阅有关标准和设计手册。

§14-2 刚性联轴器

刚性联轴器是比较简单的一种联轴器,一般用铸铁制成。常用的刚性联轴器有两种:夹壳联轴器和凸缘联轴器。

(一) 夹壳联轴器

它是由两个纵向剖分的半圆筒形的夹壳组成的,并用螺栓锁紧(图 14-1)。在夹壳的凸缘间一定要留有适当的间隙,使螺栓锁紧时在轴和联轴器的接触表面间产生压力,靠摩擦力来传递转矩。为了连接更可靠,轴与夹壳常用平键连接。这种联轴器的优点是装卸方便,拆卸时轴不需要作轴向移动。一般多用于直径小于 200 mm 的轴,它的尺寸可以从有关手册中查得,而螺栓应按照紧螺栓连接进行强度校核。

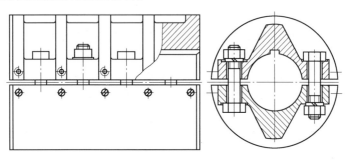

图 14-1

(二) 凸缘联轴器

通常它由两个带毂的圆盘并用螺栓连接以实现两轴的连接。图 14-2 是带有保护凸缘的对榫凸缘联轴器,它的一个圆盘上制有凸肩,以便与另一个圆盘上相应的凹槽配合以保证对中,每个圆盘用键固定在轴上,靠螺栓将两圆盘相互连接起来。采用普通螺栓时(图 14 - 2a),螺栓与孔间有间隙,锁紧螺栓后,转矩是靠两圆盘接触面间的摩擦力来传递的;采用铰制孔用螺栓(图 14 - 2b)时,它与孔间紧密配合而略带过盈,因此转矩直接通过螺栓来传递。

凸缘联轴器由于结构简单并能传递较大的转矩,所以应用得很广泛,其型号尺寸可从标准中选取,必要时对连接的螺栓进行强度校核。

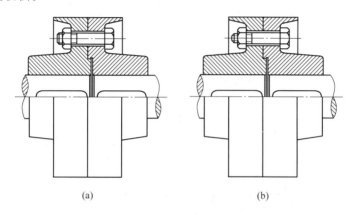

(a)   (b)

图 14 - 2

刚性联轴器的主要优点是结构简单,能传递较大的转矩,但是由于没有弹性,在传递转矩时也传递冲击;此外安装要求精确,否则两轴间的倾斜或不同心都会严重地影响它的工作。通常用于振动较小,速度较低,两轴能较好对中的场合。

§14 - 3 无弹性元件挠性联轴器

由于制造、安装误差或工作时的变形等原因,不可能保证被连接的两轴严格对中时,宜采用挠性联轴器。

无弹性元件挠性联轴器能容许两联接的轴间有相对的轴向位移 λ(图 14 - 3a)、径向位移 δ(图 14 - 3b)和角位移 α 或综合位移

（图 14 – 3c）。无弹性元件挠性联轴器靠联轴器中刚性零件间的
活动度来补偿轴的偏斜和位移。

（一）滑块联轴器

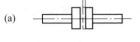

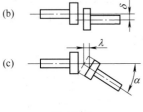

图 14 – 3

滑块联轴器由端面有径向凹槽
的套筒 1 和 3 及两端面有相互垂直
凸块的中间圆盘 2 所组成（图 14 –
4）。套筒 1、3 分别固定在主动轴和
从动轴上,中间圆盘两端面的凸块
嵌入套筒 1 和 3 的凹槽中,将两轴
连接成一体。当旋转时两轴线的偏
心使中间圆盘的凸块沿着套筒的凹槽滑动,所以,中间圆盘是浮装
在两套筒之间,故亦称为浮动盘联轴器。

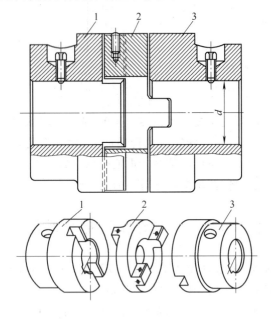

图 14 – 4

这种联轴器结构简单,制造方便,允许的径向位移(即偏心距)$\delta \leqslant 0.04d$ mm(d 为轴径),容许的角位移 $\alpha \leqslant 30'$。由于中间圆盘的偏心,在高速时会产生很大的离心力和磨损,所以它只适用于低速,允许的最大转速 $n_{max} = 100 \sim 250$ r/min。为了减少滑动面间的摩擦和磨损,凹槽和凸块的工作面要淬硬,并且在凹槽和凸块的工作面间要注入润滑油。

(二)万向联轴器

图 14-5 所示为十字轴式双万向联轴器的结构,它由两个分别固定在主、从动轴上的叉状接头 1、十字形连接件 2、轴销 3 以及中间轴 4 分别组成左、右两个单万向联轴器。叉状接头和十字形连接件是铰接的,因此,当一轴的位置固定后,另一轴可以在任意方向偏斜 α 角,角位移 α 可达 $40° \sim 45°$。

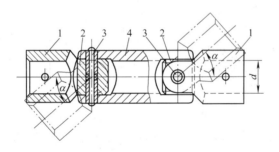

图 14-5

若轴上只装有一个万向联轴器,且主动轴以等角速度 ω 回转,则从动轴 4 的角速度在 $\dfrac{\omega}{\cos \alpha}$ 到 $\omega \cos \alpha$ 之间变化。为了避免这种情况,保证从动轴和主动轴均以同一角速度 ω 等速回转,必须采用图 14-5 所示的双万向联轴器,其简图如图 14-6 所示。中间轴的两叉头要在同一平面内,两个万向联轴器的夹角 α 必须相等。

万向联轴器广泛应用于汽车、拖拉机及金属切削机床中。

图 14 - 6

（三）齿式联轴器

齿式联轴器是由两个外表面有齿的套筒 1 和两个内表面有齿的外套筒 2 所组成（图 14 -7）。两个外套筒 2 用螺栓连接成一体；两个套筒 1 和主、从动轴用键连接。内齿轮齿数和外齿轮齿数相等，通常采用 20° 的渐开线齿廓，工作时转矩由啮合的轮齿传递。由于外齿轮的齿顶制成球形，球形中心位于轴线上，故能补偿两轴间的轴向、径向及角位移。容许的角位移 $\alpha \leq 30'$，若采用鼓形齿可达 3°，径向位移 $\delta \approx 0.4 \sim 6.3$ mm（图 14 -8）。

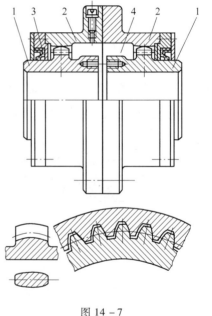

图 14 -7

工作时，轮齿沿轴向有相对滑动。为了减少轮齿的磨损，在空间 4 注入润滑剂，在套筒 1 和 2 之间装有密封圈 3。

齿式联轴器已经标准化了。它的优点是能传递很大的转矩可以容许较大的综合位移，安装精度要求不高，但是结构较复杂重量较大，转动惯量大，在重型机械和起重机械中应用很广泛。

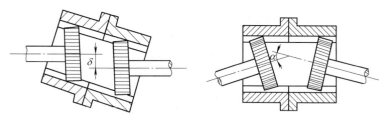

图 14 - 8

§14 - 4 非金属弹性元件挠性联轴器

(一) 弹性套柱销联轴器

图 14 - 9 所示为弹性套柱销联轴器的结构。它和凸缘联轴器很相似,也具有两个带毂的圆盘,但是两圆盘的相互连接不用螺栓而用 4～12 个带有橡胶弹性套的柱销,因此能容许两轴间有综合位移,容许的角位移 $\alpha \leqslant 1°30' \sim 0°30'$,径向位移 $\delta \leqslant 0.2 \sim 0.6$ mm,轴向位移 2～7.5 mm,传动时能吸收振动和冲击。它多用于起动频繁、转速较高的场合。

这种联轴器已经标准化了,可以根据计算转矩 T_c、最大转速及轴径的尺寸来选取;然后校核柱销的弯曲强度和弹性套的表面挤压强度。

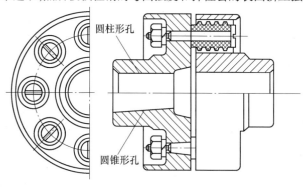

圆柱形孔

圆锥形孔

图 14 - 9

（二）弹性柱销联轴器

由于弹性套柱销联轴器中的弹性套极易损坏,随着塑料工业的发展,目前已采用尼龙柱销来代替,如图 14 - 10 所示。为了防止柱销滑出,在柱销两端配置挡板。

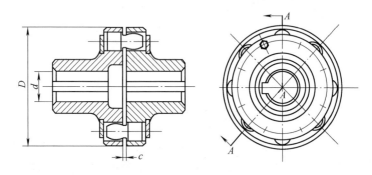

图 14 - 10

这种联轴器结构简单,制造、安装简便,有吸振和补偿轴向位移的能力,容许的角位移 $\alpha \leqslant 0°30'$,径向位移 $\delta \leqslant 0.15 \sim 0.25$ mm,轴向位移 $\lambda \leqslant \pm 0.5 \sim \pm 3$ mm。常用于起动频繁,经常双向运转,转速较高处。实践证明使用效果比弹性套柱销联轴器好。这种联轴器已标准化了。

（三）轮胎式联轴器

如图 14 - 11 所示,两圆盘间的弹性元件为橡胶制成的轮胎,用夹紧板与圆盘连接。它的结构简单可靠,易于变形,允许两轴偏斜和相对位移的补偿量大(轴向位移 0.02D,径向位移 0.01D,D 为轮胎外径,mm;角位移 2° ~ 6°)。两轴扭角 θ 可达6°~30°。适用于起动频繁、双向运转及潮湿多尘处,传动时能吸振缓冲。它的径向尺寸较大,但轴向尺寸较小。它的外缘速度不宜超过 30 m/s。

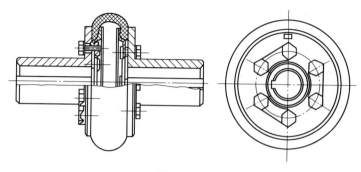

图 14 - 11

§14 - 5 牙嵌离合器

牙嵌离合器是由两个端面带有牙的套筒所组成(图 14 - 12),其中套筒 1 由平键固定在主动轴上,而套筒 2 可以沿导向平键在从动轴上移动。利用操纵机构移动滑环 3 可使两个套筒端面上的牙接合或分离,达到离、合的目的。为了避免滑环的过度磨损,可动的套筒应装在从动轴上。为了对中,在套筒 1 中装有对中环 4。牙嵌离合器应该在主动轴静止时或转速很慢时嵌入连接,否则牙可能受到撞击损坏。

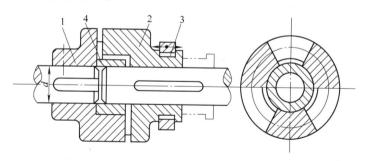

图 14 - 12

离合器的牙沿圆周展开可以是三角形、矩形、梯形、锯齿形(图 14 - 13a、b、c、d),其径向截面则如图 14 - 13e、f、g 所示。三角形牙、矩形牙和梯形牙都可以双向工作,而锯齿形牙只能单向工作。三角形牙只传递小转矩,且只能低速离合,否则易崩牙。矩形牙由于嵌入困难,极少应用。梯形牙具有侧边斜角 α ($\alpha = 2° \sim 8°$),所以容易嵌合,并可消除牙间间隙,减小冲击,同时由于有轴向分力的作用也容易脱开;此外,牙的根部强度较高,能传递大的转矩,所以用得很多,牙的数目通常为 3 ~ 15,且应精确等分,使载荷能均匀地分布在各牙上。

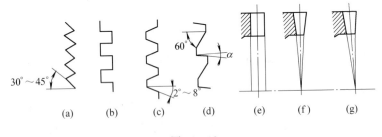

图 14 – 13

牙嵌离合器的优点是结构比较简单,外廓尺寸小,所连接的两轴不会发生相对转动,适用于要求精确传动比的传动机构,如机床分度机构;其最大缺点是接合时必须使主动轴慢速转动(圆周速度不大于 0.7 ~ 0.8 m/s)或静止,否则牙齿容易损坏。

当牙嵌离合器尺寸根据轴径及传递转矩选定以后,应校核牙的弯曲强度及接触面上的压强。

§14 – 6　摩擦离合器

图 14 – 14 所示为单盘式圆盘摩擦离合器的简图,其中左摩擦盘由平键固定在轴上,是主动件;右摩擦盘可以沿着导向平键在轴上移动。工作时,在移动的摩擦盘上加一轴向压力 F 而使两摩擦盘压紧,依靠接触面间产生的摩擦力来传递转矩。这种离合器在传递转矩时能平稳地离合,而且可以控制接合的快慢,调节从动轴的加速时间。在工作时,若从动轴突然发生过载,离合器将发生打

滑。由于这些优点,它广泛地应用于各种机械中。但是,摩擦离合器的制造比较复杂,并且在接合过程中要产生摩擦,引起发热和磨损,当传递同一转矩时,它的尺寸要比其他类型的离合器大些。

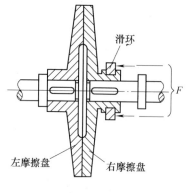

图 14 – 14

摩擦面的材料需要具有稳定和大的摩擦系数,耐磨损和抗胶合,耐高温、高压而且价格低廉。常用的材料有木材、石棉、皮革、层压纤维、金属和粉末冶金等。各种材料的摩擦系数及许用压强数值列于表 14 – 2 中。

表 14 – 2　常用摩擦片材料的摩擦系数 f 和许用压强 $[p]$

摩擦片材料	f		片式摩擦离合器 $[p]$/MPa
	有润滑剂	无润滑剂	
铸铁 – 铸铁或钢	0.05 ~ 0.06	0.15 ~ 0.20	0.25 ~ 0.30
钢 – 钢(淬火)	0.05 ~ 0.06	0.18	0.60 ~ 0.80
青铜 – 钢或铸铁	0.08	0.17 ~ 0.18	0.40 ~ 0.50
压制石棉 – 铸铁或钢	0.12	0.3 ~ 0.5	0.20 ~ 0.30
粉末冶金 – 铸铁或钢	0.05 ~ 0.1	0.1 ~ 0.4	0.60 ~ 0.80
粉末冶金 – 淬火钢	0.05 ~ 0.1	0.1 ~ 0.3	—

注:当每小时接合次数很多时,表中 $[p]$ 值应降低 15% ~ 30% 。

金属接触面间必须具有充分的润滑油以减少磨损,但有润滑油后摩擦系数要减小。为了避免金属摩擦材料的这个缺点,可以采用石棉或粉末冶金,因其摩擦系数较大,故可以减小离合器的尺寸,而且能耐磨、耐高温,可在干燥或润滑状态下工作。

片式摩擦离合器应用最广,根据摩擦片的数目可分为单片式和多片式两类。图 14 – 15a 所示为一种多片式摩擦离合器,其中一组外摩擦片2(图14-15b)和外套筒1用花键连接,另一组内摩擦片3(图14-15c)和内套筒4也用花键连接,内、外套筒则分别固定在主、从动轴上。若将一组摩擦片沿轴向移动使其和另一组摩擦片压紧,则两轴接合在一起旋转,传递转矩;反之两组摩擦片松开,两轴就分开。

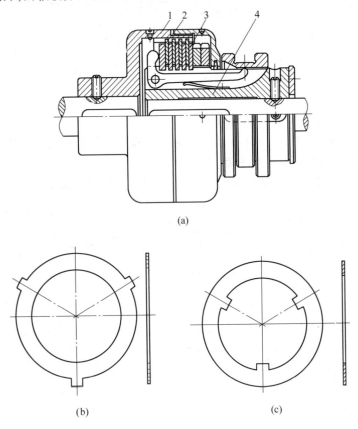

(a)

(b)   (c)

图 14-15

　　根据工作条件,对摩擦面进行耐磨计算后可以确定摩擦面尺寸、数目和接合所需的轴向压力。在传递一定转矩条件下,多片式摩擦离合器可以适当增加摩擦片数目(一般要求内外摩擦片总数不超过 25~30 片,以免各片间压力分布很不均匀)来减少其结构尺寸和所需的轴向压力,从而使结构紧凑;此外,由于它工作灵活,调节简单而且适用的载荷范围较大,所以广泛应用于现代机床变速箱、飞机、汽车及起重机等设备中。

§14-7 自动离合器

自动离合器是能根据机器运转参数(如转矩、转速或转向)的变化而自动完成接合和分离动作的离合器。常用的自动离合器有安全离合器、离心式离合器和定向离合器三类。

(一)安全离合器

安全离合器有许多类型,当传递的转矩到达一定值时便能自动分离,具有防止过载的安全保护作用。如图 14-16 所示为摩擦式安全离合器,它利用调整螺母来控制弹簧对内、外摩擦片组的压紧力,从而控制离合器所能传递的极限转矩。当超载时,内、外摩擦片接触面间会出现打滑。一般用于短期过载的场合。

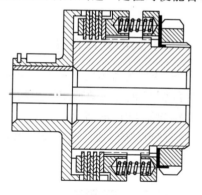

图 14-16

图 14-17a 所示为滚珠安全离合器的结构,它由主动齿轮 1、从动盘 2、外套筒 3、弹簧 4、调节螺母 5 组成。主动齿轮套在轴上,从动盘与轴以平键连接。在主动齿轮 1 和从动盘 2 的端面,各沿一定直径的圆周上制有数量相等的滚珠窝(通常为 4~8 个),窝中装入滚珠大半后,进行敛口,以免滚珠脱出。它利用调整螺母控制弹簧对两盘的滚珠交错压紧力 F,如图 14-17b 所示,从而控制离合器所能传递的转矩。

当转矩超过许用值时,弹簧被过大的轴向分力压缩,使从动盘向右移动,原来交错压紧的滚珠因放松而相互滑过,此时主动齿轮空转,从动轴即停止转动;当载荷恢复正常时,滚珠间的轴向压紧力恢复正常,两盘的滚珠相互被压紧又可传递转矩。

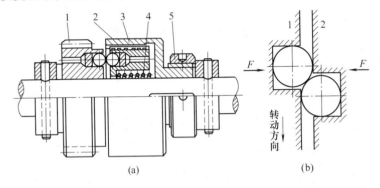

图 14-17

(二) 离心式离合器

图 14-18 所示为一种闸块离心式离合器。它由与主动轴相连接的轴套 1、与从动轴相连接的套筒 2、外表面覆着石棉的闸块 3、螺旋弹簧 4(由细钢丝绕成长弹簧后再绕在 4 块闸块 3 上,端部固定后即可)等组成。闸块装在轴套上的槽内,由螺旋弹簧拉紧使其向心。

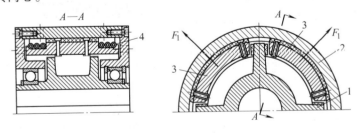

图 14-18

当主动轴达到一定转速时,作用于闸块上的离心力 F 大于螺旋弹簧的拉力,使闸块压向套筒。如果选择恰当的闸块质量,则当主动轴转速增大到公称转速时,闸块与套筒接触面间具有正常接合所需的压力和摩擦力以克服从动轴上的工作阻力矩,从而带动从动轴一同回转。

它多用于电动机轴端或安装在带轮中。

(三)定向离合器

图 14 - 19 所示为定向离合器的结构图。它由外环 1、星轮 2 以及在外环和星轮间楔形空间的滚柱 3 组成。为消除滚柱与楔形空间的间隙,还配置弹簧顶杆。

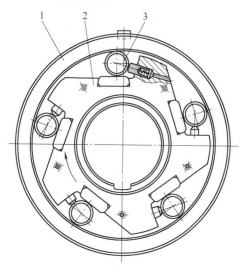

图 14 - 19

外环和星轮都可作主动件。如果星轮为主动件,且顺时针转动,滚柱受摩擦力的作用被楔紧,于是外环将随星轮一同顺时针转动,离合器处于接合状态。但当星轮反时针转动时,滚柱被带到楔形空间大端,从动的外环即不随星轮转动,离合器处于分离状态。因而定向离合器只能传递单向的转矩。

如果外环随星轮旋转的同时,又从另一运动系统获得旋向相同但转速较大的运动时,离合器也将处于分离状态,即从动件的角速度超过主动件时,不能带动主动件旋转,这种离合器的接合和分离是与星轮和外环间的相对转速差有关,因此又称为超越离合器。

定向离合器常用于汽车、拖拉机、组合机床、轻工机械中。

(四) 液力离合器

图 14-20 所示为液力离合器的结构简图,泵轮 1 和外壳 3 装在主动轴 4 上,构成主动转子;涡轮 2 装在从动轴 5 上,构成从动转子。泵轮 1 与涡轮 2 内均有径向叶片(图上未表示出)两轮端面间隙一般为(3~15 mm)。在泵轮 1 与涡轮 2 组成的环形工作腔内充以适量的工作液体(矿物油),当泵轮 1 旋转时,在离心力的作用下,工作液体进入涡轮 2,依靠液体的惯性力驱动从动转子同向转动并传递扭矩。显然,如果两轮转速相同,则液流循环停止,就

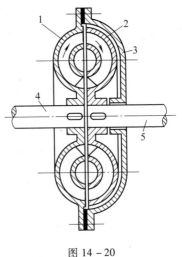

图 14-20

不能传递转矩,因而两轮间必有转速差存在,相对滑动率一般为 3%~4%。此外,液力离合器无补偿两轴位移的能力,使用时还须在从动轴 5 上装弹性联轴器来补偿。

液力离合器传递动力平稳,可以在有转速差时接合,还能起过载保护作用。广泛用于内燃机驱动的运输机械,如机车、汽车、轮船等。

(五) 磁粉离合器

图 14-21 所示为磁粉离合器的结构简图。它由磁轭轮圈 1、

环形励磁线圈 2、磁粉 3、从动鼓轮 4 及主动轮 5(与 5 固连的主动件未画出。)组成。鼓轮与磁轭轮圈间约有 0.5～2 mm 的径向间隙,其中填充磁导率高的铁粉和油或石墨粉的混合物(磁粉)。当线圈通电时,形成一个通过磁轭、工作间隙、从动鼓轮而闭合的磁场,使工作间隙中的磁粉磁化,并沿磁力线方向连接在一起;当主动轮 5 旋转时,由于磁粉链作用,使鼓轮 4 一起旋转传递转矩;当断电时,磁粉恢复为松散状态,离合器处于分离状态。

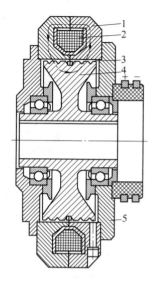

图 14－21

磁粉离合器接合平稳,使用寿命长,可远距离操纵,但尺寸较大,发热较大。它已用于航空、石油工业及自动控制部门。

§14－8 制 动 器

最简单的制动器是闸带制动器,如图 14－22 所示。它由包在制动轮上的挠性闸带及杠杆机构组成。利用杠杆机构收紧闸带而抱住制动轮,靠带和轮间的摩擦力达到制动的目的。控制力 F_Q 作用在杠杆端部。闸带制动器结构简单,径向尺寸小,但制动力矩不大。为了增加摩擦作用,闸带材料一般为钢带上覆以石棉或夹铁纱帆布。图中 F_1、F_2 为制动时,闸带作用于操纵杆的力。

比较常用的制动器为图 14－23 所示的电磁闸瓦制动器,它是靠闸瓦 4 与制动轮 5 间的摩擦力来制动的,由电磁铁控制。通电时,励磁线圈 1 的吸力吸住衔铁 2,再通过杠杆机构使闸瓦 4 松开,制动轮 5 便能自由运转。当需要制动时,则切断电流,电磁线圈 1

释放衔铁2,依靠弹簧3并通过杠杆使闸瓦抱紧制动轮5。为安全起见,也应该设计成在断电时起制动作用。

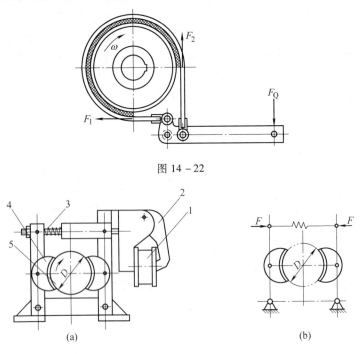

图 14 - 22

图 14 - 23

闸瓦的材料可以用铸铁,也可以在铸铁上覆以皮革或石棉带。目前,电磁闸瓦制动器已经标准化,其型号应根据所需的制动力矩选取。

还可利用图 14 - 15 所示的多片式摩擦离合器,转化成电磁摩擦制动器。若将从动件固定,则当摩擦片压紧时就起制动作用。

§14 -9   离合器和制动器的操纵装置

要使离合器和制动器的可动部分移动,实现离合或制动的操纵方式很多,有机械操纵、液压、气力操纵或电磁操纵。图14－24所示为最简单的杠杆操纵机构,它是由移动滑环1、杠杆叉2及杠杆等组成的。操纵手柄使杠杆绕固定支点摆动时,通过杠杆叉使移动滑环带动离合器可动部分轴向移动,达到离、合的目的。

图14－25所示的电磁摩擦离合器是靠电磁操纵,通电时,电磁线圈1产生吸力吸引衔铁4,从而使内、外摩擦片3、2压紧,离合器处于接合状态;断电时,离合器脱开。这种多片式电磁离合器应用很广。

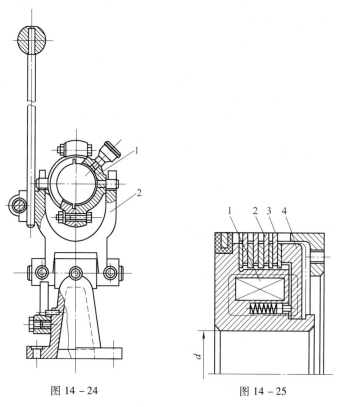

图14－24　　　　　　　　图14－25

图14－23所示的电磁闸瓦制动器也是靠电磁操纵的。

习　题

14 – 1　试说明联轴器与离合器的相同点和不同点。

14 – 2　试说明离合器与制动器的相同点和不同点。

14 – 3　为什么制动器比离合器的散热问题更突出？

14 – 4　如何选择联轴器的类型及尺寸？

14 – 5　刚性联轴器和弹性联轴器有何差别？它们各适用于什么场合？

14 – 6　试比较牙嵌离合器和摩擦离合器的特点和应用。

14 – 7　单万向联轴器和双万向联轴器在工作性能上有何差别？安装双万向联轴器时有何特殊要求？

14 – 8　试说明安全离合器的特点及工作原理。

14 – 9　试说明离心式离合器的特点及工作原理。

14 – 10　试说明定向离合器的特点及工作原理。

14 – 11　试说明制动器的工作原理。

14 – 12　某车间起重机的行走机构由电动机经减速机驱动。已知电动机的功率 $P = 7.5$ kW，转速 $n = 970$ r/min，电动机轴直径 $d = 42$ mm，试选择电动机与减速机之间所需的联轴器。

14 – 13　如图 14 –15 所示的多片式摩擦离合器，用于车床传递的功率 $P = 1.6$ kW，转速 $n = 480$ r/min，若外摩擦片的内径 $D_1 = 60$ mm，内摩擦片的外径 $D_2 = 90$ mm，摩擦面数 $n = 8$，摩擦面间压紧力 $F_Q = 1\ 200$ N，摩擦片材料为淬火钢，油润滑。求能传递的最大转矩，并验算压强。

第十五章　弹　　簧

§15－1　概　　述

弹簧是一种弹性元件，它广泛应用在各种机器中。和多数零件的要求相反，弹簧要求刚性小、弹性高，受外力后能有相当大的变形，而随着载荷的卸除，变形消失，能恢复原状。弹簧的功用有：(1)缓冲及减振，例如车辆弹簧、各种缓冲器或弹性联轴器中的弹簧；(2)控制机构的运动或零件的位置，例如凸轮机构、摩擦轮机构、离合器、阀门以及各种调速器中所用的弹簧；(3)贮存能量，例如钟表、仪器中的弹簧；(4)测量力和转矩，例如弹簧秤及发动机示功器中所用的弹簧等。

弹簧的类型很多，根据外形来分，弹簧主要有板弹簧和螺旋弹簧两种。板弹簧是由几片宽度相同长度不同的弹簧钢板叠合而成，如图 15－1 所示。螺旋弹簧是用金属丝按螺旋线卷绕

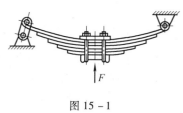

图 15－1

而成。由于用圆截面金属丝绕成圆柱形的螺旋弹簧制造简便，因

此它在机器中应用最广,如图 15 – 2、图 15 – 3 和图 15 – 4 所示。

根据所承受的载荷类别不同螺旋弹簧可分为:(1)拉伸弹簧(图 15 – 2)——用来承受轴向拉力;(2)压缩弹簧(图 15 – 3)——用来承受轴向压力;(3)扭转弹簧(图 15 – 4)——用来承受转矩。

拉伸弹簧的末端形状要根据装配情况而定,如图 15 – 2 所示为几种常用的结构,其中图 15 – 2b、c 所示的结构较好,其末端的弹簧丝不至于如图 15 – 2a 所示那样因弯扭而降低其强度,但成本较高。

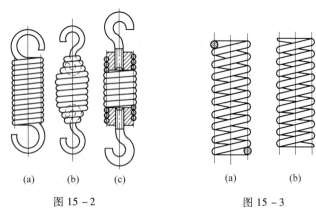

(a)   (b)   (c)   (a)   (b)

图 15 – 2   图 15 – 3

图 15 – 3 所示为压缩弹簧的典型端部结构,其中图 15 – 3a 所示的端部不磨平,但两端各有 $\frac{3}{4}$ ~ $1\frac{3}{4}$ 圈并紧,使弹簧站得平直,这几圈不参与工作变形,称为支承圈(又称死圈)。重要用途的压缩弹簧端部结构应如图 15 – 3b 所示,它不仅有支承圈,并且末端磨平。

图 15 – 4 所示为扭转弹簧两

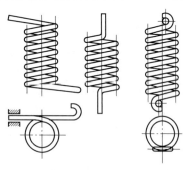

图 15 – 4

端用以传递转矩的几种挂钩形式。

本章主要介绍圆柱螺旋拉伸、压缩弹簧。

§15-2 弹簧的制造、材料和许用应力

（一）弹簧的制造

螺旋弹簧的制造过程包括:卷绕、两端面加工(指压缩弹簧)或挂钩的制作(指拉伸弹簧和扭转弹簧),热处理和工艺性试验等。

大量生产时,卷绕工作在自动机床上进行;小批生产则常在普通车床上或者用手工卷绕器在心轴上卷制。弹簧的卷绕方法可以分冷卷和热卷。当弹簧丝直径小于或等于 8 mm 时常用冷卷方法。冷卷时将预先热处理好的材料在常温下卷成,一般不再淬火,只加以低温回火消除内应力。弹簧丝直径较大而弹簧直径较小的弹簧则常用热卷,卷成后必须进行淬火与回火处理。弹簧在卷绕和热处理后要进行表面检验及工艺性试验来鉴定弹簧的质量。

弹簧制成后如再进行特殊处理(如强压处理或喷丸处理),可以提高弹簧的承载能力和疲劳寿命。

（二）弹簧的材料

弹簧在机器中常起着重要的作用,常承受交变载荷和冲击载荷,所以对弹簧的材料提出较高的要求,一般应具有高的弹性极限、疲劳极限、一定的冲击韧性、塑性和良好的热处理性能等。常用的弹簧材料有优质碳素钢、合金钢、不锈钢和有色金属合金。

碳素弹簧钢价廉又易于获得,故应用最广,如 65、70、85 等碳素弹簧钢,经热处理后力学性能较好,但当弹簧丝直径大于 12 mm 时,不易淬透,故仅适用于制造小尺寸的弹簧。

承受变载荷和冲击载荷的弹簧应采用合金弹簧钢,常用的有硅锰钢和铬钒钢等,但价格较贵。

表 15-1 弹簧常用材料的特性和许用应力

材料牌号	代号	许用切应力/MPa I类弹簧 $[\tau]_I$	II类弹簧 $[\tau]_{II}$	III类弹簧 $[\tau]_{III}$	推荐使用温度/℃	推荐硬度范围	特性和用途
碳素弹簧钢丝	B、C、D级	$0.3\sigma_B$	$0.4\sigma_B$	$0.5\sigma_B$	$-40\sim120$		强度高，性能好，适用于做小弹簧
65锰	65Mn	420	560	700	$-40\sim120$	45~50HRC	弹性好，回火稳定性好，易脱碳，用于制造受重载的弹簧
60硅2锰	60Si2Mn	480	640	800	$-40\sim200$	45~50HRC	
50铬钒	50CrVA	450	600	750	$-40\sim210$	45~50HRC	疲劳性能高，淬透性和回火稳定性好
60硅2铬钒高	60Si2CrVA	570	760	950	$-40\sim250$	47~52HRC	
4铬13	4Cr13	450	600	750	$-40\sim300$	48~53HRC	耐腐蚀，耐高温，适用于制造较大的弹簧
3-1硅青铜	QSi3-1	265	353	442	$-40\sim120$	90~100HBS	耐腐蚀，防磁好
4-3锡青铜	QSn4-3	265	353	442			

注:1. 表中的 σ_B 值是指材料在常温下相应于表中推荐硬度范围的下限值时的抗拉强度。

2. 各类螺旋拉、压弹簧的许用极限工作应力 τ_{lim} 不应超过材料的剪切弹性极限，一般取为 $0.56\sigma_B$。

3. 拉伸弹簧的许用切应力为表中数值的80%。

4. 弹簧按载荷质分为三类：I类——受变载荷作用次数在 10^6 次以上的弹簧；II类——受变载荷作用次数在 $10^3\sim10^5$ 次及冲击载荷的弹簧；III类——受变载荷作用次数在 10^3 次以下的弹簧。

5. 对重要的弹簧，其损坏会引起整个机器损坏的弹簧，$[\tau]$ 应当降低。

6. 经强压、喷丸处理的弹簧，许用应力可提高约2%。

在潮湿、酸性或其他腐蚀性介质中工作的弹簧,宜采用有色金属合金,如硅青铜、锡青铜等。也还有用工程塑料制造弹簧。

各种常用弹簧材料的性能列于表 15 - 1、表 15 - 2 中。

表 15 - 2 碳素弹簧钢丝的抗拉强度 σ_B MPa

钢丝直径 /mm 级 别	0.45 0.50	0.55	0.60 0.63	0.70	0.80	0.90	1.00
B 级	1860 ~ 2260	1810 ~ 2210	1760 ~ 2160	1710 ~ 2110	1710 ~ 2060	1710 ~ 2060	1660 ~ 2010
C 级	2200 ~ 2600	2150 ~ 2550	2100 ~ 2500	2060 ~ 2450	2010 ~ 2400	2010 ~ 2350	1960 ~ 2300
D 级	2550 ~ 2940	2500 ~ 2890	2450 ~ 2840	2450 ~ 2840	2400 ~ 2840	2350 ~ 2750	2300 ~ 2690

钢丝直径 /mm 级 别	1.2	1.4	1.6	1.8	2.0	2.20	2.50
B 级	1620 ~ 1960	1620 ~ 1910	1570 ~ 1860	1520 ~ 1810	1470 ~ 1760	1420 ~ 1710	1420 ~ 1710
C 级	1910 ~ 2250	1860 ~ 2210	1810 ~ 2160	1760 ~ 2110	1710 ~ 2010	1660 ~ 1960	1660 ~ 1960
D 级	2250 ~ 2550	2150 ~ 2450	2110 ~ 2400	2010 ~ 2300	1910 ~ 2200	1810 ~ 2110	1760 ~ 2060

钢丝直径 /mm 级 别	2.80	3.00	3.20 3.50	4.00	4.50	5.00	5.50	6.00
B 级	1370 ~ 1670	1370 ~ 1670	1320 ~ 1620	1320 ~ 1620	1320 ~ 1570	1320 ~ 1570	1270 ~ 1520	1220 ~ 1470
C 级	1620 ~ 1910	1570 ~ 1860	1570 ~ 1810	1520 ~ 1760	1520 ~ 1760	1470 ~ 1710	1470 ~ 1710	1420 ~ 1660
D 级	1710 ~ 2010	1710 ~ 1960	1660 ~ 1910	1620 ~ 1860	1620 ~ 1860	1570 ~ 1810	1570 ~ 1810	1520 ~ 1760

注:B 级适用于低应力弹簧;C 级适用于中等应力弹簧;D 级适用于直径范围为 6mm 以下的高应力弹簧。

选择弹簧材料时应充分考虑弹簧的工作条件(载荷的大小及性质,工作温度和周围介质的情况)、功用、重要性和经济性等因素。一般应优先采用碳素弹簧钢丝。

(三) 弹簧的许用应力

影响弹簧许用应力的因素很多,除了材料种类外,还有材料质量、热处理方法、载荷性质、弹簧的工作条件和重要程度以及弹簧丝的直径等。通常,按载荷性质弹簧可分为三类:Ⅰ类——受变载荷作用次数在 10^6 次以上或很重要的弹簧,如内燃机气门弹簧、电磁闸瓦制动器弹簧;Ⅱ类——受变载荷作用次数在 $10^3 \sim 15^5$ 次及受冲击载荷的弹簧,如调速器弹簧、一般车辆弹簧;Ⅲ类——受变载荷作用次数在 10^3 次以下的,即基本上受静载荷的弹簧,如一般安全阀门弹簧、摩擦式安全离合器弹簧等。

各类弹簧的许用应力分别列于表 15 - 1 中。

§15 - 3   圆柱螺旋拉伸、压缩弹簧的设计计算

(一) 弹簧的结构尺寸

圆柱螺旋弹簧的主要尺寸是弹簧中径 D_2、弹簧丝直径 d 和弹簧的节距 t (图 15 - 5)以及弹簧的有效圈数 n。弹簧中径 D_2 与弹簧丝直径 d 的比值 $C = \dfrac{D_2}{d}$ 称为旋绕比(或称弹簧指数),是弹簧的重要参数之一。一般规定 $4 \leqslant C \leqslant 16$,常用的范围为 $C = 5 \sim 10$。C 值过小会使卷绕时弹簧丝变形太大,卷绕困难,并在使用时引起弹簧内侧过大的应力;C 值过大,又会使弹簧不稳定,易颤动。两个弹簧丝直径相同并且弹簧圈数和高度都相等的弹簧,C 值愈小,则弹簧愈硬,刚度愈大。

弹簧应该在弹性极限内工作,对于节距相等的圆柱形螺旋弹

簧,其载荷与变形成直线关系。图 15 - 6
所示为压缩弹簧工作的特性图,即载荷
- 变形特性线图,图中 F_1 为最小工作载
荷,它是为了使弹簧可靠地安装在工作
位置上所预加的初始载荷,其值根据弹
簧的功用不同在 $(0.2 \sim 0.5) F_2$ 范围内
选取;F_2 为最大工作载荷,在 F_2 作用下
弹簧丝应力应该小于或等于许用切应力
$[\tau]$;$F_{\lim}$ 为极限工作载荷,此时弹簧丝中
应力不应超过材料的剪切弹性极限,$F_{\lim}$
可等于或大于 F_2;λ_1、λ_2 和 $\lambda_{\lim}$ 分别为对

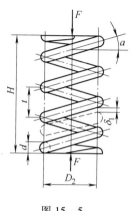

图 15 - 5

应于上述三种载荷下弹簧的变形量;λ 为弹簧的工作行程。

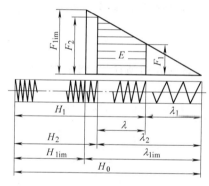

图 15 - 6

为了使压缩弹簧在 F_2 作用下各圈不至于靠紧(如图 15 - 5 中
虚线所示位置),其相邻两圈间的余隙 δ_1 应取为

$$\delta_1 \geqslant 0.1d$$

故压缩弹簧的节距

$$t = \frac{\lambda_2}{n} + d + \delta_1 ,$$

式中 λ_2 为最大工作载荷 F_2 作用时,弹簧的变形量;n 为弹簧的有

效圈数。考虑到卷绕方便,对于压缩弹簧,一般取 $t = (0.3 \sim 0.5) D_2$;拉伸弹簧则取 $t = d$。

弹簧的总圈数 n_1 应为有效圈数 n 和两端支承圈数之和,一般

$$n_1 = n + (1.5 \sim 2.5)$$

压缩弹簧并紧时相邻两圈间的余隙等于 0,因此两端并紧不磨平的压缩弹簧,并紧时的高度(或长度)为 $(n_1 + 1) d$,未受载荷时的自由高度(或长度)。

$$H_0 = n(t - d) + (n_1 + 1) d$$

当压缩弹簧两端并紧且磨平时,式中 $(n_1 + 1)$ 换以 $(n_1 - 0.5)$ 即可。

拉伸弹簧的自由高度(或长度)为

$$H_0 = nd + (1 \sim 2) D_2$$

式中第二项为拉伸弹簧两端挂钩的高度。

为了保证压缩弹簧的稳定性,要求高径比

$$b = \frac{H_0}{D_2} \leqslant [b]$$

式中 $[b]$ 为压缩弹簧的许用高径比,两端固定的弹簧取 5.3,一端固定另一端铰支的弹簧取 3.7。

对于压缩弹簧,制造弹簧的弹簧丝展开长度

$$L = \frac{\pi D_2 n_1}{\cos \alpha}$$

式中 α 为未加载时的螺旋升角,显然,$\tan \alpha = \dfrac{t}{\pi D_2}$,一般 $\alpha = 5° \sim 9°$。

对于拉伸弹簧,其展开长度

$$L = \frac{\pi D_2 n_1}{\cos \alpha} + l$$

式中 l 为拉伸弹簧挂钩部分的展开长度。

(二) 弹簧的应力和变形计算

由于拉伸与压缩弹簧的外载荷(轴向力)均沿弹簧的轴线作

用,因此它们的应力和变形的计算是相同的。今以圆截面弹簧丝卷成的圆柱螺旋压缩弹簧(图 15 − 5)为例,以通过弹簧轴线的平面切开弹簧所得的弹簧丝截面应为椭圆形,但由于一般 α 很小(5° ~9°),因此可近似地看成圆形来计算(图 15 − 7a)。将轴向载荷 F 向弹簧丝截面中心简化的结果,不难看出弹簧丝截面上的载荷有扭矩 $T = F \cdot \dfrac{D_2}{2}$ 和剪力 $F_\tau = F$。值得注意的是对螺旋拉伸、压缩弹簧来说,载荷是轴向力 F,而对弹簧丝截面来说,其载荷主要是扭矩 T 和剪力 F_τ,其中以扭矩 T 为主。

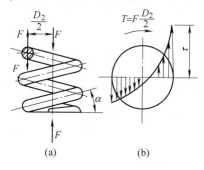

(a)   (b)

图 15 − 7

分析弹簧丝截面上的应力,可知弹簧丝内侧的应力最大,对于圆截面弹簧丝来说,其值为

$$\tau = \tau_1 + \tau_2 = \frac{8FD_2}{\pi d_2^3} + \frac{4F}{\pi d^2} = \frac{8FD_2}{\pi d^3}\left(1 + \frac{d}{2D_2}\right) \qquad (15 - 1)$$

因 $C = \dfrac{D_2}{d}$,则弹簧丝截面上的最大切应力为

$$\tau = \frac{8FC}{\pi d^2}\left(1 + \frac{0.5}{C}\right) \qquad (15 - 2)$$

由于弹簧丝相当于曲杆并有螺旋升角,因此强度计算时要考虑曲率及升角对弹簧丝切应力的影响,实际应力分布如图 15 − 7b 所示,最大应力发生在弹簧丝内侧,其值为

$$\tau = K\frac{8FC}{\pi d^2} \leqslant [\tau] \qquad (15-3)$$

式中 K 为拉伸、压缩弹簧的曲度系数,用来考虑切应力分布的不均匀性以及曲率对切应力的影响,其值为

$$K = \frac{4C-1}{4C-4} + \frac{0.615}{C}$$

由此可得弹簧丝直径

$$d \geqslant 1.6\sqrt{\frac{KF_2C}{[\tau]}} \qquad (15-4)$$

对于圆截面弹簧丝卷成的圆柱螺旋弹簧,当螺旋升角 $\alpha < 9°$,在轴向载荷作用下,弹簧的轴向变形量

$$\lambda = \frac{8FD_2^3 n}{Gd^4} = \frac{8FC^3 n}{Gd} \qquad (15-5)$$

式中 G 为弹簧材料的切变模量,钢的 $G = 8 \times 10^4$ MPa,青铜的 $G = 4 \times 10^4$ MPa;n 为弹簧的有效圈数。

显然,弹簧的刚度(产生单位变形量所需的载荷),也称弹簧常数为

$$k = \frac{F}{\lambda} = \frac{Gd}{8C^3 n} \qquad (15-6)$$

弹簧储存的能量(即弹簧功)

$$E = \frac{F\lambda}{2}$$

在设计时,当已知弹簧的最大轴向变形量 λ_2 时,即可由式 (15-5)求出弹簧的有效圈数

$$n = \frac{G\lambda_2 d^4}{8F_2 D_2^3} = \frac{G\lambda_2 d}{8F_2 C^3}, \text{要求 } n \geqslant 2 \text{ 圈}。 \qquad (15-7)$$

弹簧的总圈数

$$n_1 = n + (1.5 \sim 2.5)\text{圈}$$

由式(15-1)至式(15-5)可以看出:当材料和外力一定时,增大 C(即增大 D_2 和减少 d)和增加 n 都将使弹簧轴向变形量 λ

增加,但切应力 τ 将随之增大;降低 C(即增加 d 和减小 D_2)将使切应力减小,强度提高,其中以增加 d 尤为见效,但此时为了得到要求的轴向变形量 λ,必须增加弹簧的有效圈数 n。

(三) 弹簧的设计计算步骤

通常已知弹簧所承受的最大工作载荷 F_2 和相应的最大轴向变形量 λ_2 以及其他方面的要求(例如空间地位等结构方面的限制)等。计算时先选择合适的弹簧材料及弹簧的结构形式,然后应用前面的应力、变形公式确定弹簧丝的直径 d、弹簧中径 D_2、有效圈数 n、螺旋升角 α 以及弹簧丝的展开长度 L 等。应用式(15 - 4)求弹簧丝直径时,因为许用应力 $[\tau]$ 和旋绕比 C 都与 d 有关,所以常需采用试算法。

例题一 已知圆柱形螺旋压缩弹簧的弹簧丝直径 $d = 5$ mm,弹簧中径 $D_2 = 40$ mm,工作圈数 $n = 6$ 圈,材料为碳素弹簧钢丝(C 级),Ⅲ类弹簧,试计算此弹簧所能承受的最大工作载荷和相应的变形量。

解 碳素弹簧钢丝(C 级),Ⅲ类弹簧,由表 15 - 1 查得 $[\tau]_{\text{Ⅲ}} = 0.5\sigma_{\text{B}}$,由表 15 - 2 查得 $\sigma_{\text{B}} = 1\,470 \sim 1\,710$ MPa,取 $\sigma_{\text{B}} = 1\,590$ MPa。

1. 弹簧能承受的最大工作载荷

$$F = \frac{\pi d^3 [\tau]}{8KD_2}$$

因

$$C = \frac{D_2}{d} = \frac{40}{5} = 8$$

则

$$K = \frac{4C - 1}{4C - 4} + \frac{0.615}{C} = \frac{4 \times 8 - 1}{4 \times 8 - 4} + \frac{0.615}{8} = 1.184$$

$$[\tau] = 0.5 \times 1\,590 \text{ MPa} = 795 \text{ MPa}$$

故此弹簧所能承受的最大工作载荷

$$F = \frac{\pi \times 5^3 \times 795}{8 \times 1.184 \times 40} \text{ N} = 824 \text{ N}$$

2. 相应的变形量

$$\lambda = \frac{8FC^3}{Gd} = \frac{8 \times 824 \times 8^3}{8 \times 10^4 \times 5} \text{ mm} = 8.44 \text{ mm}$$

例题二 试设计一调速器上用的圆柱螺旋压缩弹簧,已知初压力 $F_1 = $

180 N,最大工作压力为 470 N,工作行程为 9 mm,并要求弹簧外径
$D \leqslant 30$ mm。

解 1. 选择材料,确定许用应力,并初选弹簧旋绕比 C

根据工作条件,弹簧材料选用 C 级碳素弹簧钢丝,由表 15 – 1 查得 $[\tau] =$
$0.4\sigma_B$,暂设弹簧丝直径 $d = 4$ mm,由表 15 – 2 查得 $\sigma_B = 1\ 520 \sim 1\ 760$ MPa,取
$\sigma_B = 1\ 650$ MPa,故 $[\tau] = 0.4 \times 1\ 650 = 600$ MPa。

初选弹簧旋绕比 $C = 6$,求得 $K = 1.25$。

2. 求弹簧丝直径 d

$$d \geqslant 1.6\sqrt{\frac{KFC}{[\tau]}} = 1.6 \times \sqrt{\frac{1.25 \times 470 \times 6}{660}}\ \text{mm} = 3.70\ \text{mm}$$

取标准值,$d = 4$ mm,与假设相近。

3. 求弹簧中径 D_2、外径 D、内径 D_1

中径 $D_2 = C \times d = 6 \times 4$ mm $= 24$ mm

外径 $D = D_2 + d = (24 + 4)$ mm $= 28$ mm < 30 mm,符合题意要求

内径 $D_1 = D_2 - d = (24 - 4)$ mm $= 20$ mm

4. 计算弹簧工作圈数 n

由式(15 – 6)

$$n = \frac{Gd}{8C^3 k} = \frac{8 \times 10^4 \times 4}{8 \times 6^3 \times \dfrac{470 - 180}{9}} = 5.75$$

圆整取 $n = 6$ 圈。

弹簧刚度为

$$k = \frac{470 - 180}{9} \times \frac{5.75}{6}\ \text{N/mm} = 30.88\ \text{N/mm}$$

5. 计算变形和载荷

当工作压力 $F_2 = 470$ N 时,变形量

$$\lambda_2 = \frac{F_2}{k} = \frac{470}{30.88}\ \text{mm} = 15.22\ \text{mm}$$

当工作行程 $\lambda = 9$ mm 时,弹簧的初压力

$$F_1 = F_2 - \lambda k = (470 - 9 \times 30.88)\ \text{N} = 192.08\ \text{N}$$

满足要求。

初变形量

$$\lambda_1 = \lambda_2 - \lambda = (15.22 - 9)\ \text{mm} = 6.22\ \text{mm}$$

工作极限应力,取

$$\tau_{\lim} = 1.12[\tau] = 1.12 \times 660 \text{ MPa} = 739.2 \text{ MPa}$$

工作极限载荷 $F_{\lim}$

$$F_{\lim} = \frac{\pi d^3 \tau_{\lim}}{8KD_2} = \frac{\pi \times 4^3 \times 739.2}{8 \times 1.25 \times 24} \text{ N} = 619.27 \text{ N}$$

$$\lambda_{\lim} = \frac{F_{\lim}}{k} = \frac{619.27}{30.88} \text{ mm} = 20.05 \text{ mm}$$

6. 计算弹簧的其余尺寸

弹簧节距

$$t = \frac{\lambda_2}{n} + d + \delta_1 \geqslant \frac{\lambda_2}{n} + d + 0.1d$$

$$= \left(\frac{15.22}{6} + 4 + 0.1 \times 4 \right) \text{ mm} = 6.937 \text{ mm}$$

取标准值,$t = 7.5$ mm。

弹簧的螺旋升角

$$\alpha = \arctan \frac{t}{\pi D_2} = \arctan \frac{7.5}{\pi \times 24} = 5.68°$$

在 5°~9°之间,满足要求。

取支承圈为 2 圈,则弹簧总圈数 n_1 为

$$n_1 = n + 2 = 6 + 2 = 8 \text{ 圈}$$

弹簧的自由高度(两端并紧且磨平)

$$H_0 = n(t - d) + (n_1 - 0.5)d$$

$$= [6 \times (7.5 - 4) + (8 - 0.5) \times 4] \text{ mm} = 51 \text{ mm}$$

安装高度

$$H_1 = H_0 - \lambda_1 = (51 - 6.22) \text{ mm} = 44.78 \text{ mm}$$

弹簧丝长度

$$L = \frac{\pi D_2 n_1}{\cos \alpha} = \frac{\pi \times 24 \times 8}{\cos 5.68°} \text{ mm} = 606.16 \text{ mm}$$

7. 验算稳定性

$$b = \frac{H_0}{D_2} = \frac{51}{24} = 2.125 < 3.7$$

满足稳定性要求。

8. 绘制弹簧的特性曲线与工作图(图 15 - 8)

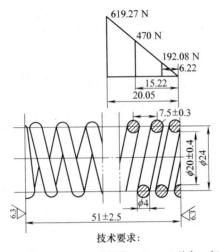

技术要求:

　　1. 总圈数　8　　2. 工作圈数　6　　3. 旋向　右旋

　4. 弹簧丝长度　606.16　　5. 热处理硬度　45~50 HRC　　6. 端部磨平

图 15 - 8

习　题

15 - 1　弹簧有哪些用途,它们各利用弹簧的什么特性?

15 - 2　试说明弹簧的主要种类及其特点,并列举应用实例。

15 - 3　试说明弹簧材料的基本要求,并列举制造弹簧的常用材料。

15 - 4　试说明圆柱螺旋拉、压弹簧主要几何参数,它们对弹簧的强度和变形的影响如何?

15 - 5　试说明圆柱螺旋拉、压弹簧受载时,弹簧丝截面受力情况及应力分布。

15 - 6　已知圆柱形螺旋压缩弹簧的簧丝直径 $d = 6$ mm,弹簧中径 $D_2 = 48$ mm,工作圈数 $n = 6.5$ 圈,材料为碳素弹簧钢丝(C 级),Ⅲ类弹簧,试计算此弹簧所能承受的最大工作载荷和相应的变形量。

15 - 7　试设计一发动机的气门弹簧(圆柱螺旋压缩弹簧)。已知它的安装要求高度为 44 ~ 45 mm,初压力为 150 ~ 220 N,工作行程为 9 mm,最大工作压力为 460~500 N,由于结构限制,弹簧最小内径允许为 16 mm,最大外径允许为 30 mm,材料为 65Si2Mn,支承端部并紧磨平。

15 – 8 计算用于高压开关中的圆柱螺旋拉伸弹簧,已知最大工作载荷 F_2 = 2 000 N,最小工作载荷 F_1 = 600 N,弹簧丝直径 d = 10 mm,外径 D = 90 mm,有效圈数 n = 6 圈,弹簧材料为 60Si2Mn,载荷性质为 Ⅱ 类。试确定:1)在 F_2 作用时弹簧是否会断裂?该弹簧能承受的极限载荷 F_{lim};2)弹簧的工作行程。

第十六章　起重机械零件

起重机械如绞车、桥式起重机等是用来起升或在近距离内运输不同重量和不同形状的物品。在生产过程中使用起重机械,可以减轻繁重的体力劳动,改善劳动条件,提高劳动生产率。起重机械已成为现代国民经济部门中不可缺少的设备。

本章仅对起重机械上的一些通用零件,如钢丝绳、滑轮、卷筒和吊钩等,作一简单的介绍。

§16–1　钢　丝　绳

钢丝绳具有承受冲击能力较高,在任何方向均有挠性,运转平稳无噪声,不会像链那样突然发生破断,有工作安全性较大、重量轻、价格低等优点,是起重机械中用得最多的挠性零件。它的缺点主要是需要用较大直径的滑轮和卷筒。

(一) 钢丝绳的构造

钢丝绳是由多根直径为 0.4 ~ 4.0 mm、抗拉强度为 1 400 ~ 2 000 MPa的钢丝绕制成的。钢丝有光面和镀锌的两种。在露天、潮湿或有腐蚀性气体的工作场所,应采用镀锌钢丝绳。

起重机械用的钢丝绳多数是经两次捻绕制成的,即先由一层或几层钢丝捻绕成股,再把若干股绕绳芯捻成绳。两次捻绕方向相同的钢丝绳称为同向捻钢丝绳,其外形如图 16-1a 所示。这种绳的钢丝之间接触较好、表面较平滑、挠性好、磨损小、使用寿命较长,但容易松散和扭转,适用于卷筒有绳槽及物品起升时不会自行转动的场合。两次捻绕方向相反的称为交互捻钢丝绳,其外形如图 16-1b 所示。这种绳虽有挠性差、寿命较短等缺点,但不易松散和扭转,在起重机械中广泛采用。捻绕方向可以是左旋,也可以是右旋,并不影响绳的特性,但一般多用右旋绳。

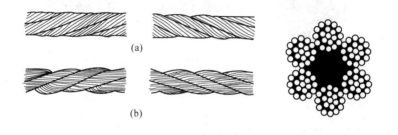

(a)

(b)

图 16-1   图 16-2

图 16-2 及图 16-3 所示为应用较广的钢丝绳截面构造。图 16-2 为普通型,它由直径相同的钢丝捻成,捻成后丝与丝间为点接触,因此接触应力很高,寿命较短,但制造简单、价廉。图 16-3 为复合型,其中图 a 为外粗式(西鲁式,X 式);图 b 为粗细式(瓦林吞式,W 式);图 c 为填充式(T 式)。复合型均由不同直径的钢丝捻成,丝与丝间为线接触,寿命较长,但制造较复杂、价贵。

钢丝绳绳芯的材料可用麻、棉、石棉或软钢丝。用浸透油脂的麻绳或棉绳做芯的钢丝绳,挠性和弹性较好,钢丝间的摩擦较小,普通情况下均用这种钢丝绳。石棉芯的钢丝绳挠性与弹性和麻、棉芯相似,但能耐高温。软钢丝芯的钢丝绳强度最高,能耐高温和承受横向压力(例如卷筒上绕有几层钢丝绳时,外层挤压内层的力),但挠性较差。

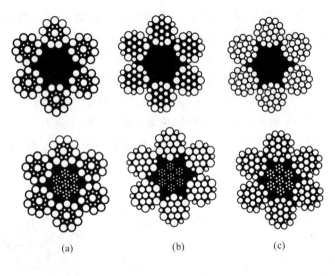

(a)   (b)   (c)

图 16 – 3

(二) 钢丝绳的选择计算

钢丝绳工作时,各根钢丝的受力情况比较复杂,它们同时受到拉伸、弯曲、扭转和挤压,而且影响因素很多,因此,难以从理论上推导出完整而准确的强度计算公式。通常,在选定钢丝绳直径后,按下式进行拉伸强度条件性计算:

$$\frac{\Phi F_0}{S} \geqslant F_{max} \qquad (16-1)$$

$$F_0 = A\sigma_B \qquad (16-2)$$

两式中 F_{max} 为钢丝绳工作时承受的最大静拉力,N; F_0 为钢丝绳的破断拉力,N,其值按式(16-2)计算或根据绳的直径直接由有关机械设计手册查得;S 为钢丝绳的安全系数,其值列于表 16-1中,Φ 为钢丝绳破断拉力的折减系数,用来考虑钢丝间载荷的不均匀性,其值列于表 16-2 中;A 为钢丝绳的总截面积,单位为 mm^2,其值列于表 16-3 中,可根据所选钢丝绳直径查取;σ_B 为钢丝的公称抗拉强度,单位为 MPa,其值有 1 400、1 550、1 700、1 850、2 000 五种,可根据需要选定。

选择计算时,应根据工作要求及起重量,初估所需钢丝绳的直径及公称抗拉强度值,再由式(16 - 2)、式(16 - 1)计算所选钢丝绳是否满足要求。若不满足要求,需重新计算。

表 16 - 1　钢丝绳的安全系数 S 和绳轮直径比 e

工作类型		S	e	
			Ⅰ	Ⅱ
人力驱动		4.0	16	18
机械驱动	轻型	5.0	16	20
	中型	5.5	18	25
	重型与特重型	6.0	20 ~ 25	20 ~ 35

注:Ⅰ. 用于流动性及要求尺寸紧凑的起重机,如汽车、轮胎起重机。

Ⅱ. 桥式、龙门座起重机。

表 16 - 2　钢丝绳破断拉力折减系数 Φ

钢丝绳结构	Φ
6 × 19,6X(19),6W(19),6T(25)等	0.85
6 × 37,8 × 37,8 × 19,6W(35),6X(37)等	0.82

注:对加 7 × 7 金属绳芯的钢丝绳,其折减系数相应减少 3% 。

表 16 - 3　部分钢丝绳直径 d/mm 所对应的总截面积 A/mm²

6 × 19		6 × 37		6X(19)		6W(19)		6T(25)	
d	A	d	A	d	A	d	A	d	A
6.2	14.32	8.7	27.88	8.8	30.57	8.0	26.14	14.0	78.89
7.7	22.37	11.0	43.57	11.0	45.93	9.2	35.16	15.5	97.29
9.3	32.22	13.0	62.74	13.0	68.78	11.0	47.17	17.0	117.61
11.0	43.85	15.0	85.39	15.0	91.04	12.0	59.06	18.5	140.53
12.5	57.27	17.5	111.53	17.5	122.27	13.5	74.37	20.0	164.77
14.0	72.49	19.5	141.16	19.5	158.11	14.5	89.14		
15.5	89.49					16.0	107.74		
17.0	108.28					17.5	128.14		
18.5	128.87					19.0	147.28		
20.0	151.24					20.0	163.77		

注:对加 7 × 7 金属绳芯的钢丝绳,其总截面积约增加 12% 。

钢丝绳在使用过程中,要经常检查它的磨损和断丝情况,按规定及时更换,注意绳面清洁,以保证安全。

§16-2 滑轮和卷筒

滑轮是支承钢丝绳和改变钢丝绳及其拉力方向的零件。它还可组成滑轮组以达到省力或增速的目的,在起重机械中,滑轮组主要用来省力。卷筒是钢丝绳的承装零件,它用来卷绕和储存钢丝绳,同时把原动机的转动变为钢丝绳、吊钩和起吊重物等的直线移动,并把原动机的动力传递给钢丝绳。

滑轮和卷筒的直径对钢丝绳的疲劳寿命有很大影响。为了不使钢丝绳寿命过短,滑轮和卷筒直径不宜过小,一般应使

$$D_{\min} \geqslant ed \text{ mm} \qquad (16-3)$$

式中 $D_{\min}$ 为滑轮或卷筒的最小许用名义直径,mm;e 为荐用的绳轮直径比,其值列于表 16-1 中;d 为钢丝绳直径,mm。

(一)滑轮

钢丝绳滑轮一般用灰铸铁或球墨铸铁制造,重载时才用铸钢制造,大型的或单件生产时,亦可用型钢或钢板焊接。

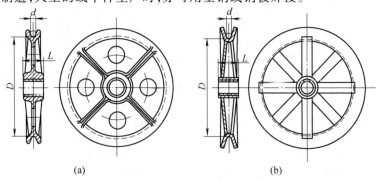

(a)   (b)

图 16-4

滑轮直径小($D < 350$ mm)时铸成圆盘状。直径大($D > 800$ mm)时则做成有肋板或轮辐的,如图 16 - 4 所示。图 16 - 4a 所示为铸造滑轮,图 16 - 4b 所示为焊接滑轮。

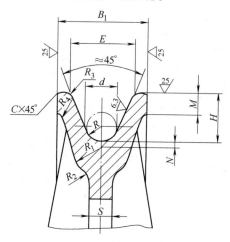

图 16 - 5

钢丝绳用滑轮轮槽的形状如图 16 - 5 所示,它应使钢丝绳能顺利地绕上或绕下而不被卡住。滑轮轮槽的尺寸可根据钢丝绳直径,由表 16 - 4 查得,滑轮轮毂长度可取为($6 \sim 12$)d,d 为钢丝绳直径。

表 16 - 4 钢丝绳用滑轮槽型截面尺寸   mm

钢丝绳直径 d	R	H	B_1	E	C	参考尺寸						
						R_1	R_2	R_3	R_4	M	N	S
$5 \sim 6$	3.3	12.5	22	15	0.5	7	5	1.5	2.0	4	0	6
$>6 \sim 7$	3.8	15.0	26	17	0.6	8	6	2.0	2.5	5	0	7
$>7 \sim 8$	4.3			18								
$>8 \sim 9$	5.0	17.5	32	21	1.0	10	8	2.0	2.5	6	0	8
$>9 \sim 10$	5.5			22								

钢丝绳直径 d	R	H	B_1	E	C	参考尺寸						
						R_1	R_2	R_3	R_4	M	N	S
>10 ~ 11	6.0	20.0	36	25	1.0	12	10	2.5	3.0	8	0	9
>11 ~ 12	6.5											
>12 ~ 13	7.0	22.5	40	28	1.0	13	11	2.5	3.0	8	0	10
>13 ~ 14	7.5	25.0	45	31	1.0	15	12	3.0	4.0	10	0	11
>14 ~ 15	8.2											
>15 ~ 16	9.0	27.5	50	33	1.5	16	13	3.0	4.0	10	0	12
>16 ~ 17	9.5	30.0	53	35	1.5	18	15	3.0	5.0	12	0	12
>17 ~ 18	10.0											
>18 ~ 19	10.5	32.5	56	41	1.5	18	15	3.0	5.0	12	0	12
>19 ~ 20	11.0	35.0	60	44	1.5	20	16	3.0	5.0	14	0	14

(二) 滑轮组

装在固定轴上的滑轮称为定滑轮,装在可移动轴上的滑轮称为动滑轮。滑轮组就是一定数量的定滑轮和动滑轮的组合。

图 16-6 所示为用于省力的简单滑轮组的简图,绕出的钢丝绳只有一端是自由端可进行牵引。图中 1 为定滑轮,2 为动滑轮,W 为货物重量,F 为牵引力,F_1、F_2、…、F_n 分别为悬挂货物的钢丝绳各分支所受的拉力,n 为悬挂货物的绳的分支数。

当忽略滑轮的阻力时,即不考虑钢丝绳的刚性和轴承摩擦时,钢丝绳每一分支所受的拉力相同,由此可得理想牵引力 F_0 为

$$F_0 = \frac{W}{n} \tag{16-4}$$

式(16-4)表明:理想牵引力仅为货物重量的 $1/n$,悬挂货物的钢丝绳分支数 n 就是简单滑轮组的省力倍数。因此常称 n 为简单滑

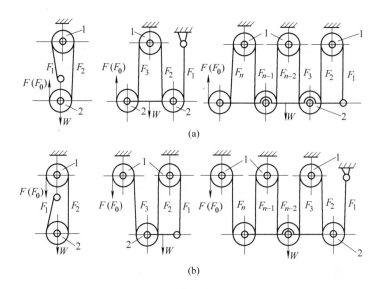

(a)

(b)

图 16 - 6

轮组的倍率。

当计入滑轮的阻力时,各分支所受拉力均不相等,其计算式为:

$$F_{n-1} = F_n \cdot \eta \, ; \; F_{n-2} = F_{n-1} \cdot \eta = F_n \cdot \eta^2 \, ; \cdots$$

$$F_2 = F_3 \cdot \eta = F_n \cdot \eta^{n-2} \, ; \; F_1 = F_2 \cdot \eta = F_n \cdot \eta^{n-1}$$

式中 η 为一个滑轮的效率。当滑轮用滑动轴承支承时,可取 $\eta = 0.95$;当用滚动轴承时,可取 $\eta = 0.98$。

各分支拉力的总和与货物重量相等,得

$$W = F_1 + F_2 + \cdots + F_n$$

$$= F_n(1 + \eta + \eta^2 + \cdots + \eta^{n-1})$$

即
$$W = F_n \frac{1 - \eta^n}{1 - \eta} \qquad\qquad (16-5)$$

$$F_n = \frac{1 - \eta}{1 - \eta^n} \qquad\qquad (16 - 6)$$

对于图 16 – 6a 所示的钢丝绳由动滑轮绕出的滑轮组,实际牵引力 F 即为 F_n,因此,这种滑轮组的效率为

$$\eta_\Sigma = \frac{F_0}{F} = \frac{\dfrac{W}{n}}{W\dfrac{1 - \eta}{1 - \eta^n}} = \frac{1}{n}\frac{1 - \eta^n}{1 - \eta} \qquad (16 - 7)$$

对于图 16 – 6b 所示的钢丝绳由定滑轮绕出的滑轮组,$F = F_n/\eta$,故滑轮组效率为

$$\eta_\Sigma = \frac{F_0}{F} = \frac{\eta}{n}\frac{1 - \eta^n}{1 - \eta} \qquad\qquad (16 - 8)$$

两种滑轮组所需的实际牵引力均为

$$F = \frac{W}{n\eta_\Sigma} \qquad\qquad (16 - 9)$$

采用上述简单滑轮组起升货物时,由于绕在卷筒上的钢丝绳要沿卷筒移动,货物也会产生水平移动和摇摆,为了克服这一缺点,可采用双联滑轮组。图 16 – 7 所示为起重机用的、省力的双联滑轮组的简图,它由两个简单滑轮组连接而成,为了使钢丝绳由双联滑轮组的一半过渡到另一半,应用了平衡滑轮 a。双联滑轮组中每个简单滑轮组负担 $W/2$ 的载荷。由于有两个驱动牵引力,当总分支数为 n 时,倍率为 $n/2$。

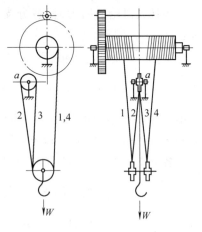

图 16 – 7

（三）卷筒

卷筒一般用灰铸铁制造，重载时可用铸钢制造，大直径或单件生产的可用 Q235、16Mn 等焊接。

图 16 - 8 所示为钢丝绳卷筒的一种结构。

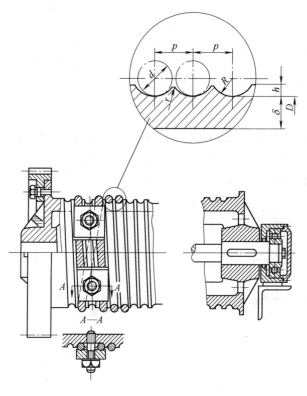

图 16 - 8

为了引导钢丝绳依次绕上卷筒，减少磨损，并增加钢丝绳与卷筒的接触面积，降低接触应力，卷筒表面一般制有钢丝绳螺旋槽。螺旋槽有标准槽和深槽两种，一般用标准槽。标准槽的横截面尺寸见表 16 - 5。有脱槽的危险时（如抓斗起重机），可用槽深 h 及

节距 p 都较大的深槽。钢丝绳多层卷绕时可采用光滑表面卷筒。

表 16-5　　钢丝绳卷筒槽形的横截面尺寸　　　　mm

钢丝绳直径 d	6.2	7.7	9.3	11	12.5~13	14	15.5	17~17.5	18.5	19.5~20
p	8	10	12	13	15	16	18	20		22
R	4	4.5	5	6	7	8	8.5	10		12
h	2.5	3			4	4.5	5		6	
r	0.5		1		2					

对于单层卷绕卷筒,螺旋槽部分的工作长度

$$L_0 = \left(\frac{H_{\max} n}{\pi D_0} + z \right) p \ \text{mm} \qquad (16-10)$$

式中 $H_{\max}$ 为货物最大起升高度,mm;n 为滑轮组的倍率;$D_0 = D + d$ 为钢丝绳中心所在圆的直径,mm;z 为减轻钢丝绳固定处载荷的安全圈数,$z > 1.5$;p 为绳槽节距,mm。

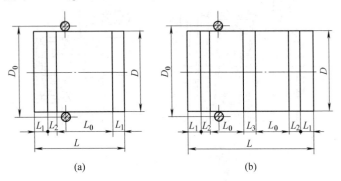

(a)　　　　　　　　　　　　(b)

图 16-9

卷筒总长度 L 可按下式计算:

单联卷筒(图 16-9a)

$$L = L_0 + 2L_1 + L_2 \ \text{mm}$$

双联卷筒(图 16-9b)

$$L = 2(L_0 + L_1 + L_2) + L_3 \ \text{mm}$$

$$(16-11)$$

式中 L_1 为卷筒端部长度,根据结构需要确定,mm;L_2 为固定钢丝绳绳头所需要的长度,一般 $L_2 \approx 3p$,mm;L_3 为动滑轮升到最高位置时,钢丝绳仍不致由绳槽中滑出所需卷筒长度,mm,$L_{3max} \leq L_4 + 2H_{min} \tan \alpha \approx L_4 + 0.2H_{min}$,$L_{3min} \geq L_4 - 2H_{min} \tan \alpha \approx L_4 - 0.2H_{min}$,如图 16-10 所示,其中 L_4 为吊钩夹套中的滑轮间距,H_{min} 为吊钩在最高位置时滑轮轴线与卷筒轴线间距离,α 为钢丝绳的最大允许偏角。

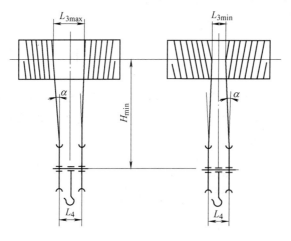

图 16-10

卷筒壁厚 δ 可按经验公式决定:

$$\left.\begin{array}{ll} \text{铸铁卷筒} & \delta = 0.02D + (6 \sim 10) \text{ mm} \\ \text{铸钢或焊接卷筒} & \delta \approx d \text{ mm} \end{array}\right\} \quad (16-12)$$

钢丝绳端部在卷筒上的固定,要安全可靠,便于检查、装拆、调整,但不能使钢丝绳折损或出现伤痕。常用的固定方法有两种:

(1)压板螺栓固定法,如图 16-8A-A 剖面所示。这一方法固定可靠,卷筒结构简单,便于调整钢丝绳长度,且易于检查,故应用最广。

(2)楔形块固定法,如图 16-11 所示。楔形块的斜度应满足自锁要求,约为 1/4~1/5。当钢丝绳的直径较细时可用这一方法。

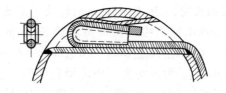

图 16 – 11

§16 – 3 吊 钩

吊钩是起重机械中最常用的取物零件。当起重量较小时采用模锻单钩,如图 16 – 12a 所示;起重量大时采用模锻双钩,如图 16 – 12b 所示。

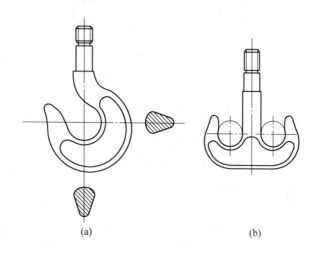

(a)   (b)

图 16 – 12

吊钩在开始起重时可能受到冲击,为了避免冲击折断,吊钩的材料应具有较大的韧性,常用 20、16Mn、20Mn 制造。在制造时要求特别仔细,它必须由一整块钢锻成,锻成后进行退火处理并清除氧化皮,然后进行检验。

锻造吊钩钩体截面一般为梯形,它的大边在内缘,小边在外缘,这样,内外两边强度接近相等,材料可以合理地利用。

吊钩尾部可制成环状或圆柱杆状。尾部为环状的吊钩往往直接固接于钢丝绳上,如图 16-13 所示。圆柱杆状尾部制有螺纹,起重量小时用三角螺纹,起重量在 50 kN 以上时常采用梯形或锯齿形螺纹。尾部有螺纹的吊钩的固接如图 16-14 所示,吊钩通过螺母和推力轴承悬挂在横梁上,螺母应有防松装置。

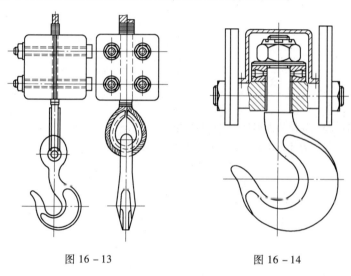

图 16-13   图 16-14

吊钩尺寸一般根据额定起重量 W 从标准规范中选取,可查阅有关机械设计手册。

习   题

16-1   有一手摇绞车,起重量 W = 19 kN,准备采用 6X(19)钢丝绳,试问钢丝绳直径需多大?

16-2   试求图示简单滑轮组的倍率和效率。如物品重量 W = 10 kN,自

由端驱动力 F 需多大？

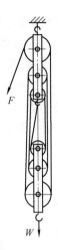

题 16 – 2 图

16 – 3　卷筒的外形尺寸应如何确定？

16 – 4　为什么吊钩一般不采用铸造方法制造？

第十七章　现代机械设计
理论方法简介

重点学习内容

1. 有限单元法的基本原理及设计步骤；
2. 微机械系统的基础知识。

§17-1　有限单元法

（一）有限单元法基本原理

随着现代工业、生产技术的发展，不断要求设计高质量、高水平、大型、复杂和高精密的机械产品或工程结构。为此目的，人们必须预先通过有效的分析计算手段，预先掌握所设计的机械产品在未来工作时所产生的应力、应变、位移分布等强度和刚度方面的信息。但由于机械的结构形状愈来愈复杂，材料的非线性性愈来愈强，采用传统的连续介质力学解析方法往往难以完成对机械产品的有效力学分析。因此，人们需要寻找一种简单精确的数值分析方法，并与计算机数值计算相结合，以完成对复杂机械或工程结构的力学分析工作。有限单元法正是为了适应这种要求而产生和发展起来的一种有效数值分析方法。

有限单元法的基本思想是在力学模型上，将一个原来连续的物体离散为由有限个单元组成的单元集合，单元之间用节点相连接，并在节点上引入等效力以代替作用于单元上的实际外力。对于每个单元,根据分块近似的思想,选择一种简单的函数来近似表示单元内的位移分布规律,并按力学原理建立单元上节点力与相应节点上位移的关系,形成单元的刚度矩阵,最后通过叠加原理,将所有单元的这种节点力与节点位移的关系集合起来,形成一组以节点位移为未知量的代数方程组,求解这组方程组即可求得物体上有限个节点上的位移量,然后利用位移与应变的关系,以及应变与应力的关系,即可求出物体中各点的应力分布规律。

有限单元的单元形式主要有杆单元(一维问题)、三角形单元(二维问题)、矩形单元(三维问题)。常用的近似位移函数多为多项式函数,最普遍的是一次函数。如图 17 – 1 就是用三角形单元离散的渐开线齿轮的离散模型。

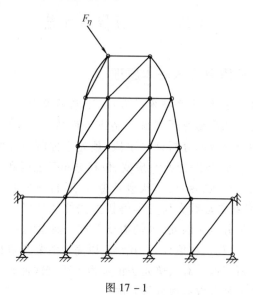

F_η

图 17 –1

有限单元法与其他数值计算方法(如有限差分法)相比主要有如下优点:

(1)理论基础简明,物理概念清晰,且可在不同的水平上建立对方法的理解,既可通过直观的物理途径理解和运用该方法,也可以为该方法建立严格的数学基础。

（2）具有灵活性和通用性,能适应各种复杂形状的物体。对非均匀材料、各向异性材料的应力分析,有限单元法也非常成功。

（3）由于有限单元法的数学运算采用矩阵代数,所以数学形式非常紧凑,特别适用于计算机存储与运算,便于程序设计的通用性和自动化。

（二）有限单元法基本步骤

为了说明有限单元法在强度应力分析中的分析计算步骤,并对有限单元法处理问题的过程有一个感性的认识,我们用一个大家熟悉的材料力学例子来说明如何确定单元的力学特性以及怎样从单元特性集合得到结构特性。

图 17-2 是一个由两根杆件组成的简单桁架。杆件的横截面面积都为 A,弹性模量为 E,长度分别为 l_1, l_2。设取每根杆件作为

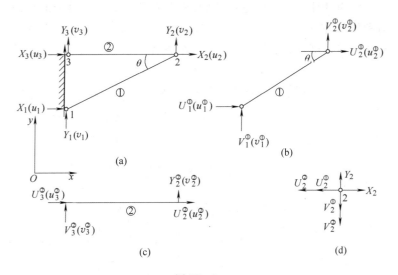

图 17-2

一个单元,各杆端部的铰链作为节点,桁架共有两个单元,三个节点。节点和单元的编号如图 17-2a。

作用在节点上的外力(包括约束反力)称为节点载荷。在载荷作用下节点位置的变动称为节点位移。图 17-2a 所示的简单桁架的节点载荷分量为 X_1、Y_1、X_2、Y_2、X_3、Y_3,桁架的节点位移分量为 u_1、v_1、u_2、v_2、u_3、v_3。

节点与单元之间的作用力称为节点力。要注意,节点力和节点载荷不要相混淆,节点力是内力,节点载荷是外力。节点力要看是哪个单元与哪个节点相作用而确定。

现在来确定单元①的节点力与节点位移的关系。

图 17-2b 中 $U_1^{①}$、$V_1^{①}$、$U_2^{①}$、$V_2^{①}$ 分别为节点 1 和节点 2 施于单元①的节点力沿坐标轴 x 和 y 方向的分量,$u_1^{①}$、$v_1^{①}$、$u_2^{①}$、$v_2^{①}$ 分别为节点 1 和节点 2 的位移沿 x 和 y 方向的分量。这里上标表示单元的号码,下标表示节点的号码(下同)。节点载荷、节点力和节点位移均设与坐标轴正方向一致为正。

因为杆件在节点处是铰接的,不存在节点力矩。每个节点的力和位移各有两个分量,即每个节点具有两个自由度,整个单元共有四个自由度,因此需要用以下四个方程来描述它的力——位移关系:

$$
\begin{cases}
U_1^{①} = k_{11}u_1^{①} + k_{12}v_1^{①} + k_{13}u_2^{①} + k_{14}v_2^{①} \\
V_1^{①} = k_{21}u_1^{①} + k_{22}v_1^{①} + k_{23}u_2^{①} + k_{24}v_2^{①} \\
U_2^{①} = k_{31}u_1^{①} + k_{32}v_1^{①} + k_{33}u_2^{①} + k_{34}v_2^{①} \\
V_2^{①} = k_{41}u_1^{①} + k_{42}v_1^{①} + k_{43}u_2^{①} + k_{44}v_2^{①}
\end{cases}
\tag{17-1}
$$

采用矩阵记号写成

$$
\begin{pmatrix} U_1^{①} \\ V_1^{①} \\ U_2^{①} \\ V_2^{①} \end{pmatrix} =
\begin{pmatrix}
k_{11} & k_{12} & k_{13} & k_{14} \\
k_{21} & k_{22} & k_{23} & k_{24} \\
k_{31} & k_{32} & k_{33} & k_{34} \\
k_{41} & k_{42} & k_{43} & k_{44}
\end{pmatrix}
\begin{pmatrix} u_1^{①} \\ v_1^{①} \\ u_2^{①} \\ v_2^{①} \end{pmatrix}
\tag{17-2}
$$

简写为

$$\boldsymbol{R}^{①} = \boldsymbol{k}^{①}\boldsymbol{\delta}^{①} \qquad (17-3)$$

式中

$$\boldsymbol{\delta}^{①} = (\ u_1^{①} \quad v_1^{①} \quad u_2^{①} \quad v_2^{①}\ )^{\mathrm{T}}$$

$$\boldsymbol{R}^{①} = (\ U_1^{①} \quad V_1^{①} \quad U_2^{①} \quad V_2^{①}\ )^{\mathrm{T}}$$

分别称为单元①的节点位移列阵和节点力列阵;$\boldsymbol{k}^{①}$ 称为单元①的刚度矩阵,它的元素 $k_{ij}(i,j=1,2,3,4)$ 称为刚度系数。

k_{ij} 的物理意义表示由于 j 自由度方向产生单位位移,其余自由度方向的位移全为零时 i 自由度方向所需施加的力。

例如刚度矩阵 $\boldsymbol{k}^{①}$ 中的第一列各系数的物理意义说明如下:

若令(17-1)各式中

$$u_1^{①} = 1$$

$$v_1^{①} = u_2^{①} = v_2^{①} = 0$$

则得

$$U_1^{①} = k_{11} \quad V_1^{①} = k_{21} \quad U_2^{①} = k_{31} \quad V_2^{①} = k_{41}$$

它们表示,当节点 1 沿 x 方向产生单位位移,而同时约束住单元①的所有其余的节点位移时,各节点施于单元①上的力(图 17-3)。这些力组成一个平衡力系,它们表示单元①抵抗位移 $u_1^{①}$ 的刚度。这些力很容易由材料力学知识求得。

当位移 $u_1^{①} = 1$,其余节点位移都等于零时,单元的长度将缩短 $\Delta l_1 = \cos\theta$,于是需要轴向压力为 $\dfrac{EA}{l_1} \cdot \Delta l_1 = \dfrac{EA\cos\theta}{l_1}$,这就是节点 1 作用于单元①上的力,它在 x 和 y 方向的分量分别是

$$k_{11} = \frac{EA}{l_1}\cos^2\theta$$

$$k_{21} = \frac{EA}{l_1}\cos\theta\sin\theta$$

对于节点 2 作用于单元①上的力,它的大小与之相等而方向相反,即

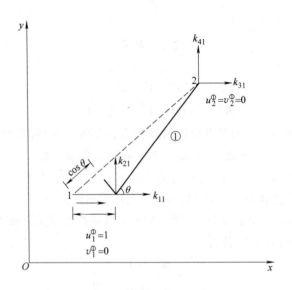

图 17 – 3

$$k_{31} = -\frac{EA}{l_1}\cos^2\theta$$

$$k_{41} = -\frac{EA}{l_1}\cos\theta\sin\theta$$

继续对位移 $v_1^{①}$、$u_2^{①}$、$v_2^{①}$ 作类似的分析,便可得到 $k^{①}$ 中其他各列的元素。将所有的结果汇集在一起,得到

$$\begin{pmatrix} U_1^{①} \\ V_1^{①} \\ U_2^{①} \\ V_2^{①} \end{pmatrix} = \frac{EA}{l_1} \begin{pmatrix} \cos^2\theta & \cos\theta\sin\theta & -\cos^2\theta & -\cos\theta\sin\theta \\ \cos\theta\sin\theta & \sin^2\theta & -\cos\theta\sin\theta & -\sin^2\theta \\ -\cos^2\theta & -\cos\theta\sin\theta & \cos^2\theta & \cos\theta\sin\theta \\ -\cos\theta\sin\theta & -\sin^2\theta & \cos\theta\sin\theta & \sin^2\theta \end{pmatrix} \times$$

$$\begin{pmatrix} u_1^{①} \\ v_1^{①} \\ u_2^{①} \\ v_2^{①} \end{pmatrix} \tag{17 – 4}$$

单元①的刚度矩阵是

$$
\boldsymbol{k}^{①} = \frac{EA}{l_1} \begin{pmatrix} \cos^2\theta & \cos\theta\sin\theta & -\cos^2\theta & -\cos\theta\sin\theta \\ \cos\theta\sin\theta & \sin^2\theta & -\cos\theta\sin\theta & -\sin^2\theta \\ -\cos^2\theta & -\cos\theta\sin\theta & \cos^2\theta & \cos\theta\sin\theta \\ -\cos\theta\sin\theta & -\sin^2\theta & \cos\theta\sin\theta & \sin^2\theta \end{pmatrix}
$$

$$(17-5)$$

同理(只要在式(17-4)中令 $\theta = \pi, l_1 = l_2$),可求得作用于单元②的节点力和节点位移的关系如下

$$
\begin{pmatrix} U_2^{②} \\ V_2^{②} \\ U_3^{②} \\ V_3^{②} \end{pmatrix} = \frac{EA}{l_2} \begin{pmatrix} 1 & 0 & -1 & 0 \\ 0 & 0 & 0 & 0 \\ -1 & 0 & 1 & 0 \\ 0 & 0 & 0 & 0 \end{pmatrix} \begin{pmatrix} u_2^{②} \\ v_2^{②} \\ u_3^{②} \\ v_3^{②} \end{pmatrix}
$$

$$(17-6)$$

简写成

$$
\boldsymbol{R}^{②} = \boldsymbol{k}^{②} \boldsymbol{\delta}^{②} \qquad (17-7)
$$

式中, $\boldsymbol{k}^{②}$ 是单元②的刚度矩阵, $\boldsymbol{\delta}^{②}$、$\boldsymbol{R}^{②}$ 分别是单元②的节点位移列阵和节点力列阵。再次提醒注意,这里的上标代表单元号码。

$$
\boldsymbol{k}^{②} = \frac{EA}{l_2} \begin{pmatrix} 1 & 0 & -1 & 0 \\ 0 & 0 & 0 & 0 \\ -1 & 0 & 1 & 0 \\ 0 & 0 & 0 & 0 \end{pmatrix}
$$

$$(17-8)$$

在单元分析的基础上,由单元的力-位移关系,加以集合便可得到结构的力-位移关系,即结构的节点载荷与节点位移间的关系。方程组(17-4)和(17-6)是桁架被离散后的两个单元的节点力-节点位移方程,虽然它们在形式上并无直接的联系,然而在杆件单元重新组合成整体桁架后,在载荷作用下,桁架是平衡的,位移也是协调的。这两个条件反映在单元的连接点上,作用于节

点上的节点载荷和节点力应满足平衡条件,同时,在单元连接点处的节点位移,也应满足位移的协调条件。这样,单元与整体结构间的力学特性就被联系起来了。

图 17 – 2 中结构的节点位移分量 u_1、v_1、u_2、v_2、u_3、v_3 和单元节点位移分量 $u_1^{①}$、$v_1^{①}$、$u_2^{①}$、$v_2^{①}$、$u_3^{①}$、$v_3^{①}$(其中上标 $i = 1$ 或 2 表示单元的号码)之间的协调关系为

$$\begin{cases} u_1 = u_1^{①} & v_1 = v_1^{①} \\ u_2 = u_2^{①} = u_2^{②} & v_2 = v_2^{①} = v_2^{②} \\ u_3 = u_3^{②} & v_3 = v_3^{②} \end{cases} \qquad (17-9)$$

又根据各节点的平衡条件,例如将节点 2 单独取出,图 17 – 2d 表示节点 2 在节点载荷 X_2、Y_2 和单元①、②施加给它的节点力分量 $U_2^{①}$、$V_2^{①}$ 及 $U_2^{②}$、$V_2^{②}$(其大小与两单元的对应的节点力分量相等,方向则相反)作用下处于平衡状态。

由平衡条件

$$\sum X = 0 \text{ 得 } X_2 = U_2^{①} + U_2^{②} \qquad (17-10a)$$

$$\sum Y = 0 \text{ 得 } Y_2 = V_2^{①} + V_2^{②} \qquad (17-10b)$$

展开方程组(17 – 4),取其第 3、4 两方程和展开方程组(17 – 6),取其 1、2 两方程,分别代入(a)和(b)式,并将位移协调关系(17 – 9)代入,得到节点 2 的两个平衡方程:

$$X_2 = U_2^{①} + U_2^{②} = \frac{EA}{l_1}(-\cos^2\theta u_1 - \cos\theta\sin\theta v_1 + \cos^2\theta u_2 +$$

$$\cos\theta\sin\theta v_2) + \frac{EA}{l_2}(u_2 - u_3)$$

$$Y_2 = V_2^{①} + V_2^{②} = \frac{EA}{l_1}(-\cos\theta\sin\theta u_1 - \sin^2\theta v_1 + \cos\theta\sin\theta u_2 +$$

$$\sin^2\theta v_2)$$

类似地,可得到节点 1、3 的两组方程,将它们汇集后就得到如下整体桁架的六个节点载荷 – 节点位移方程:

$$\begin{cases} X_1 = U_1^{①} = \dfrac{EA}{l_1}(\cos^2\theta u_1 + \cos\theta\sin\theta v_1 - \cos^2\theta u_2 - \cos\theta\sin\theta v_2) \\[2mm] Y_1 = V_1^{①} = \dfrac{EA}{l_1}(\cos\theta\sin\theta u_1 + \sin^2\theta v_1 - \cos\theta\sin\theta u_2 - \sin^2\theta v_2) \\[2mm] X_2 = U_2^{①} + U_2^{②} = \dfrac{EA}{l_1}(-\cos^2\theta u_1 - \cos\theta\sin\theta v_1 + \cos^2\theta u_2 + \cos\theta\sin\theta v_2) \\[2mm] \qquad\qquad + \dfrac{EA}{l_2}(u_2 - u_3) \\[2mm] Y_2 = V_2^{①} + V_2^{②} = \dfrac{EA}{l_1}(-\cos\theta\sin\theta u_1 - \sin^2\theta v_1 + \cos\theta\sin\theta u_2 + \sin^2\theta v_2) \\[2mm] X_3 = U_3^{②} = \dfrac{EA}{l_2}(-u_2 + u_3) \\[2mm] Y_3 = V_3^{②} = 0 \end{cases} \tag{17-10}$$

这些方程就是结构的力 - 位移关系。写成矩阵形式,有

$$\begin{pmatrix} X_1 \\ Y_1 \\ X_2 \\ Y_2 \\ X_3 \\ Y_3 \end{pmatrix} = EA \begin{pmatrix} \cos^2\theta/l_1 & \cos\theta\sin\theta/l_1 & -\cos^2\theta/l_1 & -\cos\theta\sin\theta/l_1 & 0 & 0 \\ \cos\theta\sin\theta/l_1 & \sin^2\theta/l_1 & -\cos\theta\sin\theta/l_1 & -\sin^2\theta/l_1 & 0 & 0 \\ -\cos^2\theta/l_1 & -\cos\theta\sin\theta/l_1 & \cos^2\theta/l_1 + \dfrac{1}{l_2} & \cos\theta\sin\theta/l_1 & -\dfrac{1}{l_2} & 0 \\ -\cos\theta\sin\theta/l_1 & -\sin^2\theta/l_1 & \cos\theta\sin\theta/l_1 & \sin^2\theta/l_1 & 0 & 0 \\ 0 & 0 & -\dfrac{1}{l_2} & 0 & \dfrac{1}{l_2} & 0 \\ 0 & 0 & 0 & 0 & 0 & 0 \end{pmatrix} \times$$

$$\begin{pmatrix} u_1 \\ v_1 \\ u_2 \\ v_2 \\ u_3 \\ v_3 \end{pmatrix} \tag{17-11}$$

或简写成

$$R = K\delta \tag{17-12}$$

这就是有限单元法所要建立的基本方程,也称整体刚度方程。式中 R 为作用在节点上的载荷(包括反力)组成的列阵,称为载荷列阵; δ 是由基本未知量节点位移所组成的列阵;矩阵 K 称为结构的整体刚度矩阵,由式(17-11)可知:

$$K = EA \begin{pmatrix} \cos^2\theta/l_1 & \cos\theta\sin\theta/l_1 & -\cos^2\theta/l_1 & -\cos\theta\sin\theta/l_1 & 0 & 0 \\ \cos\theta\sin\theta/l_1 & \sin^2\theta/l_1 & -\cos\theta\sin\theta/l_1 & -\sin^2\theta/l_1 & 0 & 0 \\ -\cos^2\theta/l_1 & -\cos\theta\sin\theta/l_1 & \cos^2\theta/l_1+\dfrac{1}{l_2} & \cos\theta\sin\theta/l_1 & -\dfrac{1}{l_2} & 0 \\ -\cos\theta\sin\theta/l_1 & -\sin^2\theta/l_1 & \cos\theta\sin\theta/l_1 & \sin^2\theta/l_1 & 0 & 0 \\ 0 & 0 & -\dfrac{1}{l_2} & 0 & \dfrac{1}{l_2} & 0 \\ 0 & 0 & 0 & 0 & 0 & 0 \end{pmatrix}$$

$$\tag{17-13}$$

建立整体刚度矩阵是运用有限单元法解题的核心内容,一旦建立了整体刚度矩阵 K 和载荷列阵 R,就等于列出了有限单元法的基本方程。结构的整体刚度矩阵是由单元刚度矩阵叠加组成的。从(17-13)式可以看出,其中左上方虚线划出的正是单元①的刚度矩阵,右下方虚线划出的正是单元②的刚度矩阵,而两个长方形重叠部分中的元素,则是同位置上两个单元刚度矩阵的元素之和。因此,建立整体刚度矩阵的问题,又回到先要分析单元的特性,先求出单元的刚度矩阵。

结构的整体刚度矩阵具有许多特性:

(1)它是一个对称矩阵,且主对角线上的元素 k_a 总是正的,否则,作用力的方向与由它引起的对应位移的方向相反,这是不合理的。

(2)它是一个奇异矩阵,即矩阵 K 的对应行列式 $|K|$ 的值等于零。这可以从行列式的性质得到证明,其物理原因是结构的几何约束尚未设置,可能产生刚体位移。只有加上几何边界条件(即

位移边界条件),对刚度矩阵加以修改,排除刚体位移后,才能解出唯一的全部位移分量。

通过这一简单的例子,说明了刚度矩阵的物理意义以及从单元刚度矩阵集合成整体刚度矩阵的概念。这些带有普遍性,可以推广到连续体问题中去。

(三)有限单元法分析过程的总结

对于一般连续体,有限单元法分析的过程可以归纳为四个部分。

1. 结构的离散化(即划分网络),建立计算模型

上面已经提到,连续体的有限单元法可以通俗地看作是在力学模型上进行的一种近似的计算方法。而这个近似的计算模型就是原结构的离散化模型,它是由若干个尺寸有限的单元在有限个节点上相互连接而成的。这个离散化模型的型式与单元的形状、数目、大小、布置及节点的连接条件等因素有关。例如对平面问题,最简单的离散化模型是由许多三节点的三角形单元在节点处彼此铰接而成,各单元在边界上是不相联系的。图 17 - 4 是平面

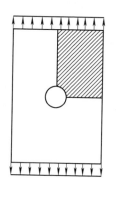
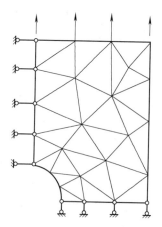

图 17 - 4

薄板的离散化模型。

当然,这样的离散模型与原来的连续体有很大的近似。但是,如果单元内部有合理的变形形式来保证单元之间位移的协调性,将单元细分到一定程度时,就会得到令人满意的结果。

2. 单元分析

在位移法中,我们以节点位移为基本未知量。单元分析的任务就是要建立单元节点力–节点位移的关系(也称单元刚度方程),即

$$R^e = K\delta^e$$

其步骤可用框图表示如下:

单元分析的主要工作有:

(1)选择位移模式

在结构的离散化完成以后,就可以对典型单元进行特性分析。在分析连续体问题时,为了能用节点位移来表示单元内任意一点处的位移、应变和应力,必须对单元内位移的分布作一定的假设,也就是假设位移是坐标的某种简单的函数,这种函数称为位移模式或位移函数。

位移函数的适当选择是有限单元法中的关键。在有限单元法的应用中,普遍地选择多项式作为位移模式。根据所选定的位移模式,就可以导出用节点、位移表示单元内任意一点位移的关系式,其矩阵形式是

$$f = N\delta^e \qquad\qquad (a)$$

式中 f 为单元内任意一点的位移列阵;δ^e 为单元的节点位移列阵;N 称为形函数矩阵,它的元素是计算点的位置坐标的函数。

(2)分析单元的力学特性

利用几何方程,由位移表达式(a)导出用节点位移表示单元应

变的关系式

$$\boldsymbol{\varepsilon} = \boldsymbol{B}\boldsymbol{\delta}^e \qquad\qquad (\text{b})$$

式中 $\boldsymbol{\varepsilon}$ 是单元内任意一点的应变列阵，$\boldsymbol{B}$ 是应变矩阵。

利用物理方程，由应变的表达式(b)导出用节点位移表示单元应力的关系式

$$\boldsymbol{\sigma} = \boldsymbol{D}\boldsymbol{B}\boldsymbol{\delta}^e = \boldsymbol{S}\boldsymbol{\delta}^e \qquad\qquad (\text{c})$$

式中 $\boldsymbol{\sigma}$ 是单元内任意一点的应力列阵，$\boldsymbol{D}$ 是与单元材料性质有关的弹性矩阵，$\boldsymbol{S} = \boldsymbol{D}\boldsymbol{B}$ 称为应力矩阵。

利用虚功原理建立作用于单元上的节点力和节点位移之间的关系式，即单元的刚度方程

$$\boldsymbol{R}^e = \boldsymbol{k}\boldsymbol{\delta}^e \qquad\qquad (\text{d})$$

式中 $\boldsymbol{k}$ 称为单元刚度矩阵

$$\boldsymbol{k} = \iiint \boldsymbol{B}^{\mathrm{T}} \boldsymbol{D} \boldsymbol{B} \,\mathrm{d}x\mathrm{d}y\mathrm{d}z \qquad\qquad (\text{e})$$

（3）计算等效节点力

结构经过离散化后，假定力是通过节点从一个单元传递到另一个单元的，但是作为实际的连续体，力是从单元的公共边界传递到另一个单元的。因而，这种作用在单元边界上的表面力以及作用在单元上的体积力、集中力等都需要等效移置到节点上去，也就是用等效的节点力来替代所有作用在单元上的力。移置的方法是按照作用在单元上的力与等效节点力，在任何虚位移上的虚功都相等的原则（虚功等效）进行的。

3. 整体分析，即集合所有单元的刚度方程，建立整个结构的刚度方程

这个集合过程包括两个方面：一是由单元刚度矩阵 $\boldsymbol{k}$ 集合成整体刚度矩阵 $\boldsymbol{K}$；二是将作用于各单元的等效节点力列阵 $\boldsymbol{R}^e$ 集合成总的载荷列阵 $\boldsymbol{R}$。于是可得整个结构的刚度方程

$$\boldsymbol{R} = \boldsymbol{K}\boldsymbol{\delta} \qquad\qquad (\text{f})$$

式中 δ 为整个结构的节点位移列阵。这些方程在考虑了位移边界条件并作适当的处理之后就可解出所有的未知结点位移。

4. 计算应力

从求出的整体节点位移列阵 δ 中,逐个单元地取出该单元的节点位移列阵 δ^e,代回公式(c),就可以求出各个单元任意点的应力。

以上简单介绍了有限单元法解题的梗概,以便于大家对有限单元法建立一个完整的概念,进一步的讨论可参考有关文献。

（四）国外有限单元法通用程序简介

有限单元法在机械、土木、造船、航空等工程设计领域得到了成功的应用,从 20 世纪 70 年代起,国外相继研发出了实用的通用有限单元法分析程序。这些通用程序的研发成功,大大提高了机械设计的质量,缩短了设计周期,成为产品更新的有力工具,并推动了计算机辅助设计和优化设计的发展。

经过多年的实践与应用,目前国内外比较流行的通用有限单元分析软件系统主要有:ADINA、ANSYS、SAP、ASKA 等,各软件系统的适用范围见表 17 - 1。

表 17 - 1　程序系统分析范畴

程序名＼分析范畴	非线性分析	塑性分析	断裂力学	热应力和蠕变	厚板厚壳	管道系统	船舶结构	焊接接头	粘弹性材料	结构优化	热传导	薄板薄壳	复合材料	结构稳定	桥和格子板	气动弹性力学
ADINA(和 ADINAT)	0	0		0	0		0				0	0				
ANSYS	0	0	0	0	0	0	0	0		0		0	0		0	
ASKA	0	0		0	0		0		0			0	0			
BERSAFE	0	0	0	0	0							0				

分析范畴　　程序名	非线性分析	塑性分析	断裂力学	热应力和蠕变	厚板厚壳	管道系统	船舶结构	焊接接头	粘弹性材料	结构优化	热传导	薄板薄壳	复合材料	结构稳定	桥和格子板	气动弹性力学
BOSOR							0					0		0		
ELAS					0							0				
MARC	0	0	0	0	0			0	0		0	0				
NASTRAN	0			0	0	0	0					0	0			0
NONSAP	0	0									0					
PAFEC		0					0			0	0					
SAP					0	0	0									
STARDYNE							0				0	0				
STRUDL（和 DYNAL）							0			0	0	0			0	

对机械工程比较适用的程序系统分别介绍如下。

ANSIS 程序　是国外最受用户欢迎的程序之一。它的功能较全,除结构分析外,还能处理温度场、断裂力学、塑性等问题,并具有较好的数据处理和绘图功能。

MARC 程序　专门处理材料非线性和蠕变问题,对有温度的结构较适用。

ADINA 和 ADINAT 程序　是一个功能比较齐全、单元类型较多的非线性分析和温度分析程序。可以处理弹塑性、几何非线性、温度分析、流场、热弹性、热弹塑性等方面的问题。

SAP 程序　比较灵活,便于发展,动力分析功能较好,可以利用它的部分模块改造成专用程序,进而进行计算机辅助设计。

§17-2　微机电系统的设计理论及方法简介

(一) MEMS 和微系统概述

随着科学技术的发展,机械产品向着愈来愈微型化的方向发展,同时机械产品与电子技术的融合也愈来愈紧密,在这种背景下,发展形成了所谓的 MEMS 系统产品。MEMS 一词是微机电系统(microelectromechanical system)的英文缩写,MEMS 产品的尺寸从毫米(mm)级至微米(μm)级($1\ \mu m = 10^{-6}\ m$),甚至到纳米(nm)级($1\ nm = 10^{-9}\ m$)。

在过去的 20 年间,经过各国科学家与工程师的不断努力,已开发出了许多实用的 MEMS 产品,如硅齿轮传动机构,其尺寸为微米级,微型马达其转子直径只有 $700\ \mu m$,还有微型传感器等产品。由于 MEMS 的尺寸不断缩小,其尺寸甚至可能达到纳米级,显然传统的机械加工工艺,如车、磨、锻、铸、焊等已不可能运用于 MEMS 器件的加工,而取而代之的是一些通过化学或物理腐蚀、光刻、离子注入、化学气相沉积、物理气相沉积、激光辐射等先进的微加工技术。除了加工技术与传统机械加工有本质区别外,MEMS 产品的设计加工所涉及的科学领域更广,学科交叉性更强。

(1) 电化学

利用电化学的电解原理,对 MEMS 器件的基底材料进行离子化,电化学还是设计 MEMS 中的化学传感器的基础。

(2) 电液动力学

电液动力学原理被用于 MEMS 中微管道、导管中驱动流体流动。

(3) 分子生物学

分子生物学原理被用于生物医学 MEMS 器件和生物传感器的设计和加工。

（4）等离子体物理学

利用等离子体物理学原理产生等离子体，等离子体状态是腐蚀、沉积等微加工技术所需要的。

（5）量子物理学（量子力学）

利用量子力学对微观层次下的物质的物理行为建模。

目前，MEMS产品已在如下领域得到了实际应用：

（1）汽车工业

为了使汽车的行驶更安全、驾驶更舒适、发动机燃烧效率更高、排放废气更少，汽车制造企业广泛使用各种微型传感器和微型驱动器，使汽车的智能化程度愈来愈高。如利用微加速传感器控制安全气囊的展开。利用位置微型传感器控制制动防抱死系统。利用微型压力传感器进行废气排放的分析与控制。

（2）医学保健

血管重建术压力传感器，此传感器进入血管后用于监测充气囊的内压力。

输液泵压力传感器，此传感器用于控制静脉内流体的流动，并允许几种药物混合在一个流体管道内。

（3）工业产品

液压系统传感器，喷漆传感器，加热、通风和空调系统中的传感器等工业产品均为MEMS产品。

（4）日用消费产品

智能玩具、数字轮胎压力表、控制液面的洗衣机、带自动软垫控制的运动鞋等日用消费品也大量运用微机电技术。

总之，随着对微机电系统研究的不断深入，MEMS产品将会在更多的领域得到更好的应用。

（二）微系统的工作原理

上一小节我们概括介绍了MEMS产品，使我们对MEMS产品有了一个初步的了解，下面我们将要介绍一些典型的MEMS产品的工作原理。了解这些产品的工作原理可以使我们对新的 MEMS 产品的设计和制造更具有洞察力,从而提高开发 MEMS 新产品的能力。

1. 微传感器

微传感器是当今应用最广的 MEMS 产品。根据 Madou 的定义:传感器是将能量从一种形式转换成另一种形式,并针对可测量的输入为用户提供一种可用的能量输出的器件。例如压力传感器将薄膜变形能转换为电能(信号)输出。一般微传感器是由传感元件和相应的信号处理硬件组成,如图 17 – 5。

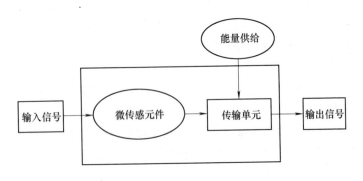

图 17 – 5

传感器可测量很多的物理量,下面我们将主要介绍在机械中常用的微传感器的工作原理。

(1)微压力传感器

大多数微压力传感器都是基于由被测压力引起的薄膜机械变形和产生变形应力的原理,机械效应产生的薄膜变形和变形应力可通过不同方法将其转化为电信号输出。

微压力传感器分为绝对压力传感器和计量压力传感器。绝对压力传感器在压力薄膜一侧有一个真空腔,被测压力是以真空为参考压力的“绝对”值。如图 17 – 6。计量压力传感器不需要真空。

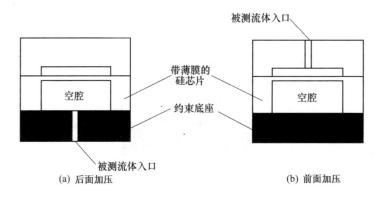

图 17 - 6

如图 17 - 6 所示,传感单元是由薄硅片组成,其尺寸从几微米至几毫米,硅片的一侧用微制造技术刻上一个空腔,空腔上部形成了一个尺寸在几微米至几十微米的薄膜。当被测流体从入口进入空腔中,流体的压力使薄膜发生变形,薄膜的变形可以通过不同的方式转化成电信号输出。微压力传感器中的信号转换可以有不同的形式,它取决于对传感器的灵敏度和精度的要求。下面介绍一种常用的方式——电容转换方式。

图 17 -7 表示了一个利用电容的改变来测量压力的微压力传感单元,两片用薄金属片做成的电极分别附着在上盖的底部和薄膜的顶部。由外界压力导致的任何薄膜变形都会使两电极的间距变窄,从而改变它们之间的电容值,这种方法的优点是与工作温度相对无关。两平行板间的电容值 C 与两平行板间的间距 d 之间的关系为

$$C = \varepsilon_r \varepsilon_0 = \frac{A}{d}$$

ε_r 是两平板间绝缘介质的相对介电常数;ε_0 是真空介电常数,$\varepsilon_0 = 8.85 \text{ PF/m}(1 \text{ PF} = 1 \text{ 皮法} = 10^{-12}\text{F})$,几种常见物质的相对介电常数见表 17 -2。

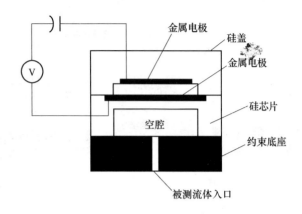

图 17 - 7

表 17 - 2　某些介质的相对介电常数 ε_r

材　　料	相对介电常数
空气	1.0
纸	2 ~ 3
陶瓷	6 ~ 7
云母	3 ~ 7
变压器油	4.5
水	80
硅	12
耐热玻璃	4.7

当两平行板发生变形时,电容的改变量可通过简单的电路来测量,如图 17 - 8。

电容的变化量 ΔC 可通过输出电压 V_0 推算出。V_0 与 ΔC 的关系为

$$V_0 = \frac{\Delta C \cdot V_{in}}{2(2C + \Delta C)}$$

C 是图 17 - 8 中的其他电容器的电容值,ΔC 为电容的变化量,V_{in} 为加在电桥中的常值电压。

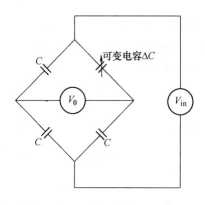

图 17 - 8

（2）热电偶传感器

热电偶传感器是测量热的最常用传感器,其工作原理是依靠两个不同的金属线末端产生的电动势,对两个导线的节点处进行加热,节点处产生的电动势见图 17 - 9(a)。

由于加热使节点处的温度升高,导致产生了电动势或电压,这

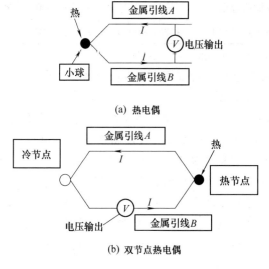

(a) 热电偶

(b) 双节点热电偶

图 17 - 9

些金属线和连接可以通过微加工技术做成很小的尺寸,在热电偶电路中另加一个节点如图17-9(b),并使其温度不同于其他节点的温度,这样在电路中就可以产生一个温度差。电路中的电压 V 与温度差 ΔT 的关系为

$$V = \beta \cdot \Delta T$$

其中 β 为塞贝克系数,ΔT 为冷、热节点间的温度差。一般将冷节点的温度保持为常数,如将冷节点浸入冰水中使其保持0℃。常见的热电偶材料的塞贝克系数见表17-3。

表17-3 常用热电偶的热电系数

类型	材　料	热电系数/(μV/℃)	适用范围/℃	适用范围/mV
E	铬/铜镍合金	58.70(0℃)	-270~1 000	-9.84~76.36
J	钢/铜镍合金	50.37(0℃)	-210~1 200	-8.10~69.54
K	铬/氧化铝	39.48(0℃)	-270~1 372	-6.55~54.87
R	铂(10%)-Rh/Pt	10.19(600℃)	-50~1 768	-0.24~18.70
T	铜/铜镍合金	38.74(0℃)	-270~400	-6.26~20.87
S	Pt(13%)-Rh/Pt	11.35(600℃)	-50~1 768	-0.23~21.11

引自机械工程[1998]CRC手册。

通过测量电压 V 可推算出 ΔT,从而推算出热节点处的温度。

2. 微驱动产品

微驱动产品在涉及运动的微型系统中是十分重要的产品,微驱动产品的定义是"用来移动或控制物体的微机械器件"。在微型系统中常用的驱动原理有①热力;②静电力;③形状记忆合金;④压电晶体。一般将微驱动装置称为"致动器",设计致动器的要求是在动力源的驱动下能完成需要的动作。传统的电磁力驱动原理不适合微型机电系统,因为在微米甚至纳米级尺度下,几乎没有安装电磁线圈的空间,因此在 MEMS 中需要开发其他方式的驱动力。

(1)热力驱动

双金属片致动器就是采用热力驱动的。如图 17 – 10,将两片热膨胀系数不同的金属片粘合在一起,当加热或冷却时,由于热膨胀系数的不同,双金属片就会弯曲,当热源消失后,它又恢复至原状,如微型夹具和微型阀门就是采用这种致动器来控制的。

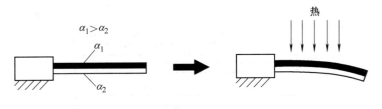

图 17 – 10

（2）形状记忆合金驱动

利用具有形状记忆功能的合金如钛镍等制成微致动器,能更精确、高效地进行控制,在预设的温度 T 下,这类合金具有恢复原来形状的能力,如图 17 – 11。

图 17 – 11

将预设温度 T 下具有形状记忆功能的合金片附着在硅制成的悬臂梁上,在常温下梁是直的,当加热至 T 时,合金的"记忆"功能被唤醒,合金将恢复"记忆"中的弯曲形状,并迫使硅梁弯曲变形,从而达到致动的效果,这种致动方式被广泛地应用于微型关节、微型机器人等 MEMS 产品中。

（3）压电晶体驱动

在自然界中,一些晶体（如石英）在电压作用下会自然产生变形,反之,在外力作用下也会产生电压。如图 17 - 12,将一片压电晶体安装在微致动器的一根硅梁上,在压电晶体上加电压使其产生变形,导致硅梁的弯曲。压电晶体致动器在微型定位机构和微型夹具等 MEMS 产品中得到了广泛的应用。

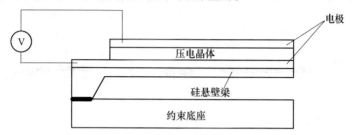

图 17 - 12

（4）静电力驱动

由电学中的库仑定律可知,在两电荷之间存在电场 E,而电场将产生静电力 F,异号电荷产生吸力,同号电荷产生斥力,利用这种静电力作为驱动力产生致动效应。

下面介绍几种利用上述原理制成的 MEMS 器件产品。

（1）微型夹钳

带电平行金属板产生的静电力可以用作夹持物体的驱动力,如图 17 - 13(a)为夹持力由法向力提供,图 17 - 13(b)所示结构的夹持力由相互错开的平板平面内作用力提供。

（2）微型阀

微型阀主要用于要求对气体进行精密控制的工业系统或生物医学领域,如控制动脉中血液的流动。如图 17 - 14 是一种利用热驱动原理制成的微型阀,两个贴在硅薄膜顶部的电阻环加热导致一个向下的运动,从而关闭流体通道,当热散去后,硅膜恢复原状,打开通道允许流体流过。硅膜厚度可制成 10 μm 厚,加热环厚度约为 5 μm。

（3）微型泵

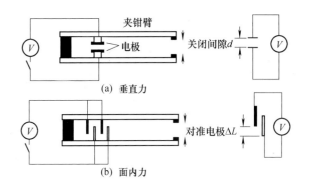

(a) 垂直力

(b) 面内力

图 17 – 13

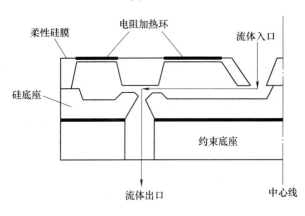

图 17 – 14

　　一个简单的微型泵可由静电驱动薄膜构成,如图 17 – 15 所示。将可变形的硅薄膜制成电容的一个电极,通过在电极上施加电压可驱动它的上电极变形,硅薄膜向上的运动增加了泵腔的体积,使腔中的压力下降,从而导致输入阀门开启,使流体流入腔中,然后关闭电极之间的电压,薄膜恢复原状,使泵腔体积减小,导致腔中残留流体的压力增大。当残留流体的压力达到设计值时,流出阀门开启,使流体流出,这样就完成了泵的一个工作过程。

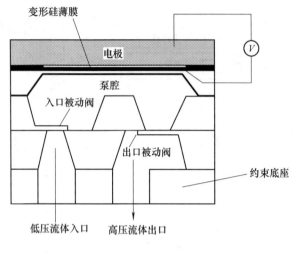

图 17 - 15

（三）微系统加工工艺

微系统器件的加工工艺是从微电子加工中发展起来的,它与传统的机械加工工艺是完全不同的,要设计一个高性能的 MEMS 产品,了解微加工工艺是非常重要的。下面简单介绍几种常用的微加工工艺。

1. 光刻

微系统中一般均会涉及三维结构的图形问题,目前光刻是唯一可在微尺度下进行高精度几何形状图形化的工艺。根据定义,光刻是利用光成像和光敏胶膜在基底材料上图形化的工艺。

光刻的工艺过程如图 17 - 16。

从左上方基底开始,基底材料一般为单晶硅,在基底表面附置一层光刻胶,然后让一束光通过绘有预定图案的掩模版中透明的部分,并在带有光刻胶的基底上曝光。掩模版一般由石英制成,其上的图案是在宏观尺度下绘制经缩小而成。当光照后,光刻胶会改变其溶解性,光照后易溶解的称为正胶,反之,处于阴影处更易

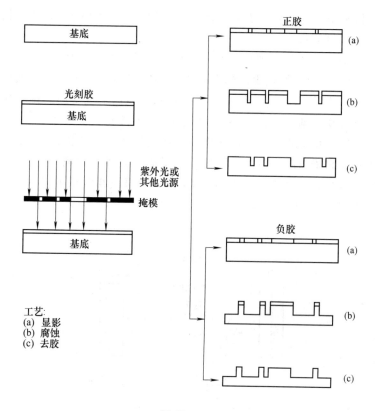

图 17 - 16

溶解的称为负胶。当已曝光的基底经溶剂处理后,这两种光刻胶具有相反的效应,原来的光刻胶材料经处理后(图 17 - 16a)产生原版的图案,处于阴影中的光刻胶的基底材料被保护下来(图 17 - 16b)。在除去光刻胶后,在基底上就产生了一个永久性的图案。

2. 化学气相沉积

在基底表面或 MEMS 器件上沉积一层薄膜是微系统制造中一种必需的手段。构成薄膜的材料主要有铝、银、金、钛、钨等金属材料,还包括一些具有形状记忆功能的合金材料,如 NiTi 合金。实现沉积薄膜的工艺方法主要有化学气相沉积法(CVD)和物理气相沉积法(PVD)。

CVD 的工作原理是带有扩散反应物的气体(称为载体气)流过热固体表面时,热表面的温度提供的能量将引起气体中扩散反应物的化学反应,这种化学反应将在固体表面形成薄膜。排除化学反应物的副产品后,预想的沉积薄膜就在基底表面形成了。

PVD 的原理是通过高压电使载体气产生等离子体,等离子体中的正离子以高速撞击目标表面,撞击的动能使金属离子蒸发,冷凝后沉积到基底表面上形成薄膜。这种物理气相沉积工艺称为溅射工艺,如图 17 – 17 所示。

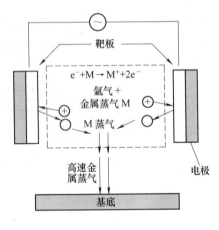

图 17 – 17

3. 腐蚀

腐蚀是微加工中重要的一种工艺,它是指在需要的地方利用物理或化学的方法将该处的材料去除。腐蚀工艺常被用于形成 MEMS 和微系统中器件的几何形状,如图 17 – 6 中微压力传感器中的空腔就是通过腐蚀形成的。

化学腐蚀是指用稀释的化学溶液腐蚀基底材料,腐蚀的速率取决于基底上被腐蚀的材料、溶液中化学反应物的浓度和反应的温度。

等离子体腐蚀是指利用稀释于惰性载气体(如氩气)中的等离子体腐蚀基底材料,等离子体一般可采用连续高电压或射频电源产生,如图 17-18 所示,包含气体分子、自由电子、正电离子的高能量等离子体碰撞目标基底的表面,并且通过转换能量,将基底表面材料去除。

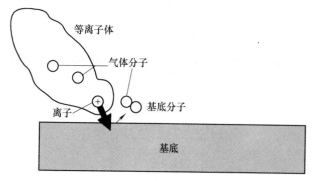

图 17-18

上述的几种微加工技术被广泛地应用于制造微装置和微系统的三维立体形状。

(四)微机械系统的设计过程简介

微机械产品的设计需要包含多学科方面的知识,除传统的力学,电学外,还涉及物理学、化学和生物学等方面的知识。所以,微机械产品的设计过程比传统机械产品更复杂。

微机械产品与传统机械产品在设计方面的主要区别在于微机械产品的设计需要集成相关的制造和加工工艺,而传统机械产品设计很少涉及制造工艺方面的细节。

在微机械设计中有三个方面的任务是相关联的,即①工艺流程设计;②机电结构设计;③封装与测试方面的设计。另外,微机械产品的材料选择也比传统机械产品复杂得多,它不仅要考虑微机械产品的材料,而且还要考虑选择工艺流程中的材料,如腐蚀工艺中的溶液,沉积工艺中的薄膜材料等。总之,微机械产品设计所涉及的问题比传统机械产品要广泛得多,也复杂得多,图 17 – 19 给出了微机械产品设计的流程。

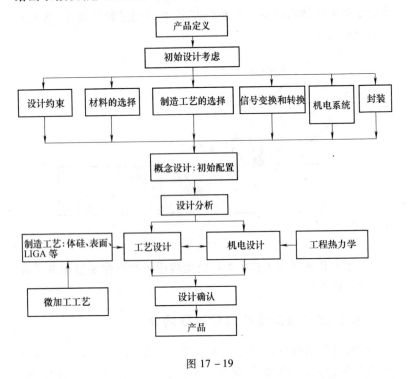

图 17 – 19

从图 17 – 19 中可看出,一旦产品的性能规格确定后,许多问题就需要考虑,这些问题包括:

(1) 设计要求

设计要求是指对产品的设计所作的限制与约束。对微机械产品的要求可分为技术性的与非技术性的两种,一些常见的要求有:用户需求,环境条件,物理尺度与重量等方面的要求。

(2) 材料的选择

很多材料可用于微机械产品,常用的有硅、二氧化硅、多晶硅、砷化镓、石英等。

（3）制造工艺的选择

最常用的微加工工艺主要有腐蚀、沉积、光刻、电膜等。

（4）信号转换选择

对于微机械系统,信号转换功能是必不可少的,需将各种物理量如光、化学、热、机械能等转化为电信号。常用的转换方法有:压敏电阻、电容、形状记忆合金、电磁、压电、静电等。

（5）机电系统

在没有电源的情况下,任何微机电系统都是无法工作的,所以机电系统是微机械系统中不可缺少的部分。机电系统中包括电路的设计与相关的机械连接结构设计等内容。

（6）封装

大部分 MEMS 产品和微机械系统都会包含许多尺寸在微米甚至纳米级的精密元件,如果不对这些元件进行封装就很容易出现故障或发生损坏,而封装的目的就是对微机械系统进行保护和电连接,以保证微机械系统各部分的能量传递与信号转换。由于微机械系统的功能与微电子系统相比有许多不同,所以其封装技术比微电子系统复杂得多。目前对微机械系统还没有统一的封装材料与方法。进行封装设计时主要考虑如下因素:

（a）封装成本;

（b）微机械系统的工作环境;

（c）选择适合的封装材料;

（d）对封装中的错误操作以及偶然事故作出充分估计;

（e）尽量减少引线与连接点的数目以减少故障率。

除了考虑以上所述的六个方面的问题外,微机械系统设计还需要进行工艺设计以及相应的力学分析。

本节对微机械系统和 MEMS 产品的工作原理、加工工艺以及设计过程等问题作了初步的介绍,有关这方面更详细的讨论和分析可参考相关的专著。

习　题

17-1　简述有限元法的基本步骤。

17-2　机械设计有限元分析中常用的单元有哪些?

17-3　平面三角形单元有几个节点位移?

17-4　MEMS 器件的尺寸范围是多少?

17-5　传感器的基本工作原理是什么?

17-6　请独立开展研究,找出至少一个在生物医学中应用 MEMS 的例子,相对传统方法有显著的优点。

附录Ⅰ 极限与配合

（一）互换性的概念

如果在同一规格的一批零部件中,任取一件装入机器都能满足产品的技术要求时,则称这些零部件具有互换性,即具有可以替换的使用特性。显而易见,只有大部分零件具有互换性时,才有可能进行大规模生产。此外,互换性的运用还能保证企业间生产的密切合作,能组织专业工厂或车间对一些用得很多的标准零件(如螺栓、滚动轴承等)进行大规模生产,从而达到降低成本、提高质量等目的。

如上所述,只要把零件的各种实际参数的公差限制在规定的范围内,零件就可以具有互换性,这些参数可能是几何参数(尺寸、几何形状等),也可能是物理参数(硬度、弹性等)或其他参数,本章仅阐述有关几何参数的互换性。

（二）极限与配合的基本概念及术语

两个相互配合在一起的零件称为配合零件,其配合处的尺寸称为配合尺寸,配合处的表面称为配合表面。按照配合表面的相互位置不同,又可分为包容面和被包容面。

如图Ⅰ-1所示,齿轮孔表面为包容面,轴的表面为被包容面。若齿轮与轴是用键连接,则键槽表面为包容面,而键的表面为被包容面。在公差与配合制度中,将包容面统称为孔,而被包容面统称为轴。

根据强度、刚度计算或结构设计等方法而得出的孔与轴的配合尺寸称为基本尺寸(D)。制造零件时不可能也没有必要绝对准确地制成基本尺寸,因此,在实际生产中常规定一个最大极限尺寸(D_{max})和一个最小极限尺寸(D_{min}),零件可以做成这两个尺寸间的任何尺寸。对已制成的零件量得的尺寸称为实际尺寸。

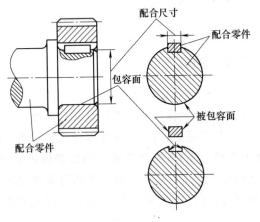

图 Ⅰ-1

在图纸上,极限尺寸用偏差(某一尺寸与其基本尺寸的代数差)来表示比较方便。如图Ⅰ-2所示,偏差分为上偏差(孔用 ES,轴用 es 表示)与下偏差(孔用 EI,轴用 ei 表示),而最大极限尺寸与最小极限尺寸的差称为尺寸公差(δ)。偏差与公差以下式表

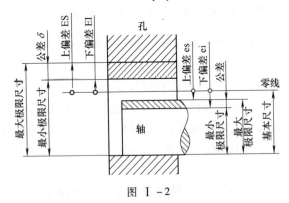

图 Ⅰ-2

示：

$$ES(\text{或 es}) = D_{\max} - D$$

$$EI(\text{或 ei}) = D_{\min} - D$$

$$\delta = D_{\max} - D_{\min}$$

一定基本尺寸的轴装入相同基本尺寸的孔称为配合。因为轴和孔的实际尺寸不同，装入后可以出现不同的配合性质。当孔的实际尺寸大于轴的实际尺寸时，两者之差称为间隙(X)，这样的配合称为间隙配合（图 I −3）。在间隙配合中可能出现最大间隙($X_{\max}$)或最小间隙($X_{\min}$)。

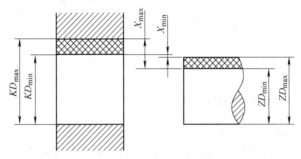

图 I −3

当轴的实际尺寸大于孔的实际尺寸时，两者之差称为过盈(Y)，这样的配合称为过盈配合（图 I −4）。同样，在过盈配合中也可能出现最大过盈($Y_{\max}$)或最小过盈($Y_{\min}$)。

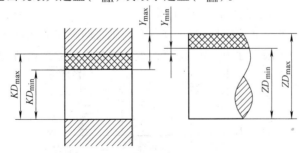

图 I −4

如果轴的最大极限尺寸大于孔的最小极限尺寸,而轴的最小极限尺寸又小于孔的最大极限尺寸,则轴的实际尺寸便可能大于或小于孔的实际尺寸,这样的配合称为过渡配合(图Ⅰ-5),既可能出现间隙配合,也可能出现过盈配合。

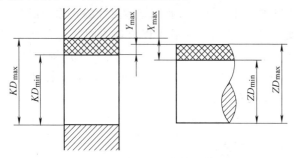

图 Ⅰ-5

(三) 极限与配合制度

1. 标准公差的等级

为了将公差数值标准化,以减少刀具和量具等的规格,同时又能满足各种机器所需的不同精度要求,对于标准公差国家标准规定有 IT01、IT0、IT1 到 IT18 共 20 个等级,其中 IT01 级精度最高,IT18 级最低。可根据零件的技术条件选用其中一个较经济的精度等级。

2. 基孔制配合与基轴制配合

当基本尺寸确定后,为了获得孔与轴之间不同的配合性质,可以使孔的极限尺寸为一定,而靠改变轴的极限尺寸来达到,称为基

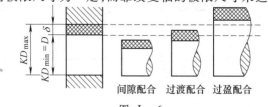

间隙配合　过渡配合　过盈配合

图 Ⅰ-6

孔制配合(图Ⅰ-6);也可以使轴的极限尺寸为一定,而靠改变孔的极限尺寸来达到,称为基轴制配合(图Ⅰ-7)。

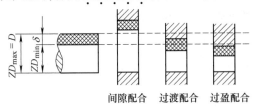

间隙配合　过渡配合　过盈配合

图 Ⅰ-7

基孔制配合中的孔称为基准孔,基准孔下偏差为零,上偏差即公差。基轴制配合中的轴称为基准轴,基准轴的上偏差为零,下偏差即公差。基准孔与基准轴的极限尺寸取决于基本尺寸及精度等级,而与配合的性质无关。

设计时按具体情况不同,可以采用基孔制配合或基轴制配合,通常大多采用基孔制配合,因为轴较孔易于加工。

3. 配合类别与标注方法

为了满足机器中各种不同性质配合的需要,国家标准中规定基孔制和基轴制各有三类配合,即间隙配合、过渡配合及过盈配合。每类配合又可按松紧程度不同分成若干种配合,这样在标准中一共分 28 种配合。

配合的代号用拉丁字母表示,按顺序排列,孔用大写字母表示(A、B、C、CD、D、E、EF、F、FG、G、H、Js、J、K、M、N、P、R、S、T、U、V、X、Y、Z、ZA、ZB、ZC),轴用小写字母表示(a、c、…、zc),其中 A ~ H 为间隙配合,J ~ N 为过渡配合,P ~ ZC 为过盈配合。

H 的下偏差和 h 的上偏差均为零。取 H 为基准孔,与轴 a ~ zc 构成基孔制配合;取 h 为基准轴,与孔 A ~ ZC 构成基轴制配合。

配合的精度用数字写在配合代号的后面,如 7 级基准孔和基准轴由 H7 和 h7 表示。配合用分式表示,分子为孔的表示符号,分母为轴的表示符号。如 7 级精度基孔制中 g 配合的符号为 $\dfrac{H7}{g7}$;基轴制中 K 配合的符号为$\frac{K7}{h7}$。也可用不同公差等级的孔和轴配合在一起,如$\frac{H6}{f5}$就是 6 级孔和 5 级轴的配合。

在实际设计中为了使定值量具的规格不致过多,因此规定了常用和优先配合,表Ⅰ-1 与表Ⅰ-2 列出基孔制与基轴制的常用与优先配合。

4. 公差与配合的选择

(1)基准制的选择 究竟是选用基孔制还是基轴制,一般应根据零件结构上和工艺上的理由来决定。从工艺方面看,制造一定精度的轴要比制造同样精度的孔容易。因为加工小尺寸或中等尺寸的精确孔时,需要使用价值昂贵的刀具(扩孔钻和拉刀等),而且每一刀具只能用于一种尺寸的孔。而轴则不然,虽然尺寸大小不同,但仍可用同一车刀或磨轮加工。因此,在机械制造中基孔制得到广泛的应用。但有些时候仍需要用基轴制,例如,用光拉钢材不经机械加工制造轴时,特别是在同一基本尺寸的轴的各个部分需要装上不同配合性质的零件(图Ⅰ-8)时,应该采用基轴制配合。

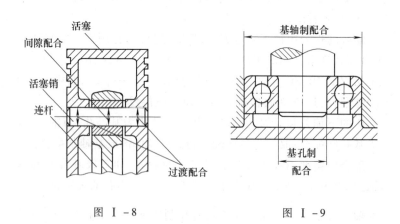

图Ⅰ-8   图Ⅰ-9

表 I - 1 基孔制常用、优先配合（尺寸≤500 mm）

基准孔	轴																				
	a	b	c	d	e	f	g	h	js	k	m	n	p	r	s	t	u	v	x	y	z
	间隙配合								过渡配合				过盈配合								
H6						$\frac{H6}{f5}$	$\frac{H6}{g5}$	$\frac{H6}{h5}$	$\frac{H6}{js5}$	$\frac{H6}{k5}$	$\frac{H6}{m5}$	$\frac{H6}{n5}$	$\frac{H6}{p5}$	$\frac{H6}{r5}$	$\frac{H6}{s5}$	$\frac{H6}{t5}$					
H7						$\frac{H7}{f6}$	$\frac{H7}{g6}$	$\frac{H7}{h6}$	$\frac{H7}{js6}$	$\frac{H7}{k6}$	$\frac{H7}{m6}$	$\frac{H7}{n6}$	$\frac{H7}{p6}$	$\frac{H7}{r6}$	$\frac{H7}{s6}$	$\frac{H7}{t6}$	$\frac{H7}{u6}$	$\frac{H7}{v6}$	$\frac{H7}{x6}$	$\frac{H7}{y6}$	$\frac{H7}{z6}$
H8					$\frac{H8}{e7}$	$\frac{H8}{f7}$	$\frac{H8}{g7}$	$\frac{H8}{h7}$	$\frac{H8}{js7}$	$\frac{H8}{k7}$	$\frac{H8}{m7}$	$\frac{H8}{n7}$	$\frac{H8}{p7}$	$\frac{H8}{r7}$	$\frac{H8}{s7}$	$\frac{H8}{t7}$	$\frac{H8}{u7}$				
H8				$\frac{H8}{d8}$	$\frac{H8}{e8}$	$\frac{H8}{f8}$		$\frac{H8}{h8}$													
H9			$\frac{H9}{c9}$	$\frac{H9}{d9}$	$\frac{H9}{e9}$	$\frac{H9}{f9}$		$\frac{H9}{h9}$													
H10			$\frac{H10}{c10}$	$\frac{H10}{d10}$				$\frac{H10}{h10}$													
H11	$\frac{H11}{a11}$	$\frac{H11}{b11}$	$\frac{H11}{c11}$	$\frac{H11}{d11}$				$\frac{H11}{h11}$													
H12		$\frac{H12}{b12}$						$\frac{H12}{h12}$													

注：1. $\frac{H6}{n5}$、$\frac{H7}{p6}$ 在基本尺寸≤3 mm 和 $\frac{H8}{r7}$ 在≤100 mm 时，为过渡配合。

2. 用黑三角标示的配合为优先配合，共 13 个。

表 I - 2　基轴制常用、优先配合

基准轴	A	B	C	D	E	F	G	H	Js	K	M	N	P	R	S	T	U	V	X	Y	Z
		间隙配合							过渡配合				过盈配合								
										孔											
h5						$\frac{F6}{h5}$	$\frac{G6}{h5}$	$\frac{H6}{h5}$	$\frac{Js6}{h5}$	$\frac{K6}{h5}$	$\frac{M6}{h5}$	$\frac{N6}{h5}$	$\frac{P6}{h5}$	$\frac{R6}{h5}$	$\frac{S6}{h5}$	$\frac{T6}{h5}$					
h6						$\frac{F7}{h6}$	▲$\frac{G7}{h6}$	▲$\frac{H7}{h6}$	$\frac{Js7}{h6}$	▲$\frac{K7}{h6}$	$\frac{M7}{h6}$	▲$\frac{N7}{h6}$	▲$\frac{P7}{h6}$	$\frac{R7}{h6}$	▲$\frac{S7}{h6}$	$\frac{T7}{h6}$	▲$\frac{U7}{h6}$				
h7					$\frac{E8}{h7}$	▲$\frac{F8}{h7}$		▲$\frac{H8}{h7}$	$\frac{Js8}{h7}$	$\frac{K8}{h7}$	$\frac{M8}{h7}$	$\frac{N8}{h7}$									
h8				$\frac{D8}{h8}$	$\frac{E8}{h8}$	$\frac{F8}{h8}$		$\frac{H8}{h8}$													
h9				▲$\frac{D9}{h9}$	$\frac{E9}{h9}$	$\frac{F9}{h9}$		▲$\frac{H9}{h9}$													
h10				$\frac{D10}{h10}$				$\frac{H10}{h10}$													
h11	$\frac{A11}{h11}$	$\frac{B11}{h11}$	▲$\frac{C11}{h11}$	$\frac{D11}{h11}$				▲$\frac{H11}{h11}$													
h12		$\frac{H12}{h12}$						$\frac{H12}{h12}$													

注：用黑三角标示的配合为优先配合，共 13 个。

此外,采用标准件时,则不能随意选用,例如,和滚动轴承内圈相配的轴要按基孔制来制造,而与外圈相配的轴承座孔,则须按基轴制来制造(图Ⅰ-9)。

(2)配合的选择 正确选用配合能保证机器高质量运转,延长使用寿命,并使制造经济合理。因此,在选用时必须考虑多种因素综合分析,并参考同类机器的经验来进行。除首先要考虑采用标准规定的优先配合外,还要考虑工作速度、受力大小、有无冲击振动、定心要求、装拆要求、生产水平与批量大小、表面粗糙度以及工作温度等因素。

(3)精度等级的选择 精度等级在很大程度上决定了零件的配合质量、零件制造的生产率及成本,因此合理地选择精度等级是很重要的。精度等级愈高,其制造成本也愈高,而且制造成本通常比精度的增高来得快(图Ⅰ-10),所以设计人员应在保证配合质量的前提下,尽可能选用低的精度等级。

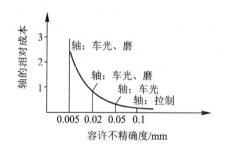

图 Ⅰ-10

选择精度等级主要采用类比法,即参照经过实践考验的相似零件来决定其精度等级。

(四)表面粗糙度

表面粗糙度是用来描述零件表面微观凹凸不平的几何特征。表面粗糙度的高低会影响零件间的配合性质、运动表面间的摩擦与磨损、密封表面的密封性能以及变应力下零件的疲劳强度等,因此设计图纸必须正确地标出零件表面的粗糙度要求。

表面粗糙度是用轮廓算术平均偏差 Ra 或微观不平度十点平均高度 Rz 来评定的,共分 14 个等级。表 I−3 给出了表面粗糙度的等级、代号以及对应的加工方法和应用举例。选择表面粗糙度的原则是在保证零件功能的前提下,选择最大的表面粗糙度值,以节省加工费用。设计时一般是根据过去的经验用类比法来确定。

表 I−3　表面粗糙度分级

表面粗糙度级别	代　　号		加工方法举例	应 用 举 例
1	$\sqrt{Ra50}$	粗加工	粗车、粗铣、粗刨、钻孔及用粗锉刀加工	不接触表面或不重要的接触面,如螺栓孔、机座底面等
2	$\sqrt{Ra25}$			
3	$\sqrt{Ra12.5}$			
4	$\sqrt{Ra6.3}$	半精加工	精车、精铣、精刨、粗铰、粗拉、粗镗,粗磨、粗刮	不产生相对运动的接触面或相对运动速度很低的接触面,如键和键槽的工作面、机盖与机体的结合面等
5	$\sqrt{Ra3.2}$			
6	$\sqrt{Ra1.6}$			
7	$\sqrt{Ra0.8}$	精加工	金刚石车刀的精车、精镗、精磨、精刮、精铰、精拉	相对运动速度较高的接触面、要求密合的接触面,如齿轮、轴承的重要表面等
8	$\sqrt{Ra0.4}$			
9	$\sqrt{Ra0.2}$			
10	$\sqrt{Ra0.1}$	光加工	抛光、细磨、精研、精珩、超精加工	极重要的摩擦表面,如发动机气缸内表面、精密量具的工作表面等
11	$\sqrt{Ra0.05}$			
12	$\sqrt{Ra0.025}$			
13	$\sqrt{Ra0.012}$			
14	$\sqrt{Ra0.008}$			

注:1. 代号中的数值为轮廓算术平均偏差 Ra,单位为 μm;

2. 不切削的加工面,如锻、铸、轧、气割等用符号 $\sqrt{}$ 表示。

Ⅰ－1　试说明公差、偏差,以及公差和上、下偏差之间关系。

Ⅰ－2　试说明基孔制配合与基轴制配合的不同点,设计时如何选用。

Ⅰ－3　国家标准规定的标准公差有几级? 间隙配合、过渡配合、过盈配合各有何特点?

Ⅰ－4　试说明下列几种配合:$40\dfrac{H7}{p6}$,$\phi60\dfrac{H7}{k6}$,$\phi50\dfrac{H8}{f7}$,$50\dfrac{K7}{h6}$。

Ⅰ－5　已知轴与孔的配合的公称尺寸为 60 mm,基孔制,6 级精度,K 配合,试写出在图纸(装配图与零件图)上的表示法。

附录II 附 表

表 II -1 普通螺纹基本尺寸   mm

公称直径 D,d	螺距 P	中径 D_2 或 d_2	小径 D_1 或 d_1
6	1 *	5.350	4.917
	0.75	5.513	5.188
8	1.25 *	7.188	6.647
	1	7.350	6.917
	0.75	7.513	7.188
10	1.5 *	9.026	8.376
	1.25	9.188	8.647
	1	9.350	8.917
	0.75	9.513	9.188
12	1.75 *	10.863	10.106
	1.5	11.026	10.376
	1.25	11.188	10.647
	1	11.350	10.917
(14)	2 *	12.701	11.835
	1.5	13.026	12.376
	1	13.350	12.917
16	2 *	14.701	13.835
	1.5	15.026	14.376
	1	15.350	14.917

公称直径 D,d	螺距 P	中径 D_2 或 d_2	小径 D_1 或 d_1
(18)	2.5*	16.375	15.294
	2	16.701	15.83
	1.5	17.026	16.376
	1	17.350	16.917
20	2.5*	18.375	17.294
	2	18.701	17.835
	1.5	19.026	18.376
	1	19.350	18.917
24	3*	22.051	20.752
	2	22.701	21.835
	1.5	23.026	22.376
	1	23.350	22.917
(27)	3*	25.051	23.752
	2	25.701	24.835
	1.5	26.026	25.376
	1	26.350	25.917
30	3.5*	27.727	26.211
	2	28.701	27.835
	1.5	29.026	28.376
	1	29.350	28.917

注:1. ( )内为第二系列,尽可能不用。

2. *表示粗牙螺纹的螺距值。

表 Ⅱ－2 六角头螺栓—A 级和 B 级　　　　mm

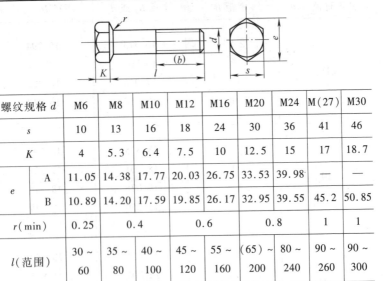

螺纹规格 d		M6	M8	M10	M12	M16	M20	M24	M(27)	M30
s		10	13	16	18	24	30	36	41	46
K		4	5.3	6.4	7.5	10	12.5	15	17	18.7
e	A	11.05	14.38	17.77	20.03	26.75	33.53	39.98	—	—
	B	10.89	14.20	17.59	19.85	26.17	32.95	39.55	45.2	50.85
r(min)		0.25	0.4	0.4	0.6	0.6	0.8	0.8	1	1
l(范围)		30 ~ 60	35 ~ 80	40 ~ 100	45 ~ 120	55 ~ 160	(65) ~ 200	80 ~ 240	90 ~ 260	90 ~ 300
l(系列)		20 ~ 70(5 进位),70 ~ 160(10 进位),160 ~ 300(20 进位)								
b(参考)		$l \leqslant 125, b = 2d + 6$(用于 M3 ~ M36) $125 < l \leqslant 200, b = 2d + 12$(用于 M8 ~ M64) $l > 200, b = 2d + 25$(用于 M16 ~ M64)								

注:尽可能不采用括号内规格。

表 Ⅱ－3 六角头铰制孔用螺栓—A 级和 B 级　　　　mm

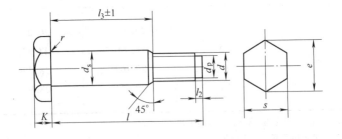

螺纹规格 d		M6	M8	M10	M12	M16	M20	M24	M30
d_s（h9）	max	7	9	11	13	17	21	25	32
	min	6.964	8.964	10.957	12.957	16.957	20.948	24.948	31.938
s		10	13	16	18	24	30	36	46
K		4	5	6	7	9	11	13	17
r		0.25	0.4	0.4	0.6	0.6	0.8	0.8	1
e	A	11.05	14.38	17.77	20.03	26.75	33.53	39.98	—
	B	10.89	14.20	17.59	19.85	26.17	32.59	39.55	50.85
d_p		4	5.5	7	8.5	12	15	18	23
l_2		1.5	1.5	2	2	3	4	4	5
l		25～65	25～80	30～120	35～180	45～200	55～200	65～200	80～230
l_3		13～53	10～65	12～102	13～158	17～172	23～168	27～162	30～180
l 系列		25,(28),30,(32),35,(38),40,45,50,(55),60,(65),70,(75),80,(85),90,(95),100,110,120,130,140,150,160,170,180,190,200,210,220,230							

注:1. 机械性能等级:对于钢,$d \leqslant 39$,8.8 级;

2. A 级用于 $d \leqslant 24$,$l \leqslant 10d$(或 150);B 级用于 $d > 24$,$l > 10d$(或 150)的场合;

3. 根据使用要求 d_s 允许按 m6、u6 制造,按 m6 制造时,表面粗糙度为 $\sqrt{1.6}$。

表 Ⅱ -4　等长双头螺柱—B 级　　　　　　mm

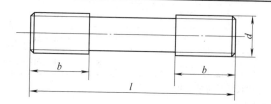

螺纹规格 d	M6	M8	M10	M12	M16	M20	(M22)	M24	(M27)	M30
b	18	28	32	36	44	52	56	60	66	72
l（范围）	22~300	28~300	32~300	38~300	40~300	60~300	80~300	90~300	100~300	120~420
l（系列）	（22），25，（28），30，（32），35，（38），40~90（5 进位），（95），100~260（10 进位），280，300									

注:1. 括号内的尺寸，尽可能不采用。

2. 当 $l \leqslant 50mm$ 或 $l \leqslant 2b$ 时，允许螺柱上全部制出螺纹，但当 $l \leqslant 2b$ 时，亦允许制出长度不大于 $4P$（粗牙螺纹螺距）的无螺纹部分。

表 II－5　开槽紧定螺钉　　　　mm

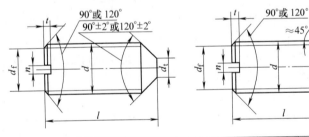

开槽锥端紧定螺钉　　　　开槽平端紧定螺钉

螺纹规格 d	n	t	d_t	d_p	l（范围）	l（系列）
M6	1	2	1.5	4	8~30	8，10，12，（14），16，20，25，30，35，40，45，50，（55），60
M8	1.2	2.5	2	5.5	10~40	
M10	1.6	3	2.5	7	12~50	
M12	2	3.6	3	8.5	14~60	

注:1. 括号内尺寸尽可能不用。

2. $d_f \approx$ 螺纹小径。

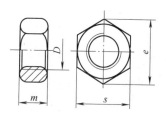

螺纹规格 D	M6	M8	M10	M12	M16	M20	M24	(M27)	M30
s	10	13	16	18	24	30	36	41	46
e	11	14.4	17.8	20	26.8	33	39.6	45.2	50.9
m	5.2	6.8	8.4	10.8	14.8	18	21.5	23.8	25.6

注:括号内规格尽可能不用。

表Ⅱ-7 轻型弹簧垫圈   mm

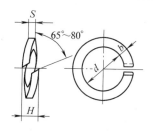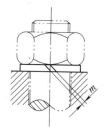

规格 (螺纹大径)	6	8	10	12	16	20	24	(27)	30
d	6.1	8.1	10.2	12.2	16.2	20.2	24.5	27.5	30.5
S	1.3	1.6	2	2.5	3.2	4	5	5.5	6
b	2	2.5	3	3.5	4.5	5.5	7	8	9
H	3.25	4	5	6.25	8	10	12.5	13.75	15
$m \leqslant$	0.65	0.8	1	1.25	1.6	2	2.5	2.75	3

注:尽可能不采用括号内的规格。

表 II-8 小圆螺母   mm

其余 $\sqrt{\dfrac{6.3}{}}$

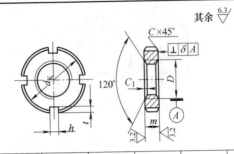

螺纹规格 $D \times P$	d_{K}	m	h	t	C_1	C
M10 × 1	20					
M12 × 1.25	22		4	2		
M14 × 1.5	25	6				
M16 × 1.5	28					0.5
M18 × 1.5	30					
M20 × 1.5	32					
M22 × 1.5	35		5	2.5		
M24 × 1.5	38				0.5	
M27 × 1.5	42					
M30 × 1.5	45					
M33 × 1.5	48	8				
M36 × 1.5	52					
M39 × 1.5	55					
M42 × 1.5	58		6	3		1
M45 × 1.5	62					
M48 × 1.5	68					
M52 × 1.5	72	10				
M56 × 2	78		8	3.5	1	
M60 × 2	80					

· 412 ·

表Ⅱ-9　圆螺母用止动垫圈　mm

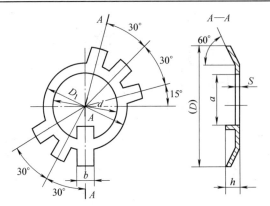

规格 (螺纹大径)	d	(D) (参考)	D₁	S	b	a	h
10	10.5	25	16			8	
12	12.5	28	19		3.8	9	3
14	14.5	32	20			11	
16	16.5	34	22			13	
18	18.5	35	24	1		15	
20	20.5	38	27			17	
22	22.5	42	30		4.8	19	4
24	24.5	45	34			21	
25*	25.5	45	34			22	
27	27.5	48	37	1	4.8	24	
30	30.5	52	40			27	
33	33.5	56	43			30	
35*	35.5	56	43			32	
36	36.5	60	46			33	
39	39.5	62	49		5.7	36	5
40*	40.5	62	49			37	
42	42.5	66	53			39	
45	45.5	72	59	1.5		42	
48	48.5	76	61			45	
50*	50.5	76	61			47	
52	52.5	82	67			49	
55*	56	82	67		7.7	52	6
56	57	90	74			53	
60	61	94	79			57	

注：*仅用于滚动轴承锁紧装置。

表 II - 10　深沟球轴承　　　　　　　　　　mm

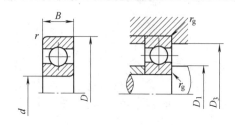

轴承 型号	尺寸/mm				安装尺寸/mm			基本额定 动载荷 C/kN	基本额定 静载荷 C_0/kN
	d	D	B	r_{smin}	D_1	D_3	r_g		
(0)2 系列									
6204	20	47	14	1	25	42	1	12.8	6.65
6205	25	52	15	1	30	47	1	14.0	7.88
6206	30	62	16	1	35	56	1	19.5	11.50
6207	35	72	17	1.1	42	65	1	25.5	15.20
6208	40	80	18	1.1	47	73	1	29.5	18.00
6209	45	85	19	1.1	51	78	1	31.5	20.5
6210	50	90	20	1.1	57	83	1	35.0	23.2
6211	55	100	21	1.5	63	92	1.5	43.2	29.2
6212	60	110	22	1.5	68	102	1.5	47.8	32.8
6213	65	120	23	1.5	74	111	1.5	57.2	40.0
6214	70	125	24	1.5	79	116	1.5	60.8	45.0
6215	75	130	25	1.5	84	121	1.5	66.0	49.5
6216	80	140	26	2	90	130	2	71.5	54.2
6217	95	150	28	2	96	139	2	83.2	63.8
6218	90	160	30	2	101	149	2	95.8	71.5
(0)3 系列									
6304	20	52	15	1.1	27	46	1	15.8	7.88
6305	25	62	17	1.1	32	55	1	22.2	11.5
6306	30	72	19	1.1	38	65	1	27.0	15.2
6307	35	80	21	1.5	44	71	1.5	33.2	19.2
6308	40	90	23	1.5	49	80	1.5	40.8	24.0

轴承型号	尺寸/mm				安装尺寸/mm			基本额定动载荷 C/kN	基本额定静载荷 C_0/kN
	d	D	B	r_{smin}	D_1	D_3	r_g		
6309	45	100	25	1.5	54	90	1.5	52.8	31.8
6310	50	110	27	2	60	100	2	61.8	38.0
6311	55	120	29	2	66	110	2	71.5	44.8
6312	60	130	31	2.1	72	118	2	81.8	51.8
6313	65	140	33	2.1	77	128	2	93.8	60.5
6314	70	150	35	2.1	83	137	2	105.0	68.0
6315	75	160	37	2.1	89	146	2	112.0	76.8
6316	80	170	39	2.1	94	156	2	122.0	86.5
6317	85	180	41	3	100	165	2.5	132.0	96.5
6318	90	190	43	3	106	174	2.5	145.0	108.0
(0)4 系列									
6404	20	72	19	1.1	29	62	1	31.0	15.2
6405	25	80	21	1.5	35	70	1.5	38.2	19.2
6406	30	90	23	1.5	41	79	1.5	47.5	24.5
6407	35	100	25	1.5	46	89	1.5	56.8	29.5
6408	40	110	27	2	53	98	2	65.5	37.5
6409	45	120	29	2	58	107	2	77.5	45.5
6410	50	130	31	2.1	66	116	2	92.2	55.2
6411	55	140	33	2.1	70	125	2	100.0	62.5
6412	60	150	35	2.1	76	134	2	108.0	70.0
6413	65	160	37	2.1	81	145	2	118.0	78.5
6414	70	180	42	3	89	161	2.5	140.0	99.5
6415	75	190	45	3	94	171	2.5	155.0	115.0
6416	80	200	48	3	100	180	2.5	162.0	125.0
6417	85	210	52	4	107	189	3	175.0	138.0
6418	90	225	54	4	113	203	3	192.0	158.0

表 II – 11 圆柱滚子轴承

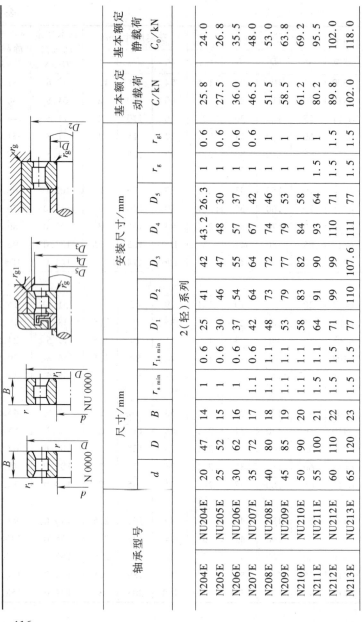

mm

2（轻）系列

轴承型号		尺寸/mm					安装尺寸/mm							基本额定动载荷 C/kN	基本额定静载荷 C_0/kN
		d	D	B	$r_{s\,min}$	$r_{1s\,min}$	D_1	D_2	D_3	D_4	D_5	r_g	r_{g1}		
NU204E	N204E	20	47	14	1	0.6	25	41	42	43.2	26.3	1	0.6	25.8	24.0
NU205E	N205E	25	52	15	1	0.6	30	46	47	48	30	1	0.6	27.5	26.8
NU206E	N206E	30	62	16	1	0.6	37	54	55	57	37	1	0.6	36.0	35.5
NU207E	N207E	35	72	17	1.1	0.6	42	64	64	67	42	1	0.6	46.5	48.0
NU208E	N208E	40	80	18	1.1	1.1	48	73	72	74	46	1	1	51.5	53.0
NU209E	N209E	45	85	19	1.1	1.1	53	79	77	79	53	1	1	58.5	63.8
NU210E	N210E	50	90	20	1.1	1.1	58	83	82	84	58	1	1	61.2	69.2
NU211E	N211E	55	100	21	1.5	1.1	64	91	90	93	64	1.5	1	80.2	95.5
NU212E	N212E	60	110	22	1.5	1.5	71	99	99	110	71	1.5	1.5	89.8	102.0
NU213E	N213E	65	120	23	1.5	1.5	77	110	107.6	111	77	1.5	1.5	102.0	118.0

轴承型号		d	D	B	$r_{s\,min}$	$r_{1s\,min}$	D_1	D_2	D_3	D_4	D_5	r_g	r_{g1}	基本额定动载荷 C/kN	基本额定静载荷 C_0/kN
		尺寸/mm					安装尺寸/mm								
N214E	NU214E	70	125	24	1.5	1.5	82	114	112	117	82	1.5	1.5	112	135
N215E	NU215E	75	130	25	1.5	1.5	86	122	118	122	86	1.5	1.5	125	155
N216E	NU216E	80	140	26	2	2	93	127	127	131	93	1.8	1.8	132	165
N217E	NU217E	85	150	28	2	2	99	140	135	140	95	1.8	1.8	158	192
N218E	NU218E	90	160	30	2	2	105	150	145	150	105	1.8	1.8	172	215
3（中）系列															
N304E	NU304E	20	52	15	1.1	0.6	26	46	46	47.6	26.7	1	0.5	29.0	25.5
N305E	NU305E	25	62	17	1.1	1.1	33	54	55	57	32	1	1	38.5	35.8
N306E	NU306E	30	72	19	1.1	1.1	40	64	64	66	37	1	1	49.2	48.2
N307E	NU307E	35	80	21	1.5	1.1	44	73	70	73	45	1.5	1	62.0	63.2
N308E	NU308E	40	90	23	1.5	1.5	51	82	80	82	51	1.5	1.5	76.8	77.8
N309E	NU309E	45	100	25	1.5	1.5	56	92	89	92	53	1.5	1.5	93.0	98.1
N310E	NU310E	50	110	27	2	2	63	101	97	101	63	2	2	105.0	112.0
N311E	NU311E	55	120	29	2	2	68	107	106	111	68	2	2	128.0	138.0
N312E	NU312E	60	130	31	2.1	2.1	74	120	115	120	70	2	2	142.0	155.0
N313E	NU313E	65	140	33	2.1	2.1	81	129	123	129	76	2	2	170.0	188.0
N314E	NU314E	70	150	35	2.1	2.1	87	139	132	139	81	2	2	195.0	220.0
N315E	NU315E	75	160	37	2.1	2.1	92	148	142	148	87	2	2	228.0	260.0
N316E	NU316E	80	170	39	2.1	2.1	100	157	149	157	93	2	2	245.0	282.0
N317E	NU317E	85	180	41	3	3	105	166	158	166	98.5	2.5	2.5	280.0	332.0
N318E	NU318E	90	190	43	3	3	112	176	167	175	110	2.5	2.5	298.0	348.0

表 II-12 角接触球轴承

mm

0（特轻）系列

轴承型号		尺寸/mm							安装尺寸/mm			基本额定动载荷 C 基本额定静载荷 C_0 /kN			
							a					70000C		70000AC	
70000C	70000AC	d	D	B	$r_{s\,min}$	$r_{1s\,min}$	70000C	70000AC	D_1	D_2	r_g	C	C_0	C	C_0
7004C	7004AC	20	42	12	0.6	0.15	10.2	13.2	25	37	0.6	10.5	6.08	10.0	5.78
7005C	7005AC	25	47	12	0.6	0.15	10.8	14.4	30	42	0.6	11.5	7.45	11.2	7.08
7006C	7006AC	30	55	13	1	0.3	12.2	16.4	36	49	1	15.2	10.2	14.5	9.85
7007C	7007AC	35	62	14	1	0.3	13.5	18.3	41	56	1	19.5	14.2	18.5	13.5
7008C	7008AC	40	68	15	1	0.3	14.7	20.1	46	62	1	20.0	15.2	19.0	14.5
7009C	7009AC	45	75	16	1	0.3	16	21.9	51	69	1	25.8	20.5	25.8	19.5
7010C	7010AC	50	80	16	1	0.3	16.7	23.2	56	74	1	26.5	22.0	25.2	21.0
7011C	7011AC	55	90	18	1.1	0.6	18.7	25.9	62	83	1	37.2	30.5	35.2	29.2
7012C	7012AC	60	95	18	1.1	0.6	19.4	27.1	67	88	1	38.2	32.8	36.2	31.5
7013C	7013AC	65	100	18	1.1	0.6	20.1	28.2	72	93	1	40.0	35.5	38.0	33.8
7014C	7014AC	70	110	20	1.1	0.6	22.1	30.9	77	103	1	48.2	43.5	45.8	41.5
7015C	7015AC	75	115	20	1.1	0.6	22.7	32.2	82	108	1	49.5	46.5	46.8	44.2

轴承型号	尺寸/mm							安装尺寸/mm			基本额定动载荷 C 基本额定静载荷 C_0 /kN			
						a					70000C		70000AC	
	d	D	B	$r_{s\,min}$	$r_{1a\,min}$	70000C	70000AC	D_1	D_2	r_g	C	C_0	C	C_0
0(特轻)系列														
7016C / 7016AC	80	125	22	1.5	0.6	24.7	34.9	89	116	1.5	58.5	55.8	55.5	53.2
7017C / 7017AC	85	130	22	1.5	0.6	25.4	36.1	94	121	1.5	62.5	60.2	59.2	57.2
7018C / 7018AC	90	140	24	1.5	0.6	27.4	38.8	99	131	1.5	71.5	69.8	67.5	66.5
2(轻)系列														
7204C / 7204AC	20	47	14	1	0.3	11.5	14.9	25	42	1	14.5	8.22	14.0	7.82
7205C / 7205AC	25	52	15	1	0.3	12.7	16.4	30	47	1	16.5	10.5	15.8	9.88
7206C / 7206AC	30	62	16	1	0.3	14.2	18.7	36	56	1	23.0	15.0	22.0	14.2
7207C / 7207AC	35	72	17	1.1	0.6	15.7	21	42	65	1	30.5	20.0	29.0	19.2
7208C / 7208AC	40	80	18	1.1	0.6	17	23	47	73	1	36.8	25.8	35.2	24.5
7209C / 7209AC	45	85	19	1.1	0.6	18.2	24.7	52	77	1	38.5	28.5	36.8	27.2
7210C / 7210AC	50	90	20	1.1	0.6	19.4	26.3	57	82	1	42.8	32.0	40.8	30.5
7211C / 7211AC	55	100	21	1.5	0.6	20.9	28.6	63	92	1.5	52.8	40.5	50.5	38.5
7212C / 7212AC	60	110	22	1.5	0.6	22.4	30.8	69	101	1.5	61.0	48.5	58.2	46.2
7213C / 7213AC	65	120	23	1.5	0.6	24.2	33.5	75	110	1.5	69.8	55.2	66.5	52.5
7214C / 7214AC	70	125	24	1.5	0.6	25.3	35.1	80	115	1.5	70.2	60.0	69.2	57.5
7215C / 7215AC	75	130	25	1.5	0.6	26.4	36.6	85	120	1.5	79.2	65.8	75.2	63.0
7216C / 7216AC	80	140	26	2	1	27.7	38.9	91	129	2	89.5	78.2	85.0	74.5
7217C / 7217AC	85	150	28	2	1	29.9	41.6	97	138	2	99.8	85.0	94.8	81.5
7218C / 7218AC	90	160	30	2	1	31.7	44.2	103	147	2	122	105	118	100

注:1. 70000C(α=15°)、70000AC(α=25°)只有等轻系列及轻系列:

2. 70000B(α=40°)有轻系列、中系列及重系列,本表未列出。

表 Ⅱ – 13　圆锥滚子轴承

mm

轴承型号	尺寸/mm								安装尺寸/mm								基本额定动载荷 C/kN	基本额定静载荷 C_0/kN
	d	D	B	C	T	r	r_1	$a \approx$	$D_{1 max}$	$D_{2 min}$	D_3	$D_{4 min}$	a_1	a_2	r_g		
									2(轻)窄系列									
30204E	20	47	14	12	15.25	1.0	1.0	11.2	27	26	40～41	43	2	3.5	1	28.2	30.5
30205E	25	52	15	13	16.25	1.0	1.0	13.0	31	31	44～46	48	2	3.5	1	32.2	37.0
30206E	30	62	16	14	17.25	1.0	1.0	13.8	37	36	53～56	58	2	3.5	1	43.2	50.5
30207E	35	72	17	15	18.25	1.5	1.5	15.3	44	42	62～65	67	3	3.5	1	54.2	63.5
30208E	40	80	18	16	19.75	1.5	1.5	16.9	49	47	69～73	75	3	4	1	63.0	74.0
30209E	45	85	19	16	20.75	1.5	1.5	18.6	53	52	74～78	80	3	5	1	67.8	83.5
30210E	50	90	20	17	21.75	1.5	1.5	20.0	58	57	79～83	86	3	5	1	73.2	92.0
30211E	55	100	21	18	22.75	2.0	2.0	21.0	64	64	88～91	95	4	5	1.5	90.8	115.0
30212E	60	110	22	19	23.75	2.0	2.0	22.3	69	69	96～101	103	4	5	1.5	102.0	130.0
30213E	65	120	23	20	24.75	2.0	2.0	23.8	77	74	106～111	114	4	5	1.5	120.0	152.0

轴承型号	尺寸/mm									安装尺寸/mm							基本额定动载荷 C/kN	基本额定静载荷 C_0/kN
	d	D	B	C	T	r	r_1	$a\approx$		$D_{1\,max}$	$D_{2\,min}$	D_3	$D_{4\,min}$	a_1	a_2	r_g		
30214E	70	125	24	21	26.25	1.5	2.0	25.8		81	79	110~116	119	4	5.5	1.5	132.0	175.0
30215E	75	130	25	22	27.25	1.5	2.0	27.4		85	84	115~121	125	4	5.5	1.5	138.0	185.0
30216E	80	140	26	22	28.25	2.0	2.5	28.1		90	90	122~130	133	4	6	2	160.0	212.0
30217E	85	150	28	24	30.50	2.0	2.5	30.3		96	95	132~140	142	5	6.5	2	178.0	238.0
30218E	90	160	30	26	32.50	2.0	2.5	32.3		102	100	140~150	151	5	6.5	2	200.0	270.0
3(中)窄系列																		
30304E	20	52	15	13	16.25	1.5	1.5	11.1		28	27	44~45	48	3	3.5	1	33.0	33.3
30305E	25	62	17	15	18.25	1.5	1.5	14.0		34	32	54~55	58	3	3.5	1	46.8	48.0
30306E	30	72	19	16	20.75	1.5	1.5	15.3		40	37	62~65	66	3	5	1	59.0	63.0
30307E	35	80	21	18	22.75	1.5	2.0	16.8		45	44	70~71	74	3	5	1.5	75.2	82.5
30308E	40	90	23	20	25.75	1.5	2.0	19.5		52	49	77~81	84	3	6.5	1.5	90.8	108.0
30309E	45	100	25	22	27.75	1.5	2.0	21.3		54	59	86~91	94	3	5.5	1.5	108.0	130.0
30310E	50	110	27	23	29.50	2.0	2.5	23.0		65	60	95~100	103	4	6.5	2	130.0	158.0
30311E	55	120	29	25	31.50	2.0	2.5	24.9		70	65	104~110	112	4	6.5	2	152.0	188.0
30312E	60	130	31	26	33.50	2.5	3.0	26.6		76	69	112~118	121	5	7.5	2	170.0	210.0
30313E	65	140	33	28	36	2.5	3.0	28.7		83	77	122~128	131	5	8	2	195.0	242.0
30314E	70	150	35	30	38	2.5	3.0	30.7		89	82	130~138	141	5	8	2	218.0	272.0
30315E	75	160	37	31	40.50	2.5	3.0	32.0		95	87	139~148	150	5	9	2	252.0	318.0
30316E	80	170	39	33	42.50	2.5	3.0	34.4		102	92	148~158	160	5	9.5	2	278.0	352.0
30317E	85	180	41	34	44.50	3.0	4.0	35.9		107	99	156~166	168	6	10.5	2.5	305.0	388.0
30318E	90	190	43	36	46.50	3.0	4.0	37.5		113	104	166~178	178	6	10.5	2.5	342.0	440.0

表 II – 14a 单向推力球轴承   mm

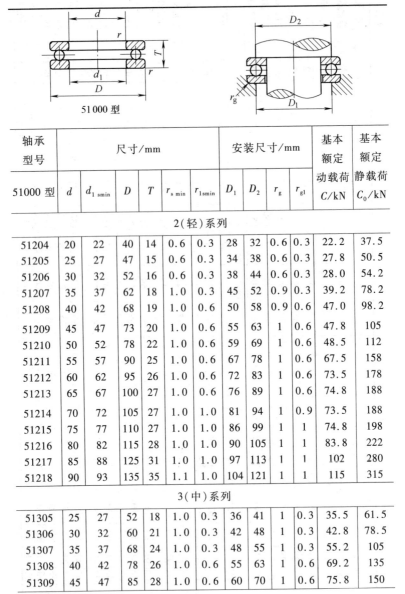

51 000 型

轴承型号	尺寸/mm						安装尺寸/mm				基本额定动载荷	基本额定静载荷
51000 型	d	$d_{1\,smin}$	D	T	$r_{s\,min}$	r_{1smin}	D_1	D_2	r_g	r_{g1}	C/kN	C_0/kN
2(轻)系列												
51204	20	22	40	14	0.6	0.3	28	32	0.6	0.3	22.2	37.5
51205	25	27	47	15	0.6	0.3	34	38	0.6	0.3	27.8	50.5
51206	30	32	52	16	0.6	0.3	38	44	0.6	0.3	28.0	54.2
51207	35	37	62	18	1.0	0.3	45	52	0.9	0.3	39.2	78.2
51208	40	42	68	19	1.0	0.6	50	58	0.9	0.6	47.0	98.2
51209	45	47	73	20	1.0	0.6	55	63	1	0.6	47.8	105
51210	50	52	78	22	1.0	0.6	59	69	1	0.6	48.5	112
51211	55	57	90	25	1.0	0.6	67	78	1	0.6	67.5	158
51212	60	62	95	26	1.0	0.6	72	83	1	0.6	73.5	178
51213	65	67	100	27	1.0	0.6	76	89	1	0.6	74.8	188
51214	70	72	105	27	1.0	1.0	81	94	1	0.9	73.5	188
51215	75	77	110	27	1.0	1.0	86	99	1	1	74.8	198
51216	80	82	115	28	1.0	1.0	90	105	1	1	83.8	222
51217	85	88	125	31	1.0	1.0	97	113	1	1	102	280
51218	90	93	135	35	1.1	1.0	104	121	1	1	115	315
3(中)系列												
51305	25	27	52	18	1.0	0.3	36	41	1	0.3	35.5	61.5
51306	30	32	60	21	1.0	0.3	42	48	1	0.3	42.8	78.5
51307	35	37	68	24	1.0	0.3	48	55	1	0.3	55.2	105
51308	40	42	78	26	1.0	0.6	55	63	1	0.6	69.2	135
51309	45	47	85	28	1.0	0.6	60	70	1	0.6	75.8	150

轴承型号	尺寸/mm						安装尺寸/mm				基本额定	基本额定
51000 型	d	$d_{1\,s\,min}$	D	T	$r_{s\,min}$	$r_{1s\,min}$	D_1	D_2	r_g	r_{g1}	动载荷 C/kN	静载荷 C_0/kN

3(中)系列

51310	50	52	95	31	1.1	0.6	67	78	1	0.6	96.5	202
51311	55	57	105	35	1.1	0.6	76	86	1	0.6	115	242
51312	60	62	110	35	1.1	0.6	79	91	1	0.6	118	262
51313	65	67	115	36	1.1	0.6	83	97	1	0.6	115	262
51314	70	72	125	40	1.1	1.0	90	105	1	1	148	340
51315	75	77	135	44	1.5	1.0	97	113	1.5	1	162	380
51316	80	82	140	44	1.5	1.0	102	118	1.5	1	160	380
51317	85	88	150	49	1.5	1.0	109	126	1.5	1	208	495
51318	90	93	155	50	1.5	1.0	113	132	1.5	1	205	495

表 Ⅱ-14b　双向推力球轴承　　　　mm

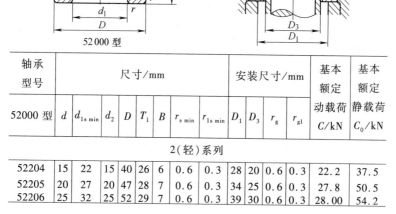

52000 型

轴承型号	尺寸/mm							安装尺寸/mm				基本额定	基本额定
52000 型	d	$d_{1s\,min}$	d_2	D	T_1	B	$r_{s\,min}$	$r_{1s\,min}$	D_1	D_3	r_g	r_{g1}	动载荷 C/kN　静载荷 C_0/kN

2(轻)系列

52204	15	22	15	40	26	6	0.6	0.3	28	20	0.6	0.3	22.2	37.5
52205	20	27	20	47	28	7	0.6	0.3	34	25	0.6	0.3	27.8	50.5
52206	25	32	25	52	29	7	0.6	0.3	39	30	0.6	0.3	28.00	54.2

轴承型号	尺寸/mm								安装尺寸/mm				基本额定动载荷 C/kN	基本额定静载荷 C_0/kN
52000 型	d	$d_{1s\,min}$	d_2	D	T_1	B	$r_{s\,min}$	$r_{1s\,min}$	D_1	D_3	r_g	r_{g1}		
2(轻)系列														
52207	30	37	30	62	34	8	1.0	0.3	46	35	0.9	0.3	39.2	78.2
52208	30	42	30	68	36	9	1.0	0.6	51	40	0.9	0.6	47.0	98.2
52209	35	47	35	73	37	9	1.0	0.6	56	45	1	0.6	47.8	105
52210	40	52	40	78	39	9	1.0	0.6	61	50	1	0.6	48.5	112
52211	45	57	45	90	45	10	1.0	0.6	69	55	1	0.6	67.5	158
52212	50	62	50	95	46	10	1.0	0.6	74	60	1	0.6	73.8	178
52213	55	67	55	100	47	10	1.0	0.6	79	65	1	0.6	74.8	188
52214	55	72	55	105	47	10	1.0	1.0	84	70	1	0.9	73.5	188
52215	60	77	60	110	47	10	1.0	1.0	89	75	1	1	74.8	198
52216	65	82	65	115	48	10	1.0	1.0	94	80	1	1	83.8	222
52217	70	88	70	125	55	12	1.0	1.0	109	85	1	1	102	280
52218	75	93	75	135	62	14	1.1	1.0	108	90	1	1	115	315
3(中)系列														
52305	20	27	20	52	34	8	1.0	0.3	36	25	1	0.3	35.5	61.5
52306	25	32	25	60	38	9	1.0	0.3	42	30	1	0.3	42.8	78.5
52307	30	37	30	68	44	10	1.0	0.3	48	35	1	0.3	55.2	105
52308	30	42	30	78	49	12	1.0	0.6	55	40	1	0.6	69.2	135
52309	35	47	35	85	52	12	1.0	0.6	61	45	1	0.6	75.8	150
52310	40	52	40	95	58	14	1.1	0.6	68	50	1	0.6	96.5	202
52311	45	57	45	105	64	15	1.1	0.6	75	55	1	0.6	115	242
52312	50	62	50	110	64	15	1.1	0.6	79	60	1	0.6	118	262
52313	55	67	55	115	65	15	1.1	0.6	85	65	1	0.6	115	262
52314	55	72	55	125	72	16	1.1	1.0	92	70	1	1	148	340
52315	60	77	60	135	79	18	1.5	1.0	99	75	1.5	1	162	380
52316	65	82	65	140	79	18	1.5	1.0	104	80	1.5	1	160	380
52317	70	88	70	150	87	19	1.5	1.0	114	85	1.5	1	208	495
52318	75	93	75	155	88	19	1.5	1.0	116	90	1.5	1	205	495

主要参考书

[1] 邱宣怀. 机械设计[M]. 四版. 北京:高等教育出版社, 1997.

[2] 濮良贵. 机械设计[M]. 七版. 北京:高等教育出版社, 2001.

[3] 郑文纬. 吴克坚. 机械原理[M]. 七版. 北京:高等教育出版社,1997.

[4] 吴克坚. 于晓红,钱瑞明. 机械设计[M]. 北京:高等教育出版社,2003.

[5] 徐灏. 机械设计手册[M]. 二版. 北京:机械工业出版社, 2000.

[6] 成大先. 机械设计手册[M]. 四版. 北京:化学工业出版社,2002

[7] 许尚贤. 机械设计中的有限元法[M]. 北京:高等教育出版社,1992.

[8] 王勖成,邵敏. 有限单元法基本原理和数值方法[M]. 北京:清华大学出版社,2003.

[9] 李德胜,王东江. MEMS技术及其应用[M]. 哈尔滨:哈尔滨工业大学出版社,2002.

[10] 万庚辰. 微机电系统技术[M]. 北京:国防工业出版社, 2002.

郑 重 声 明

　　高等教育出版社依法对本书享有专有出版权。任何未经许可的复制、销售行为均违反《中华人民共和国著作权法》,其行为人将承担相应的民事责任和行政责任,构成犯罪的,将被依法追究刑事责任。为了维护市场秩序,保护读者的合法权益,避免读者误用盗版书造成不良后果,我社将配合行政执法部门和司法机关对违法犯罪的单位和个人给予严厉打击。社会各界人士如发现上述侵权行为,希望及时举报,本社将奖励举报有功人员。

反盗版举报电话:(010)58581897/58581896/58581879

传　　真:(010)82086060

E - mail:dd@hep.com.cn

通信地址:北京市西城区德外大街4号
　　　　　　高等教育出版社打击盗版办公室

邮　　编:100120

　　购书请拨打电话:(010)58581118

图书在版编目（CIP）数据

机械设计基础/陈云飞，卢玉明主编．—7 版．—北京：
高等教育出版社，2008.5（2015.12 重印）
ISBN 978 – 7 – 04 – 023617 – 0

Ⅰ．机 … Ⅱ．①陈…②卢… Ⅲ．机械设计 – 高
等学校 – 教材 Ⅳ．TH122

中国版本图书馆 CIP 数据核字（2008）第 041667 号

策划编辑 卢 广 责任编辑 卢 广 封面设计 张志奇 版式设计 王艳红
责任校对 俞声佳 责任印制 赵义民

出版发行	高等教育出版社	网 址	http://www.hep.edu.cn
社 址	北京市西城区德外大街4号		http://www.hep.com.cn
邮政编码	100120	网上订购	http://www.landraco.com
印 刷	北京市白帆印务有限公司		http://www.landraco.com.cn
开 本	850×1168 1/32		
印 张	13.875	版 次	1960 年 9 月第 1 版
字 数	350 000		2008 年 5 月第 7 版
购书热线	010 – 58581118	印 次	2015 年 12 月第 14 次印刷
咨询电话	400 – 810 – 0598	定 价	18.20 元